Reihe *Chaos und Fraktale*

Reihe *Chaos und Fraktale*

H.-O. Peitgen · H. Jürgens · D. Saupe
E. Maletsky · T. Perciante · L. Yunker

CHAOS

Iteration Sensitivität Mandelbrot-Menge

Ein Arbeitsbuch

Aus dem Amerikanischen übersetzt
von Heinrich Niederhausen

Springer-Verlag
Ernst Klett Schulbuchverlag

Heinz-Otto Peitgen
Zentrum für komplexe Systeme
und Visualisierung
Universität Bremen
W-2800 Bremen 33
und
Dept. of Mathematics
Florida Atlantic University
Boca Raton, FL 33432, USA

Hartmut Jürgens
Dietmar Saupe
Zentrum für komplexe Systeme
und Visualisierung
Universität Bremen
W-2800 Bremen 33

Evan M. Maletsky
Dept. of Mathematics
and Computer Science
Montclair State College
Upper Montclair, NJ 07043,
USA

Terry Perciante
Dept. of Mathematics
Wheaton College
Wheaton, IL 60187-5593,
USA

Lee Yunker
Dept. of Mathematics
West Chicago Community
High School
West Chicago, IL 60185,
USA

TI–81 Graphik-Kalkulator ist ein Produkt von Texas Instruments Inc.
Casio^{TM} ist ein eingetragenes Markenzeichen von Casio Computer Co. Ltd.

ISBN 978-3-540-55784-5   ISBN 978-3-642-85869-7 (eBook)
DOI 10.1007/978-3-642-85869-7

Die Deutsche Bibliothek – CIP-Einheitsaufnahme
Chaos: Iteration, Sensitivität, Mandelbrot-Menge; ein Arbeitsbuch / H.-O. Peitgen . . . –
Berlin; Heidelberg; New York: Springer Stuttgart: Ernst Klett Schulbuchverlag 1992
(Reihe Chaos und Fraktale)
Engl. Ausg. u. d. T.: Fractals for the classroom: strategic activities; Vol. 2
ISBN 978-3-540-55784-5
NE: Peitgen, Heinz-Otto

Die Originalausgabe erschien 1992 unter dem Titel "Fractals for the Classroom" –
Strategic Activities Volume 2 im Springer-Verlag, New York
© 1992 Springer-Verlag New York, Inc.
© 1992 für die deutsche Ausgabe: Verlagsgemeinschaft Springer-Verlag Berlin Heidelberg
und Ernst Klett Schulbuchverlag GmbH, Stuttgart

Umschlagsgestaltung: Neil Mcbeath, Stuttgart
Satz: Reproduktionsfertige Vorlage vom Autor

08/3140–1995 94 93 92 – Gedruckt auf säurefreiem Werkdruckpapier

Einleitung

Das vorliegende Arbeitsbuch ist Teil eines Paketes von verschiedenen Materialien, die das Ziel haben, das Thema *Chaos und Fraktale* in den mathematisch-naturwissenschaftlichen Unterricht einzuführen.

Ein weiteres Anliegen besteht darin, das mentale Bild von Mathematik im Bewußtsein der Schüler attraktiver zu gestalten. Mathematik ist die Antwort des Menschen auf die Komplexität der Welt. Mathematik ist die Ordnungsmacht im Dschungel der Phänomene. Deshalb ist Mathematik lebendig, frisch und aktuell. Deshalb gibt es zwischen einzelnen Teilgebieten und Ergebnissen der Mathematik immer wieder überraschende Querverbindungen, die oft das Verständnis einer Sache erst wirklich erhellen. Und deshalb bietet es sich an, durch entdeckendes, explorierendes Lernen die Anziehungskraft dieser Eigenschaften der Mathematik im Unterricht auszunutzen.

Chaos und Fraktale bieten hierfür eine besondere neue Chance. Beide sind jung und aktuell und belegen so ohne weiteres, daß Mathematik lebt. Für beide gilt, daß einige ihrer schrittmachenden Entdeckungen nicht ohne Hilfe von Computern möglich gewesen wären. Damit rücken faszinierende Computerexperimente natürlich in den Mittelpunkt. Beide sind hochgradig interdisziplinär. Dieses heißt, daß gehaltvolle Anwendungen nicht erst mühsam konstruiert werden müssen. Beide behandeln Themen, die von sich aus wirken.

Tatsächlich durchlaufen seit Ende der siebziger Jahre Mathematik und Naturwissenschaften eine Welle, die in ihrer Kraft, Kreativität und Weiträumigkeit längst ein interdisziplinäres Ereignis ersten Ranges geworden ist. Das andauernde Interesse innerhalb und außerhalb der Wissenschaften ist in einer aufrüttelnden Betroffenheit begründet, die eine radikale Wende in dem überkommenen naturwissenschaftlichen Weltbild und manchen überdehnten Interpretationen ankündigt.

Chaostheorie und fraktale Geometrie hat Naturwissenschaftler und Mathematiker mit einer Reihe von Überraschungen konfrontiert, deren Konsequenzen bei den Angeboten einer sich zunehmend omnipotent gebenden Wissenschaft und Technik zugleich ernüchternd und dramatisch sind:

1. Zahlreiche Phänomene sind trotz strengem naturgesetzlichem Determinismus prinzipiell nicht prognostizierbar.

2. Es gibt Struktur im Chaos, die sich bildlich in phantastisch komplexen Mustern – den sogenannten Fraktalen – ausdrückt. Die fraktale Geometrie liefert eine Palette von Begriffen und Meßverfahren, die Komplexität des Chaos zu behandeln.

3. Meist leben Chaos und Ordnung nebeneinander, und der Übergang von der Ordnung ins Chaos folgt strengen Fahrplänen.

4. Die bahnbrechenden Entdeckungen wurden erst durch Computerexperimente möglich. D.h., eine von vielen beargwöhnte Technologie zeigt uns ihre eigenen und zugleich auch unsere prinzipiellen Grenzen.

Ziel der verschiedenen Materialien ist es, in die Grundlagen einzuführen und diese durch eigenes Handeln der Schüler erfahrbar zu machen.

Die Sammlung von Materialien besteht aus folgenden Komponenten:

1. Zwei einführende Textbücher:

   - *Bausteine des Chaos – Fraktale*
   - *Chaos – Bausteine der Ordnung*

   Von H.-O. Peitgen, H. Jürgens, D. Saupe, Klett-Cotta, Stuttgart und Springer-Verlag, Heidelberg, 1992.

2. Eine Serie von Arbeitsbüchern:

- *Fraktale – Selbstähnlichkeit, Chaosspiel, Dimension*
- *Chaos – Iteration, Sensitivität, Mandelbrot-Menge*

Von H.-O. Peitgen, H. Jürgens, D. Saupe, sowie E. Maletsky, T. Perciante, L. E. Yunker, Klett Schulbuchverlag, Stuttgart und Springer-Verlag, Heidelberg, 1992.
Weitere Arbeitsbücher sind in Vorbereitung.

3. Eine Serie von Software Editionen:

- *Zauber der Fraktale – Software, Teil I: Die Mandelbrot-Menge*

Von H. Jürgens, H.-O. Peitgen, D. Saupe, T. Eberhardt, M. Parmet.
Weitere Software ist in Vorbereitung.

4. Eine Sammlung von Arbeitsfolien:

- *Fraktale – Gezähmtes Chaos*

Von H.-O. Peitgen, H. Jürgens, D. Saupe, Klett Schulbuchverlag, Stuttgart, 1993.

Die vorliegenden Arbeitsbücher sind das Resultat einer engen Zusammenarbeit von Mathematikern und Lehrern. Die Kooperation besteht fort und hat sich weitere Materialien zum Ziel gesetzt. Eine Besonderheit dieser Arbeitsgruppe besteht in ihrem internationalen Charakter, der sich im Laufe der Übertragung ins Deutsche noch dadurch fortgesetzt hat, daß die Übersetzungen von Ernst F. Gucker von der Kantonsschule in Oerlikon (Schweiz) bzw. Heinrich Niederhausen von der Florida Atlantic University (USA) besorgt wurden. Ihre sorgfältige Arbeit haben wir sehr zu schätzen gelernt. Gisela Gründl hat in Bremen unser Team verstärkt und bei der Herausgabe mitgewirkt. Wir danken Günter Schmidt sehr herzlich für die Einführung und Anbindung an die deutsche Schulsituation. Mit Benoit B. Mandelbrot und Mitchell J. Feigenbaum haben wir zwei Wissenschaftler für die Vorworte gewonnen, die die junge Wissenschaft der fraktalen Geometrie und Chaostheorie besonders geprägt haben.

Der Anfang der deutsch-amerikanischen Zusammenarbeit geht auf Initiativen der amerikanischen Mathematiklehrer-Vereinigung (NCTM = National Council of Teachers of Mathematics) zurück. Die amerikanischen Ausgaben werden in einer Verlagskooperation zwischen dem Springer-Verlag und der NCTM verlegt. Die deutschen Übersetzungen werden in einer Verlagskooperation zwischen dem Springer-Verlag und dem Klett Schulbuchverlag, bzw. dem Verlag Klett-Cotta herausgegeben. Damit findet die Zusammenarbeit auf der Ebene der Autoren zwischen Wissenschaft und Schule in den Verlagskooperationen ihre spiegelbildliche Fortsetzung.

Heinz-Otto Peitgen   Evan M. Maletsky
Hartmut Jürgens   Terry Perciante
Dietmar Saupe   Lee E. Yunker

Bremen, August 1992

Autoren

Hartmut Jürgens. *1955 in Bremen. Dr. rer. nat. 1983 an der Universität Bremen. Forschung auf den Gebieten dynamische Systeme, mathematische Methoden der Computergraphik und experimentelle Mathematik. Von 1984–85 Systemberater in der Computerindustrie, seit 1985 Direktor des Graphik-Labors Dynamische Systeme der Universität Bremen. Autor und Herausgeber von mehreren Publikationen über Chaos und Fraktale.

Evan M. Maletsky. *1932 in Pompton Lakes, New Jersey (USA). Ph. D. in Mathematics Education, New York University 1961. Seit 1957 Professor für Mathematik am Montclair State College, Upper Montclair, New Jersey. Autor, Herausgeber und Lektor für mathematische Curricula und Unterrichtsmaterialen für Grundschulen und höhere Schulen mit Schwerpunkt Geometrie. Ausgezeichnet mit dem 'First Sokol Faculty Award', Montclair State, und dem 'Outstanding Mathematics Educator Award', 1991.

Heinz-Otto Peitgen. *1945 in Bruch, BRD. Dr. rer. nat. 1973, Habilitation 1976, beides an der Universität Bonn. Forschungen auf den Gebieten nichtlineare Analysis und dynamische Systeme. Seit 1977 Professor für Mathematik an der Universität Bremen, von 1985 bis 1991 außerdem an der University of California in Santa Cruz und seit 1991 an der Florida Atlantic University in Boca Raton. Gastprofessuren in Belgien, Italien, Mexiko, Brasilien und USA. Autor und Herausgeber verschiedener Publikationen über Chaos und Fraktale.

Terence H. Perciante. *1945 in Vancouver (Kanada). Ed. D. 1972 in Mathematics Education, State University of New York in Buffalo. Seit 1972 Professor für Mathematik am Wheaton College, Illinois. 1989 Auszeichnung für 'Teaching Excellence and Campus Leadership' von der 'Foundation for Independent Higher Education'. Autor verschiedener Bücher, Artikel und Studienführer für Colleges.

Dietmar Saupe. *1954 in Bremen. Dr. rer. nat. 1982 an der Universität Bremen. Hochschulassistent in Mathematik an der Universität von Kalifornien in Santa Cruz von 1985 bis 87, seit 1987 an der Universität Bremen. Forschungen auf den Gebieten dynamische Systeme, mathematische Methoden der Computergraphik und experimentelle Mathematik. Autor und Herausgeber von mehreren Publikationen über Chaos und Fraktale.

Lee E. Yunker. *1941 in Mokena, Illinois (USA). 1963 B. S. in Mathematik, Elmhurst College, Elmhurst, Illinois. 1967 M. Ed. in Mathematik, University of Illinois, Urbana. Seit 1963 Mathematiklehrer und Fachleiter und der West Chicago Community High School, West Chicago, Illinois. Direktoriumsmitglied des 'National Council of Teachers of Mathematics'. 1985 ausgezeichnet mit dem 'Presidential Award for Excellence in Mathematics Teaching'. Autor verschiedener Textbücher für Geometrie und Mathematik in höheren Schulen.

Inhalt

Kapitel 1   **ITERATION**

Kapitel 2   **SENSITIVITÄT, PERIODISCHE PUNKTE UND MISCHEN**

Iterationen und Chaos im Unterricht
Ziele und Einordnung in den Lehrplan

Im Rahmen der in den letzten Jahren anwachsenden fachdidaktischen Diskussion zum Thema *Chaos und Fraktale* in der Schule liegen bereits einige Versuche zur Aufnahme von Aspekten dieses Themas im Unterricht vor. Dabei wird die Notwendigkeit und Nützlichkeit konkreter Hinweise und Materialien für die inhaltliche und methodische Gestaltung schnell deutlich. Genau in diese Richtung zielen nun die Arbeitsbücher, die von den Wissenschaftlern des Instituts für Dynamische Systeme an der Universität Bremen in enger Zusammenarbeit mit amerikanischen Lehrern in den USA entwickelt wurden und die nun in einer Übersetzung auch in deutscher Sprache verfügbar sind. Die Autoren von der Bremer Universität sind den Lehrern in unserem Raum durch viele interessante Vorträge, durch Veröffentlichungen und durch faszinierende Ausstellungen bekannt. Von daher darf man mit besonderen Erwartungen diesen nun speziell für den Schulbereich verfaßten Arbeitsbüchern entgegensehen.

Ziele

Es ist wohl einmalig in der Beziehung zwischen der Fachwissenschaft Mathematik und dem allgemeinbildenden Mathematikunterricht, daß ein neues und in vielen Aspekten revolutionäres Forschungsgebiet fast zeitgleich Zugang findet in die fachdidaktische Diskussion bis hin zu vielfältigen Versuchen zur unterrichtspraktischen Umsetzung. Dies liegt einmal an der offensichtlich erkennbaren Bedeutung, die den Fraktalen und dem deterministischen Chaos als grundlegendes Muster zur Beschreibung und zum Verstehen vieler Phänomene unserer komplexen Welt zukommt. Zum anderen ist es den Wissenschaftlern gelungen, die Faszination (und Schönheit) ihres Forschungsgegenstandes durch eine Reihe ansprechender Abhandlungen und Darstellungen auch dem „Laien" zugänglich zu machen.

Von dieser Faszination und Bedeutung ausgehend ergibt sich eine neue Chance für den Mathematikunterricht, die sich als übergreifende Zielvorstellung etwa so formulieren läßt:

> *Heranführen der Schülerinnen und Schüler an ein aktuelles Gebiet, das an der Spitze mathematischer Forschung steht und gleichzeitig neue Anwendungsperspektiven eröffnet, sowohl in der Beschreibung der (komplexen) Welt als auch in der Lösung wichtiger Probleme.*

In der Konzeption des vorliegenden Arbeitsbuches wird deutlich, daß dieses übergeordnete Ziel nun keinesfalls nur über eine völlige Neu- oder Umordnung weiter Teile des Mathematikunterrichts zu erreichen ist. Es kann in bestehende Ziele integriert und auf methodischen Wegen angesteuert werden, die eine Reihe anderer Schwerpunkte und Prinzipien des Mathematikunterrichts unterstützen:

- **Leitlinie Rekursion und Iteration**
  Rekursion und Iteration haben in jüngster Zeit als Leitlinie für den Mathematikunterricht einen deutlichen Auftrieb erhalten. Dies ist im wesentlichen auf die Verfügbarkeit des Computers als Werkzeug im Unterricht zurückzuführen. In diesem Arbeitsbuch ist die Iteration zentraler Gegenstand der verschiedenen Untersuchungen. Der Begriff wird zunächst intuitiv im Zusammenhang mit der Verkettung von Funktionen entwickelt. Von besonderem Wert sind dabei die Möglichkeiten der graphischen Veranschaulichung der Iterationsvorgänge, an der sich die verschiedenen Eigenschaften und Muster iterativen Verhaltens eindrucksvoll aufzeigen lassen. Sowohl bei der graphischen als auch bei der numerischen Iteration liegt der Schwerpunkt auf dem rekursiven Aspekt.

- **Experimentelle Mathematik**
  Der Stellenwert *experimenteller Mathematik* — d.h. im Unterricht das entdeckende Lernen

durch Handeln und systematisches Probieren — ist in den zurückliegenden Jahren deutlich gestiegen. Auch hier gehen wesentliche Impulse von den zunehmenden Möglichkeiten der Computer aus. Die Entdeckung des Verhaltens verschiedener Iterationsfolgen und die Erarbeitung von Eigenschaften eines chaotischen dynamischen Systems erfolgen in dem vorliegenden Arbeitsbuch nach diesem Prinzip des Experimentierens und Handelns. Dabei werden in vielen Fällen die Experimente zunächst an Hand graphischer Darstellungen und Tabellen „per Hand" ausgeführt und ausgewertet und in den geeigneten Fällen erst zum Abschluß dem Graphikrechner oder dem Computer übertragen.

- **Ästhetische Komponente**
  Es war schon immer ein Anliegen des Mathematikunterrichts, auch die ästhetische Komponente mathematischer Darstellungen und Methoden aufzuzeigen (Parkettierungen, Symmetrien, geometrische Konstruktionen, goldener Schnitt, Perspektive, Platonische Körper u.ä.). Mit der graphischen Darstellung von Iterationsvorgängen und der Erzeugung spezieller Diagramme wie z.B *Feigenbaumdiagramm* oder *Mandelbrotmenge* erfährt dieser ästhetische Aspekt eine bedeutungsvolle und aktuelle Variante und Erweiterung. Viele dieser „dynamischen Bilder" sind schon mit Graphik-Rechnern oder einfachen BASIC-Programmen erzeugbar. Aufwendigere und farbige Bilder werden mit Hilfe spezieller Software zugänglich.

- **Querverbindungen**
  Für das Erlernen und das Verstehen von Mathematik ist es von großer Bedeutung, daß die verschiedenen Inhalte und Themenbereiche der Mathematik nicht isoliert nebeneinander stehen, sondern durch übergreifende Leitbegriffe und Querbezüge verbunden sind. Es ist eines der Kernanliegen der Autoren des Arbeitsbuches, solche Beziehungen und Querverbindungen zwischen ganz unterschiedlichen Teilbereichen erfahren zu lassen und aufzuzeigen. Und dies gelingt mit dem vorliegenden Arbeitsbuch in ganz hervorragender Weise. Etwa am Beispiel der Mandelbrotmenge, wo Kenntnisse über Iterationen mit Hilfe quadratischer Funktionen, über algebraische und geometrische Beschreibung strukturerhaltender Abbildungen und über die komplexe Zahlenebene zusammenwirken. Oder bei der besonders erkenntnisreichen Durchführung von Algorithmen für spezielle Funktionen mit Hilfe von Dualzahlen und Operationen auf diesen Zahlen.

- **Anreicherung und Erweiterung**
  Schließlich können die im Arbeitsbuch angesprochenen Themen der Anreicherung und Erweiterung vieler im traditionellen Mathematikunterricht angesprochener Inhalte und Aspekte dienen. Als wesentliche Beispiele seien genannt:

  - Anwendung der Dualzahldarstellung und der Operationen auf diese Zahlen.

  - Anreicherung des Folgen- und Grenzwertbegriffs durch Erweiterung der Aspekte und interessantes Beispielmaterial. Insbesondere die graphische Darstellung von Iterationsprozessen gewährt im Zusammenhang mit den Eigenschaften von Fixpunkten (attraktiv, repulsiv, neutral) wertvolle und sehr anschauliche Einsichten in das „Langzeitverhalten" von Folgen.

  - Das funktionale Denken (als weitere wichtige Leitlinie des Mathematikunterrichts) wird unterstützt und hervorgehoben. Insbesondere die Verkettung von Funktionen wird betont und durch graphische Veranschaulichungen verdeutlicht. Interessante Funktionen („Sägezahn-" und „Hutfunktionen") werden eingeführt und zur Entdeckung informativer Eigenschaften verwendet. Im Zusammenhang mit dem Phänomen des Bevölkerungswachstums werden aufschlußreiche mathematische Modelle entwickelt und zur Beschreibung von Naturereignissen angewandt. Schließlich ermöglichen einfallsreiche Diagramme wie das Feigenbaumdiagramm oder die Mandelbrotmenge neuartige Einsichten und Erkenntnisse.

  - Im Zusammenhang mit der Mandelbrotmenge wird die Bedeutung der Kegelschnitte betont und durch weitere Anwendungen angereichert.

– Die komplexen Zahlen und deren geometrische Interpretation in der Ebene werden in einem interessanten Anwendungszusammenhang eingeführt und verwendet.

- **Erweiterung des Weltbildes**
  In der Zusammenfassung der verschiedenen Ziele und Möglichkeiten ist es sicher zutreffend, von einer Erweiterung des Weltbildes zu sprechen, das den Schülerinnen und Schülern auf diese Weise im Mathematikunterricht vermittelt werden kann.

Einsatzmöglichkeiten des Arbeitsbuches im Unterricht

Integration in den eigenen Unterricht

Bei den vorausgegangenen Zielbeschreibungen ist deutlich geworden, daß einzelne Abschnitte oder Arbeitsblätter vom Lehrer in seinen laufenden Unterricht integriert werden können. Viele derartige Anknüpfungspunkte — insbesondere in der Sekundarstufe II — sind unter den Aspekten „Beziehungen und Querverbindungen zwischen unterschiedlichen Teilbereichen” und „Anreicherung und Erweiterung” bereits exemplarisch aufgezeigt, detaillierte und weiter konkretisierte Hinweise und Bezüge sind in dem Arbeitsbuch an der jeweils passenden Stelle vermerkt. Dabei müssen die Arbeitsblätter nicht vollständig in der vorliegenden Form (die weitgehend auf individuelle Erarbeitung durch den Schüler ausgerichtet ist) eingesetzt werden. Sie können im Zusammenhang mit den Erläuterungen und Hinweisen als Anregung und Hilfe für die eigene Gestaltung des Unterrichts mit diesen Themen dienen, wobei die erwähnte Hilfe je nach Erfahrungsstand des Lehrers mehr oder weniger eng genutzt werden kann. Sehr offen und ohne enge methodische Bindung sind auf jeden Fall die vorgegebenen Arbeitsblätter zur Durchführung und Auswertung der vielfältigen numerischen und graphischen Iterationen. Das gesamte Kapitel 1 ist in hervorragender Weise geeignet zur spannenden Einführung und zur vertiefenden Ausleuchtung des Begriffs der Iteration.

Für die eigenständige Nutzung und Einbindung in den eigenen Unterricht sei in diesem Zusammenhang nochmals auf den Wert der begleitenden Textbücher hingewiesen. Hier kann der Lehrer umfangreiches Hintergrundwissen und die zusätzlichen Informationen, Zusammenhänge und Vertiefungen erwerben, die die selbständige souveräne Nutzung der im Arbeitsbuch gegebenen Vorlagen und Hilfen ermöglichen.

Geschlossener Einsatz einzelner Abschnitte und Kapitel

Hierfür bieten die Arbeitsblätter in ihrer gestuften und auf Eigentätigkeit des Schülers ausgerichteten Anlage günstige Ansätze sowohl zur Erprobung und zum Erfahrungsgewinn für den Lehrer als auch zum Erwerb von Wissen und Verständnis für den Schüler.

Als günstige Formen bieten sich hier zunächst wie bei vielen Innovationen *Arbeitsgemeinschaften interessierter Schüler* an, vorzugsweise für solche aus der Oberstufe, ggf. für einzelne Teilaspekte auch im Rahmen des Wahlpflichtbereichs in der 10. Klasse. Hier lassen sich in geeigneter Weise die Erfahrungen mit den Materialien und Arbeitsblättern sammeln, die dann auch eine *Integration im Rahmen des „pädagogischen Freiraums” im Pflichtunterricht* vorbereiten. Daneben bietet das vorliegende Arbeitsbuch einen hohen Anreiz für die Ausgestaltung von *Projekten*, wie sie in jüngster Zeit in zunehmendem Maße an den Schulen angeboten werden. Gerade die handlungs- und produktorientierte Anlage des Arbeitsbuches und der einzelnen Arbeitsblätter kommt den Zielen solcher Projekte sehr entgegen, noch verstärkt durch den Einbezug des Computers. Dabei begünstigt das Thema die oft gewünschte fächerübergreifende Konzeption von Projekten, zum Beispiel im Zusammenwirken von Mathematik und Naturwissenschaften unter Einbezug informatischer Elemente oder auch durch die Betonung ästhetischer und künstlerischer Bezüge. Schließlich stellt das Arbeitsbuch auch geeignete Grundlagen für zusätzliche Aktivitäten im Unterricht wie *Referate* oder *Facharbeiten* bereit.

Es ist im Interesse eines lebendigen und sinnbezogenen Mathematikunterrichts zu hoffen, daß es zu vielfältigen Versuchen und Erprobungen unterrichtlicher Aktivitäten zum Thema „Fraktale und

Chaos" kommen wird. Damit wird die unverzichtbare Basis für dann folgende Weiterentwicklungen des Lehrplans und Veränderungen im Unterricht geschaffen. Wenn das vorliegende Arbeitsbuch (und die Folgebände) Hilfen hierfür bereitstellen und die Entwicklung erleichtern und vorantreiben, so erfüllt es die beabsichtigte Funktion und leistet einen wertvollen Beitrag zur zeitgemäßen Allgemeinbildung.

Lehrern und Schülern ist auf diesem Weg die gleiche Freude und Faszination zu wünschen, wie ich sie selbst bei dem noch andauernden Prozeß der Einarbeitung in die Zusammenhänge um Chaos und Fraktale und bei den ersten Unterrichtsversuchen hierzu erfahren habe und noch erlebe.

Günter Schmidt   Bad Kreuznach, im August 1992

Vorwort

Die Ergebnisse dynamischer Vorgänge — chaotische oder fast zufällige Entwicklungen fraktaler Objekte — sind Phänomene, die erst seit kurzem in die Nähe menschlicher Vorstellungskraft gerückt sind. Das ist weder dem Verstand noch dem Computer allein zu verdanken; vielmehr sind die gewonnenen Einsichten das Resultat guter Zusammenarbeit zwischen beiden. Es ist unzureichend zu *denken*, wenn es nicht menschenmöglich ist, auch nur die elementarsten Schlußfolgerungen zu erproben, und es ist sinnlos zu *rechnen*, wo weder Intuition noch Verständnis anleiten. Erst aus dem Zusammenspiel kommt eine wunderbare neue Einsicht in uralte Zusammenhänge ans Licht. Und diese Einsichten bleiben nicht an den Computer gebunden. Dort einmal entstanden, werden sie als vom Menschen manipulierbare Ideen formuliert, weshalb der Computer nach und nach in den Hintergrund tritt - am Ende übertrumpfen die Menschen, gewappnet mit ihren neuen Erkenntnissen, die rohe Gewalt der elektronischen Rechenmaschine. Oft sind diese Ideen völlig elementar, nur wären sie ohne numerische Unterstützung nie entstanden, noch hätte man ihre Bedeutung erahnt. Gerade daß es hier neue Erkenntnisse von elementarer und signifikanter Art gibt, macht das Studium der Dy-

Mitchell J. Feigenbaum

namik so aufregend und befriedigend, sowie auch geeignet für eine frühe Einbeziehung in den Unterricht. Viel gibt es hier durch einfache Manipulationen analytisch zu lernen und schon mit einem Taschenrechner an numerischer Erfahrung zu gewinnen.

Bei diesem Studium werden Computer zum Experimentieren gebraucht, damit wir erkennen, welche Vorstellungen und Ideen überhaupt Einsicht vermitteln. Ihre anschließende Verfeinerung dient der Entdeckung fruchtbarer Entwicklungszweige für weitere Untersuchungen. Gehen sie tiefer — zum Glück manchmal sehr rasch — können tatsächlich neuartige, unerwartete Tatsachen auftauchen, und die Forschung kann völlig neue Richtungen einschlagen. Lassen Sie mich diesen Vorgang aus eigener Erfahrung beschreiben.

Wenngleich unbewiesen, so war es doch in den frühen siebziger Jahren bekannt, daß einigen einfachen Systemen eine Kaskade von Übergängen hin zu mehr und mehr streuendem Verhalten zu eigen ist. Als Prototyp denke man sich eine Uhr mit einer Schraube zur $+/-$ Geschwindigkeitsregulierung mit den folgenden Eigenschaften. Dreht man die Schraube in die $+-$Richtung, so beginnt ab einem Punkt der Rhythmus sich in ein abwechselnd kurzes und dann langes Ticken zu ändern. Nach einer weiteren Drehung an der Schraube wechselt der Rhythmus plötzlich in eine Wiederholung von $4 = 2^2$ verschieden langen Abständen. Und mit ständig geringeren Drehungen entstehen Rhythmusperioden aus 8, 16, 32, 64, ... verschiedenen Zeitabständen, bis schließlich gegen Ende die Uhr so tickt, daß jeder Abstand von jedem vorherigen verschieden ist.

Ab Sommer 1975 habe ich ein Jahr lang an diesem Phänomen der Periodenverdoppelung gearbeitet. Zuerst konstruierte ich ein theoretisches Bild, das die Kaskade erklären konnte, war aber nicht in der Lage, die Vorgänge am Ende der Kaskade zu verstehen. Mit dem einzigen Computer den ich verwendete, einem programmierbaren HP-65 Taschenrechner, versuchte ich zu Hause meine Theorie numerisch auszuloten. Als mir das keine weiteren Erkenntnisse brachte, beschloss ich zu erkunden was mit den numerischen Resultaten passiert, falls die Periodenlängen Zweierpotenzen sind. Dies bedeutete, daß ich zuerst die Schraubenstellungen finden mußte, für welche man solch ein Verhalten beobachten kann. Das Modell für die Uhr war ein besonders einfacher (quadratischer) Ausdruck, der den nächsten Zeitabstand aus dem gegenwärtigen herleitete, wobei der Drehwinkel der Schraube durch eine Zahl r beschrieben wurde. Die Periodenlänge ist die n-te Potenz von zwei beim n-ten Wert für r. Für $n > 2$ kann r nur numerisch gefunden werden. Für $n = 6$ brauchte der Taschenrechner ungefähr eine Minute. Aber es wurde zunehmend schwieriger überhaupt einen richtigen Anfang zu finden, der nicht zu sinnlosen Ergebnissen führte. Ich hatte deshalb genug Zeit, die bereits gefundenen Werte anzustarren. Es wurde mir sofort deutlich (durch Abschätzung aufeinanderfolgender Quotienten), daß sie geometrisch konvergierten. Hier hatte sich der HP einem echten Computer als weitaus überlegen erwiesen, denn schon andere hatten solche Zahlen erhalten, aber diese Eigenschaft nicht erkannt, weil sie ihre Computerresultate nicht richtig anschauten! Interaktive Langsamkeit kann eine Erztugend sein. Die beobachtete Konvergenz macht es genau dann dem Menschen zunehmend leichter, wenn der Computer seine Grenzen erreicht.

Woher kam diese Konvergenz? Ich wußte es nicht, und für meine theoretischen Untersuchungen erwiesen sich die Resultate auch nicht als hilfreich. Zwei Monate lag das Problem brach, bis mir klar wurde, daß eine unendliche Kaskade von Verdoppelungen nicht nur bei einer quadratischen Formel, sondern auch bei trigonometrischen Ausdrücken für den neuen Tickrhythmus entstehen müßte. Meine Theorie paßte jedoch nur zum quadratischen Fall. Entweder tritt eine Verdoppelung im trigonometrischen Fall nicht ein oder meine Ideen sind falsch, überlegte ich mir. Der Griff zum HP zeigte, daß sie wirklich eintrat (und die Theorie war auch richtig, aber nicht sehr einsichtig). Nur brauchte der Fall $n = 6$ jetzt mehr als fünf Minuten. Und die Zahlen konvergierten wieder geometrisch! Noch viel wunderbarer: sie konvergierten mit *genau derselben Geschwindigkeit* wie im quadratischen Fall! So wurde mit nur beschränktem Verständnis meines Forschungsgegenstandes ein unverhofftes Juwel freigelegt — denn es folgte, daß alle diese dynamischen Probleme sich in einer *universellen* Weise verhielten, völlig unabhängig von ihrer Bewegungsgleichung.

Es dauerte zwei weitere Monate bis erkannt war, daß das Geheimnis dieser Zahlen nicht in der Schraube steckte, sondern im Ticken selbst. In seiner zunehmenden Verschiedenheit zeigt es selber geometrische Konvergenz, jedoch mit noch einer anderen neuen universellen Konstante. Außerdem endeckte ich, daß alle diese Überlegungen in das Gebiet der 'Kompositionsoperatoren auf Funktionen' gehören. Nun mußte nur noch der geeignete mathematische Hintergrund gefunden werden. Da gab es ein Problem: die Spezialisten wußten, daß es diese Mathematik nicht gab. Deshalb war es nun notwendig, solche unendlich dimensionalen Probleme verstehen und numerisch lösen zu lernen. Der HP war jetzt am Ende seiner Kunst, und es wurde Zeit einen wirklich potenten Computer zu benutzen. (Mit einer guten Aufgabe vor sich und ohne viel Zeit mit ausgefallenen Input–Output Programmen zu verschwenden, läßt sich das leicht an einem Tag erlernen. Wirf alle Übungsbücher weg, die mit Input-Output beginnen und peinlichen Plunder sortieren!). Der Vorgang war absolut aufregend: man hat eine Idee, schreibt ein Programm von hundert Zeilen um sie zu erproben, lernt daraus sie zu verbessern — hin und her wie aus der Pistole geschossen, fünf bis zehn Programme am Tag. (Ich war ungeheuer aufgeregt: der Tag hatte um die zwanzig Arbeitsstunden, und eine langsamere Maschine wäre extrem frustrierend gewesen.)

Ende Sommer 1976 war die Theorie fertiggestellt. Das ganze Bild war vollständig entwickelt, doch fehlte ein strikter Beweis. Abgesehen von einem rechnerischen Beweis zu meinen Methoden gab es keinen Fortschritt bis vor zwei Jahren. Dem Beweis zu folgen ist extrem mühsam, obwohl er immer noch nicht das ganze Bild abdeckt. Sicherlich wäre er niemals entstanden, hätte man nicht gewußt, daß es dort etwas zu beweisen gibt, und was man beweisen muß. (Sullivan entwickelte seinen Beweis über einen Zeitraum von zehn Jahren.) Ich bin fest davon überzeugt, daß ohne numerische Ergebnisse dieses Phänomen noch unbekannt wäre.

Dynamik ist ein Nährboden, in dem es noch unbestritten neue Erscheinungen zu finden und zu verstehen gibt. Die Fraktale, auf denen die Bewegung abläuft, haben nicht nur eine oder zwei verschiedene Skalen, sondern immer unendlich viele. Entstehen sie in der Natur, dann sind ihre Eigenschaften jenseits einer Dimension so gut wie unbekannt. Die gesamte zugehörige Mathematik wartet noch darauf entdeckt zu werden. Tatsächlich kann man nur deshalb so wenige echte Probleme lösen, weil die existierenden Approximationsverfahren größtenteils unangemessen sind, während gewaltsames Rechnen die Fähigkeiten der heutigen Maschinen noch weit überschreitet.

Ist das Sonnensystem stabil? Fast sicher nicht, aber diese Vermutung basiert nur auf numerischen Informationen. Es gibt keine Theorie. Es existiert noch nicht einmal eine vereinfachte Methode realistisch zu betrachten, wie sich die äußerst kompliziert verknüpften dynamischen Systeme verhalten, wie z.B. das Gehirn. Vor zwanzig Jahren hätte man noch keines dieser Probleme ernsthaft angehen können. Nun gibt es wenigstens Hinweise, wobei die Ideen dahinter oft elementar sind. Einige sind in greifbare Nähe gerückt, wie wir nun entdecken werden.

Mitchell J. Feigenbaum, Toyota Professor$\qquad$Rockefeller Universität, März 1992

xvi

Kapitel 1
Iteration

HAUPTZIELE, BEGRIFFE und ZUSAMMENHÄNGE

In diesem Kapitel wird aus dem traditionellen mathematischen Inhalt des typischen Oberstufenstoffes eine neue, dynamische und anschauliche Welt geschaffen. Auf der Suche nach Mustern begegnet uns ein steter Wandel im iterativen Verhalten. Graphische Iteration baut Treppen oder Spiralen hin zu bestimmten Punkten, die zu Attraktoren gehören, oder auch fort von anderen Punkten, die sich gleichsam abstoßend verhalten. Einige Intervalle schrumpfen durch graphische Iteration, weshalb dort Rechenfehler nur kleiner werden können, andere dagegen expandieren und lassen selbst winzige Ungenauigkeiten zu groben Fehlern explodieren. Hinter all dem steht die Kernfrage: Wann ist das Iterationsverhalten voraussagbar, und wann nicht?

Der Iterationsvorgang wird intuitiv entwickelt und mit dem vertrauten Begriff der Verkettung (Zusammensetzung, Komposition) von Funktionen verbunden. Sowohl bei der graphischen als auch der numerischen Iteration liegt der Schwerpunkt auf dem rekursiven Aspekt. Wir verfolgen den Werdegang eines Anfangspunktes unter ständig wiederholter Abbildung durch dieselbe Funktion. Allein aus dem Verhalten einiger weniger Punkte läßt sich oftmals schon viel über die Wirkung eines dynamischen Systems lernen. Diese Erfahrung kann stimulierend und gewinnbringend sein. Es fordert unsere Intuition heraus, daß ähnliche quadratische Funktionen dramatisch verschiedenes Verhalten zeigen können.

Verbindungen zum Mathematikunterricht

In diesen Arbeitsblättern wird ein Material abgedeckt, das zum festen Bestandteil des modernen Mathematikunterrichts geworden ist. Es kann als einzelne Unterrichtseinheit zum Thema Iteration verwendet werden, oder in das existierende Curriculum dort eingebettet werden, wo sich Zusammenhänge anbieten.

DIREKTE BEZÜGE:

Quadratische Funktionen	Steigung
Geometrische Muster	Visualisierung
Numerische Muster	Grenzwertbegriff
Verkettung von Funktionen	Konvergenz
Abbildungen	Graphen
Auswertung von Funktionen	

WEITERE BEZÜGE:

Folgen und Reihen	Absolutbetrag
Lineare Funktionen	Graphik-Rechner
Transformationen	

Grundlegende Begriffe

Verketten von Funktionen

Eine Verkettung $f(g(a))$ der Funktion g mit einer zweiten Funktion f entsteht, wenn erst g auf das Argument a und danach f auf $g(a)$ angewendet wird.

Iteration

Iteration ist der Vorgang wiederholter Verkettung einer Funktion mit sich selbst.

Graphische Iteration

Die visuelle Darstellung der Iteration von Funktionen heißt graphische Iteration.

MATHEMATISCHER HINTERGRUND

Überblick

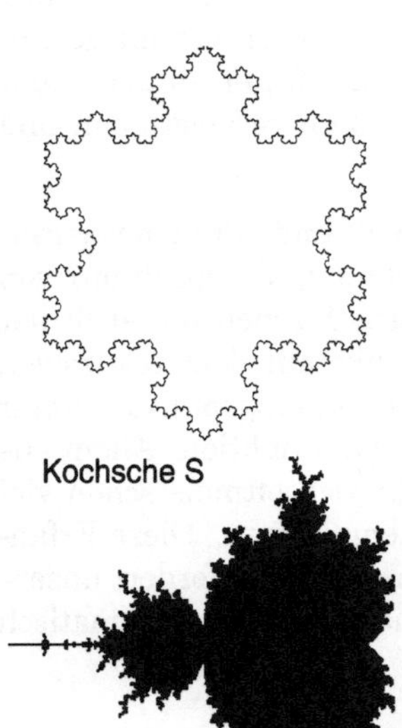

Kochsche S

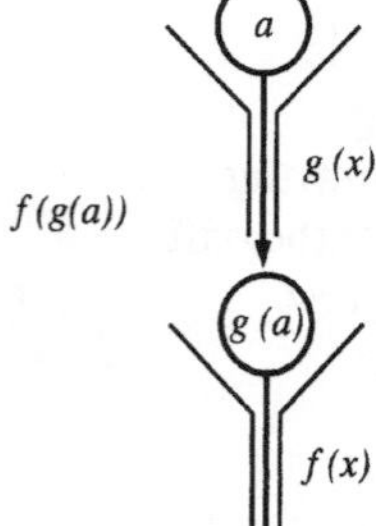

Mandelbrot Menge

Im Studium der Fraktale ist der Iterationsprozeß so zentral, daß es wohl schwierig ist, seine Bedeutung zu übertreiben. Um zum Beispiel die Kochsche Schneeflocke zu erzeugen, wird ein iterativer Vorgang verwendet, der einen einzigen Abschnitt durch vier neue ersetzt, jeder mit 1/3 der Originallänge. Für die Mandelbrot–Menge und ihre zugehörigen Julia–Mengen (Kapitel 3) ist Iteration das fundamentale Werkzeug um zu entscheiden, ob ein Punkt zu diesen Mengen gehört oder nicht. Auch bei der Farbauswahl für die Punkte in der Umgebung dieser Mengen spielt Iteration eine Hauptrolle.

Der Iterationsprozeß in diesem Kapitel beginnt mit linearen Funktionen, wird dann aber hauptsächlich auf quadratische Funktionen der Form $f(x) = ax(1 - x)$ angewendet. Diese allgemeine quadratische Funktion mit reellem Argument x ist mathematisch äquivalent zu der komplexen quadratischen Funktion $z^2 + c$, die zur Definition der Mandelbrot–Menge verwendet wird. Dieses Kapitel konzentriert sich auf die Iteration von Funktionen auf dem abgeschlossenen Intervall von 0 bis 1. In Hinblick auf die Punkte in der Mandelbrot-Menge und den Julia-Mengen werden später Iterationen von Funktionen auf der komplexen Ebene untersucht.

Schließlich muß noch bemerkt werden, daß es ohne Iteration keine dynamische Beziehung zwischen Punkten und Funktionen geben würde, keine Mandelbrot– und Julia–Mengen, und auch kein Chaos. Die Bedeutung der Iteration erstreckt sich weit über die Fraktale hinaus. Sie ist ein wichtiges elementares mathematisches Werkzeug zur Modellbildung natürlicher Phänomene des täglichen Lebens, wie Wetterumschlag, Bevölkerungswachstum, chemische Reaktionen, Meeresströmungen und Herzschläge.

Iteration als Verkettung

Der Begriff „Funktionsmaschine" bietet einen intuitiven Einstieg in das Konzept des Verkettens. Die Funktionsmaschine wird mit Rohmaterial (Input, Definitionsbereich) gefüttert und macht daraus Produkte (Output, Wertebereich). Die nächste Maschine akzeptiert als Rohmaterial was die erste herstellt.

Als Analogie kann man die Herstellung von Apfelsaft in Flaschen ansehen. Die erste Maschine, eine Presse, nimmt Äpfel (Input) und produziert Apfelsaft (Output). Die zweite Maschine akzeptiert nun den Apfelsaft als Input, konserviert ihn und füllt ihn in Flaschen (Output). Wem der Funktionsbegriff nicht vertraut ist, mag diese Veranschaulichung helfen, ein Gefühl für den Prozeß zu entwickeln. Und was passiert, wenn die Reihenfolge der Apfelsaftmaschinen aus Versehen umgekehrt wird?

Rekursives Verketten

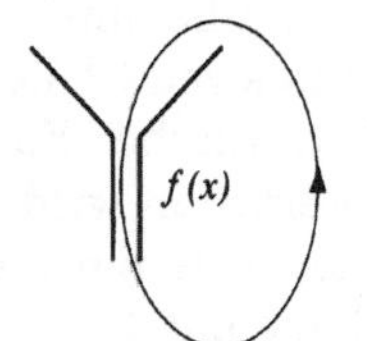

Iteration kann als rekursiver Prozeß eingeführt werden. Man kann sie als Verkettung einer Funktion mit sich selber ansehen, wobei jedesmal der Output eines Schrittes zum Input im nächsten Schritt des Prozesses wird.

Iteration wird oft als Rückkopplung bezeichnet. Ein einfaches Beispiel kann mit einem Taschenrechner vorgeführt werden. Man ziehe die Quadratwurzel einer positiven Zahl mit dem Taschenrechner. Das Resultat dient als Input für die nächste Wurzel. Der Prozeß wird mehrmals wiederholt.

Arithmetische und geometrische Folgen werden durch iterative Prozesse erzeugt. In diesen Folgen entsteht jeder Ausdruck rekursiv aus dem vorherigen entweder durch Addition oder Multiplikation mit einer Konstanten.

Iteration als graphischer Prozeß

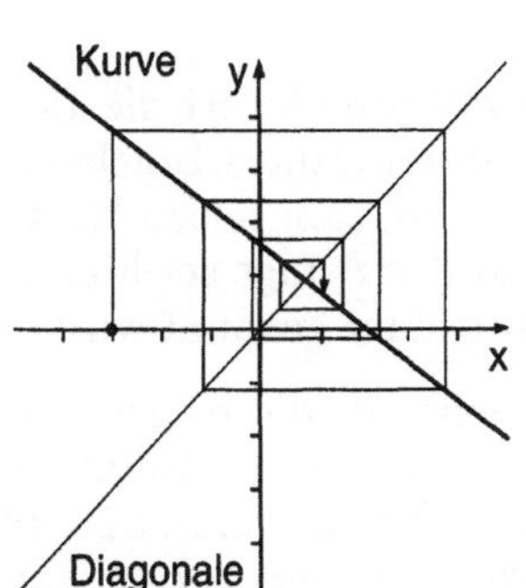

Iteration wird als einfacher Algorithmus vorgestellt, für den lediglich waagerechte und senkrechte Strecken zu zeichnen sind: erst zum Graphen der Funktion, von dort zur Diagonalen $y = x$, und reflektiert geht es zurück zum Graphen. Durch ständige Wiederholung dieses Vorganges entsteht ein stetiger Pfad aus abwechselnd waagerechten und senkrechten Abschnitten. Vom Aussehen dieses Iterationspfades läßt sich viel über das Verhalten der Funktion lernen.

Fixpunkte einer Funktion findet man, wo ihr Graph die Diagonale schneidet. Sie können anziehend (attraktiv), abstoßend (repulsiv), oder neutral sein. Die graphische Iteration in der Nähe eines Fixpunktes ist ein visuelles Hilfsmittel, um diese drei Fälle zu unterscheiden. Manche Pfade sind einwärts gerichtete Treppen oder Spiralen, was auf attraktive Fixpunkte hinweist. Sind die Treppen oder Spiralen auswärts gerichtet, handelt es sich um repulsive Fixpunkte. Dieses Verhalten hängt eng mit der Steigung der Funktion am jeweiligen Fixpunkt zusammen.

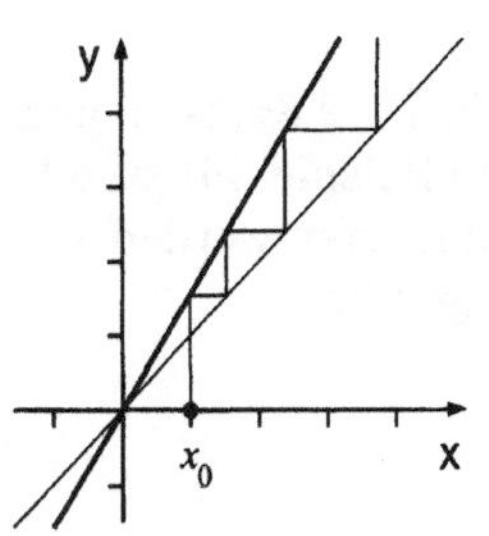

$$\begin{array}{lll}
\text{Steigung} & m < -1 & \text{repulsiv, Auswärtsspirale} \\
& -1 < m < 0 & \text{attraktiv, Einwärtsspirale} \\
& 0 < m < 1 & \text{attraktiv, Einwärtstreppe} \\
& 1 < m & \text{repulsiv, Auswärtstreppe}
\end{array}$$

Die Diagonale $y = x$ agiert als Rekursionsmaschine, indem sie den Output oder das Bild eines Prozeßschrittes in das System zurückwirft, wo er zum Input oder Urbild für den nächsten Schritt wird. Graphische Iteration durch Reflektion ist einfach und doch wirksam, indem sie unsere visuelle Vorstellungskraft ausnutzt.

**Expansion und
Kompression**

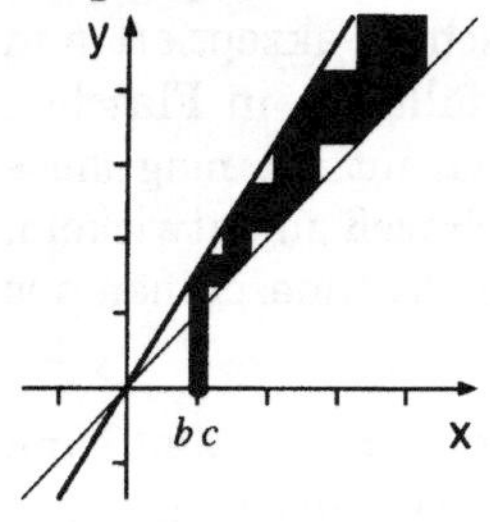

Ein anderer wichtiger Aspekt ist der Effekt, den Iteration auf kleine Intervalle hat, die als Modell für Eingabefehler dienen. Kleine Fehler blähen sich auf, wenn Intervalle unter Iteration expandieren. Sie werden noch kleiner und konvergieren gegen 0, wenn sich die Intervalle zusammenziehen.

$$\text{Steigung} \qquad |m| > 1 \qquad \text{Intervallexpansion}$$
$$0 \le |m| < 1 \qquad \text{Intervallkompression}$$

Zum Einüben der graphischen Iteration von linearen und quadratischen Funktionen werden zahlreiche Gelegenheiten geboten. Diese eigene Erfahrung mit Bleistift und Lineal ist wesentlich, wenn man den Vorgang wirklich begreifen will.

Quadratische Funktionen

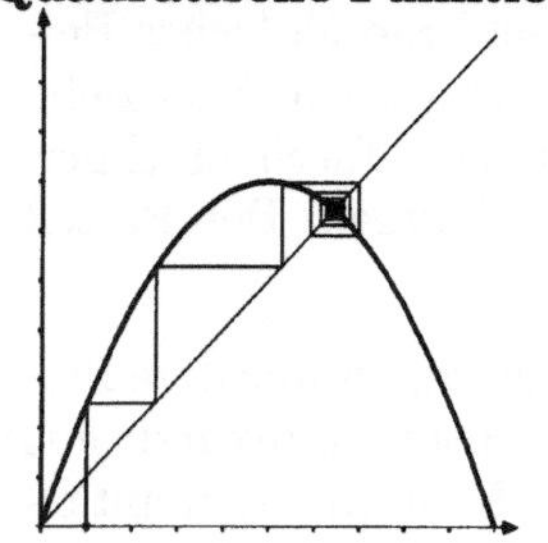

Besonders Beachtung verdient die Familie quadratischer Funktionen der Gestalt $f(x) = ax(1-x)$. Das Verhalten dieser Familie unter Iteration ist von zentraler Bedeutung für das Verständnis von Chaos in dynamischen Systemen. Obwohl die Iteration quadratischer Funktionen hier hauptsächlich für $a = 2.8$, 3.2 und 4.0 betrachtet wird, ist es wichtig darauf hinzuweisen, daß diese Parameterwerte nur stellvertretend für die vielen Funktionen gewählt sind, die mit $1 \le a \le 4$ sich ähnlich verhalten.

Quadratische Funktionen der Form $f(x) = ax(1 - x)$ und $f(x) = x^2 + c$ sind mathematisch äquivalent. Ihr Iterationsverhalten ist im wesentlichen dasselbe. In Kapitel 3 führen uns Funktionen der Form $f(z) = z^2 + c$ mit komplexem z direkt zu zu den Mandelbrot– und Julia–Mengen.

Attraktoren

Für die meisten Argumente aus dem Intervall [0,1] liefert die Iteration der Funktion $f(x) = 2.8x(1 - x)$ ein interessantes Ergebnis. Jedesmal führt ständig wiederholtes Iterieren hin zum selben Wert, 0.6429... Jeder Parameter a zwischen 1 und 3 erzwingt solch eine Konvergenz zu einem einzigen Punkt, der Attraktor genannt wird.

Periodische Punkte

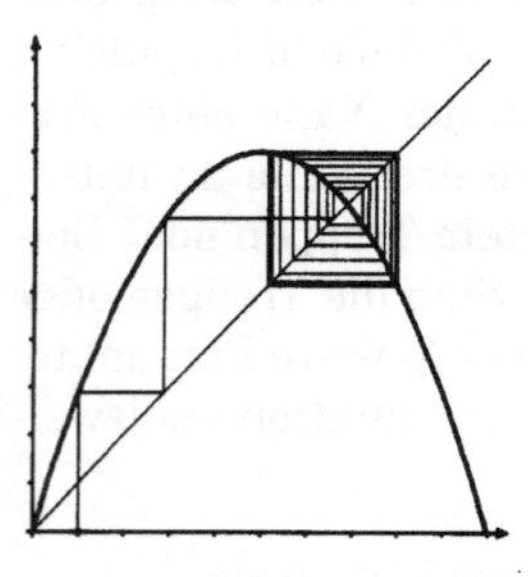

Iteration der Funktion $f(x) = 3.2x(1 - x)$ zeigt für die meisten x-Werte in $[0, 1]$ ein anderes Resultat. Nun bringt uns die Iteration schließlich immer zu denselben zwei Zahlen, 0.799455... und 0.513044... Dieses letztendlich periodische, oszillierende Verhalten beruht auf einem sogenannten 2-periodischen Attraktor, und kann für Parameterwerte a zwischen 3 und 3.4494... beobachtet werden.

Wendet man die Funktion auf einen der Punkte in einem 2-periodischen Attraktor an, so erhält man den anderen. Oft ist die Periode eines Attraktors größer als Zwei. Dann braucht der Zyklus mehr als zwei Iterationen bevor er zum selben periodischen Punkt zurückkehrt.

Vorhersagbarkeit

Das iterative Verhalten der beiden Funktionen $f(x) = 2.8x(1-x)$ und $f(x) = 3.2x(1-x)$ ist genau vorhersagbar und ein Beispiel für stabile dynamische Systeme. Unabhängig vom Anfangspunkt werden wir schließlich immer wieder zum selben Attraktor geführt.

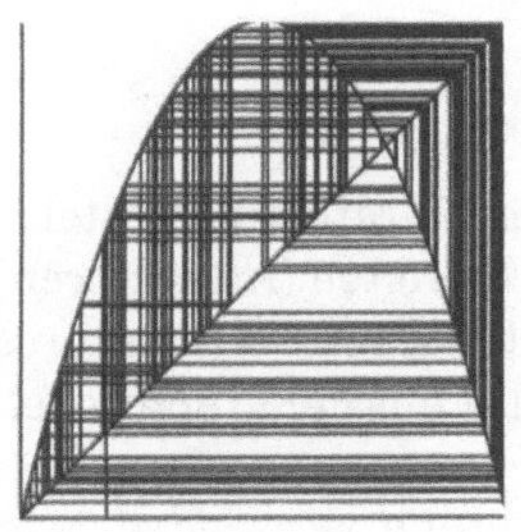

Verkettungsmaschine

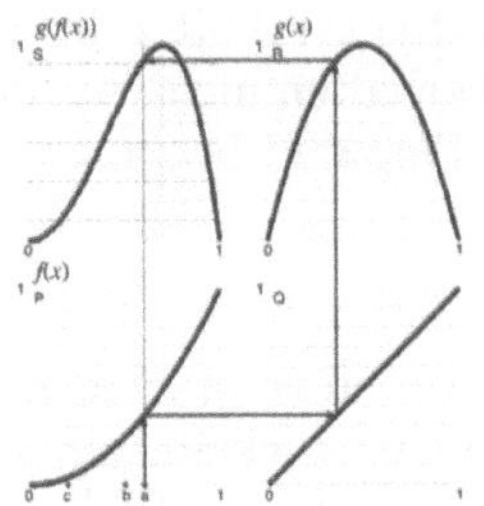

Die verwandte Funktion $f(x) = 4x(1-x)$ zeigt jedoch ein ganz anderes Bild für Anfangspunkte im Intervall [0,1]. Hier wird das iterative Verhalten schließlich ziellos und unvorhersagbar, ohne ein erkennbares Muster. Dicht zusammenliegende Anfangspunkte erzeugen total verschiedene Iterationsfolgen. Dieses Phänomen nennt man sensitive Abhängigkeit von Anfangsbedingungen. Es bedeutet, daß anfangs kleine Fehler sich gewaltig aufblähen, wodurch numerische Ergebnisse völlig unzuverlässig werden. Solch chaotisches Verhalten ist so deutlich, daß man es bereits beobachten kann, wenn die graphische Iteration mit genau demselben Anfangspunkt von verschiedenen Schülern ausgeführt wird.

Das Kapitel endet mit einer Anleitung zur geometrischen Verkettung $g(f(x))$ zweier Funktionen $f(x)$ und $g(x)$. Obwohl explizit gegebene Funktionen durch algebraisches Einsetzen verkettet werden können, ist der optische Eindruck dieser Verkettungsmaschine sehr nachhaltig. Bildpunkte von $f(x)$ werden an der Diagonalen $y = x$ reflektiert und wandern durch die zweite Funktion, $g(x)$. Unersetzlich ist dieses Verfahren, wenn die Funktionen hinter den beiden Graphen nicht explizit bekannt sind.

Es stellt sich heraus, daß Fixpunkte (oder 2-periodische Punkte) von $f(x)$ als Schnittpunkte der Diagonalen $y = x$ mit dem Graphen von $f(x)$ (bzw. $f(f(x))$) abgelesen werden können. Durch graphische Iteration können periodische Punkte nicht genau bestimmt werden, auch wenn der Prozeß auf ihre Existenz hindeutet. Nun finden wir aber 2-periodische Punkte direkt von $f(f(x))$.

Iteration mit Rechnern

Ein Graphik-Rechner ist ein nützliches Werkzeug zum Erkunden und Sichtbarmachen. Dieses Kapitel enthält Programme für Texas Instruments und Casio Taschenrechner. Äquivalente BASIC-Programme findet man im Anhang. Das iterative Verhalten, wie man es auf dem Rechner sieht, wird mit den Ergebnissen von Bleistift und Lineal verglichen. Der Rechner wird auch für schnelle numerische Iterationen verwendet, damit ihr Verhalten auf Grund der entstehenden Zahlenmuster untersucht werden kann.

Zusätzliche Lektüre

Kapitel 1 und 2 in *Chaos – Bausteine der Ordnung*, H.-O. Peitgen, H. Jürgens, D. Saupe, Klett-Cotta, Stuttgart und Springer-Verlag, Heidelberg, 1993.

BENUTZUNG DER ARBEITSBLÄTTER

1.1 Treppen und Spiralen

Spezielle Hinweise. In dieser Übung wird die Grundidee der graphischen Iteration vorgestellt. Vorerst entstehen nur Treppen und Spiralen, die im Falle von attraktiven Fixpunkten (Attraktoren) einwärts gerichtet sind, und bei repulsiven Fixpunkten (Repellern) auswärts führen. Wegen ihres gleichmäßigen Iterationsverhaltens werden lineare Funktionen benutzt. Die Details der graphischen Iteration und ihre Rechtfertigung folgen später.
Das Wort 'Punkt' wird in diesem Arbeitsbuch in seiner allgemeinen Bedeutung verwendet. Ein Punkt kann ein, zwei oder mehr Koordinaten haben. Abhängig vom Zusammenhang ist ein Fixpunkt entweder ein Punkt (x^*, x^*) auf dem Graphen, für welchen $x^* = f(x^*)$ gilt, oder der Punkt (Abszisse) x^* allein.

Zu entdecken. Die Steigung der Funktion im Fixpunkt bestimmt das Iterationsverhalten in der Umgebung. Da alle hier vorkommenden Funktionen linear sind, hängt das Verhalten nicht von der Lage des Anfangspunktes ab. Die einzige Ausnahme entsteht, wenn wir im Fixpunkt beginnen.

1.2 Verkettung von Funktionen

Spezielle Hinweise. So manchem fällt es schwer, das Konzept einer Funktion zu verstehen. Aus einer intuitiven Perspektive kann man den Begriff als Regel oder Vorschrift entwickeln, die auf einen Input oder eine Abszisse x angewendet wird, um einen zugehörigen Output oder eine Ordinate $f(x)$ zu erhalten. Das Konzept der Verkettung (Zusammensetzung, Komposition) von Funktionen ist natürlich gleichermaßen schwierig. Oft ist das nur ein Problem der Notation. Um $f(g(x))$ auszuführen, beginne mit g und wende dann f an. Zuerst ersetze x durch ein Argument a und benutze es um den zugehörigen Wert $g(a)$ zu erhalten. Danach nimm $g(a)$ als Argument und wende darauf f an, um den Wert $f(g(a))$ zu finden. Das Trichtermodell hilft die Input-Output–Beziehung zwischen x und $f(x)$ zu veranschaulichen. In der Kombination illustriert es das Verketten von Funktionen in einer Weise, die auch die Reihenfolge der Funktionen sichtbar macht.

Iterative Prozesse entstehen durch wiederholte Verkettung einer Funktion mit sich selbst. Viele Zahlenmuster wie arithmetische oder geometrische Folgen können als ein solcher iterativer Prozeß aufgefaßt werden. Es ist wichtig, diese vertrauten Erscheinungen aus dem neuen Blickwinkel der Iteration zu begreifen, und sie mit einem bestimmten Iterationsverhalten zu verbinden.

Zu entdecken. Aus mehreren Aufgaben wird es klar, daß die Verkettung von Funktionen nicht immer kommutativ ist. Dreht man die Reihenfolge der Funktionen um, so erhält man oft ein anderes Ergebnis. Die Funktion $f(x) = \sqrt{x}$ dient hier als numerisches Pendant zum graphischen Iterationsverhalten der Treppe in der Nähe von 1. Die Funktion $f(x) = x^2$ gibt das numerische Pendant zur Spirale weg vom Repeller 1.

1.3 Graphisches Verketten von Funktionen

Spezielle Hinweise. Das Studium von Iteration und Chaos baut sich auf dem Konzept der Verkettung von Funktionen auf. Arbeitsblatt 1.2 präsentierte die Verkettung aus algebraischer Sicht. Nun zeigen wir die Idee aus dem geometrischen Blickwinkel. Dazu werden unstetige und nichtlineare, sowie auch lineare Funktionen benutzt. Man achte darauf, die Verkettungstransformation als manuellen Prozeß darzustellen: erst geht man vertikal von x zum Graphen der Funktion (auswerten), dann waagerecht zur Diagonalen (übertragen), und dann senkrecht hinauf (reflektieren) als $f(x)$. Übereinandergesetzt entsteht nun eine bildliche Darstellung der Verkettung von Funktionen. Das Verketten kann von Funktion zu Funktion nachvollzogen werden. Schließlich wird noch die wiederholte Verkettung einer Funktion mit sich selbst eingeführt. Das schrittweise Vorgehen wird damit zu einem einzigen Graphen zusammengefaßt. Der geometrische Iterationsprozeß besteht aus einem vertikalen (Auswertung) und einem horizontalen Schritt (Rückkopplung). Dieser mechanische Algorithmus wird zur Grundlage für die graphische Iteration im Rest des Kapitels.

Zu entdecken. Der Zusammenhang zwischen dem geometrischen Vorgang des graphischen Verkettens und der algebraischen Funktionsverkettung ist hervorzuheben. Beachte die Bedeutung der Diagonalen $y = x$ als Reflektionsmechanismus, der uns die Rückkopplung ermöglicht, wobei jeder Wert $f(x)$ wieder zum Argument für den nächsten Schritt gemacht wird.

1.4 Attraktive und repulsive Fixpunkte

Spezielle Hinweise. Das in Übung 1.1 beschriebene Verhalten von Fixpunkten wird in diesem Abschnitt eingehender untersucht. Die graphische Iteration wird mehrmals hintereinander durchgeführt, wobei zu beobachten ist, wie die Ergebnisse von der Funktion in der Umgebung des Fixpunktes abhängen. Entscheidend für das Iterationsverhalten an einer Stelle ist die dortige Steigung der Funktion. Unter Verwendung der fertiggestellten Bilder von Treppen und Spiralen diskutiert man die Konvergenz hin („einwärts") zu einem attraktiven Fixpunkt oder die Divergenz weg („auswärts") von einem repulsiven Fixpunkt. Man betone den optischen Eindruck der Iterationsgraphen, und suche nach Vergleichen aus dem Alltag.

Zu entdecken. Es sollte klar sein, daß bei den linearen Funktionen die Steigung das Verhalten bestimmt. Abstoßung tritt bei Steigungen unter -1 und über 1 auf. Steigungen zwischen -1 und 1 verursachen Attraktion. Spiralen treten nur bei negativen und Treppen nur bei positiven Steigungen auf. Beachte das Verhalten bei den Steigungen -1, 0, und 1.

1.5 Gleichungen lösen und Urbilder finden

Spezielle Hinweise. Die Auswertung der Funktion $y = f(x)$ an der Stelle x ist ein Einsetzungsvorgang. Der algebraische Term von $f(x)$ ermöglicht die direkte Berechnung von y aus x. Um umgekehrt x von y zu erhalten, ist es nötig, eine Gleichung zu lösen. Das kann deutlich schwieriger, wenn nicht sogar unmöglich sein ($y = x \cdot \sin x$). Diese Aufgabe beleuchtet den algebraischen wie auch den geometrischen Vorgang.

Um von $z = f(g(x))$ zurück nach x zu kommen, löse man zuerst $z = f(y)$ nach y und dann $y = g(x)$ nach x auf. Dann heißt x Urbild des Bildes $y = g(x)$, und y selbst ist widerum das Urbild von $z = f(y)$. Bei einem Polynom hängt die Anzahl der Urbider zu einem bestimmten Bild vom Grad ab.

Graphisch findet man das Urbild x von y, indem man von der y-Achse erst waagerecht zur Kurve (Graph von f) und dann senkrecht zur x-Achse wandert. Wenn die waagerechte Linie die Kurve an mehr als einer Stelle trifft, gibt es natürlich mehrere Urbilder, genau wie bei der algebraischen Lösung. Um die Verkettung von Funktionen graphisch rückgängig zu machen, arbeitet man sich rückwärts durch den Stapel, wobei aufgepaßt werden muß, ob der Pfad sich teilt oder nicht.

Zu entdecken. Eine der heute viel beachteten Strategien zur Problemlösung ist das Durcharbeiten vom Ende her. Die Diskussion der Urbilder in dieser Aufgabe trägt zur Entwicklung solcher Fähigkeiten bei.

1.6 Intervalle und Fehler

Spezielle Hinweise. Um Fehlerverhalten zu untersuchen ist genaues Zeichnen Voraussetzung. Wir verwenden kleine Teilintervalle als Modell für Fehler in den Eingabedaten. Auch wenn die Iteration auf dem Intervall immer noch Treppen und Spiralen ergibt, zeigt sich doch das Verhalten von Expansion und Kompression. Ein Attraktor bedeutet Kompression und ein Repeller Expansion. Betrachtet man das kleine Intervall als eine Fehlerabweichung, dann sieht man sofort wie eine Steigung unter -1 oder über 1 den kleinen Fehler gewaltig wachsen läßt. Wir sind also nicht so sehr besorgt über die Größe eines Fehlers, sondern mehr über seine Auswirkung auf die Zuverlässigkeit der Werte, die aus ihm hergeleitet werden.

Zu entdecken. Es ist die Steigung der Funktion an einem gegebenen Punkt, die dort die Art der Iterationsfehler festlegt. Dem Betrage nach große Steigungen erzeugen rapides Fehlerwachstum, während bei einer Steigung in der Nähe von 0 die Fehler dramatisch reduziert werden.

Natürlich können absolute Fehler groß sein, obwohl die entsprechenden relativen Fehler klein sind. Ein großer relativer Fehler bedeutet aber, daß ein wesentlicher Teil der erhaltenen Figur verdächtig ist. Deshalb kann die Analyse von natürlichen Phänomenen durch Iteration völlig in die Irre führen, wenn Intervallexpansion vorliegt.

1.7 Iteration von $f(x) = ax(1 - x)$: Attraktoren

Spezielle Hinweise. Der Iterationspfad beginnt auf der x-Achse im Anfangspunkt x_0. Er springt zwischen dem Graphen der Funktion und der Diagonalen hin und her. Verlängert man aufeinanderfolgende senkrechte Abschnitte des Pfades bis zur x-Achse, so erhält man dort nacheinander die Iterierten. Um sicher zu sein, daß sie auch in der richtigen Reihenfolge gefunden werden, muß man dem Iterationspfad sorgfältig folgen, besonders bei Spiralen. Ob der Schnittpunkt der Parabel mit der Diagonalen zu einem Attraktor oder Repeller gehört, hängt vom Parameterwert a in der quadratischen Funktion $f(x) = ax(1 - x)$ ab. Interessant ist das wechselnde Verhalten des Iterationspfades, wenn sich der Parameter a ändert.

Zu entdecken. Abhängig vom Anfangspunkt „spiralen" manche Iterationsmuster schneller als andere hin zum Attraktor. Ist $f(x) = 2.8x(1 - x)$ so läßt sich der einzelne Attraktor 0.6428... als Schnittpunkt dieser Parabel mit der Diagonalen ablesen (Fixpunkt!). Im allgemeinen erhält man jedoch den Attraktor als Langzeitresultat der Iteration und kann ihn nicht sofort ablesen.

Ist $a = 3.2$ findet man einen Zyklus mit Periodenlänge zwei: $0.5130... \rightarrow 0.7994... \rightarrow 0.5130... \rightarrow 0.7994... \rightarrow \cdots$ Die Iterationspfade nähern sich in einer typischen Spirale dem eckigen Kasten, der von diesen zwei Punkten bestimmt wird. Der Fixpunkt der Funktion ist nun repulsiv. Der Attraktor besteht aus den beiden obigen Punkten.

1.8 Iteration von $f(x) = ax(1 - x)$: Chaos

Spezielle Hinweise. Diese Aufgabe verlangt, daß für $f(x) = 4x(1 - x)$ mehrere Iterationpfade von verschiedenen Anfangspunkten gezeichnet werden. Wieder werden die senkrechten Abschnitte nacheinder bis zur x-Achse verlängert, um die Iterationsergebnisse abzulesen. Vergleicht man die Ergebnisse auf dem ersten Arbeitsblatt, so wird man auffällig verschiedene Iterationsmuster vorfinden. Überraschenderweise muß genau das passieren! Dies ist unsere erste Chaoserfahrung in einem dynamischen System. Als Experiment ist es interessant, die Schülerresultate zu vergleichen. Zum Beispiel würde eine Liste der verschiedenen Antworten für den letzten Wert, x_7, einige Überraschungen bieten. Die Antworten werden wahrscheinlich im ganzen Einheitsintervall verteilt sein. Das ist eine Folge der *Sensitivität* der quadratischen Funktion $4x(1 - x)$ bezüglich kleiner Iterationsfehler. In der Aufgabe 1.11 werden wir dieser wichtigen Eigenschaft wiederbegegnen.

Zu entdecken. Wir mögen das Iterationsmuster noch so sorgfältig zeichnen, es kann nicht perfekt sein. Schlimmer noch, die kleinen Ungenauigkeiten vergrößern sich während der Iteration, so daß schließlich nach einigen Iterationen die Fehler das wahre Bild völlig verdecken können. Einen anderen Effekt haben systematische Fehler. In Aufgabe 1 werden viele den gestrichelten Linien folgen. Dieses 'Runden' produziert eine nicht-existente Periode. Wir betrachten nun mit Mißtrauen die früheren Resultate an anderen Parabeln. Von dieser Übung lernen wir, daß sich selbst eng verwandte Funktionen unter Iteration völlig verschieden verhalten können. Die wichtigere Frage ist, ob solch ein Verhalten überhaupt vorhersagbar ist. Aufgabe 5 behandelt die Details dieser Frage.

1.9 Graphische Iteration mit Rechnern

Spezielle Hinweise. In dieser Aufgabe geht es um die Verwendung von Taschenrechnern zur Erzeugung der graphischen Iteration, damit dem Iterationsverhalten selber volle Beachtung geschenkt werden kann. Frage 1 dient dazu, schon früher beobachtete Erscheinungen mit dem Programm zu überprüfen. Durch Frage 2 soll die Veränderung des Iterationsverhaltens festgestellt werden, wenn der Parameter a von 1 bis 4 wächst. In beiden Fällen zeigt das Programm alle Iterationen von Anfang an. Es wird in Frage 3 verändert, so daß die Anzeige erst nach der hundertsten Iteration beginnt. Das vereinfacht eine genauere Untersuchung des dynamischen Langzeitverhaltens. Frage 4 zeigt die dramatischen Veränderungen, wenn der Parameter a sich 4 nähert. Der Übergang von Ordnung zu Chaos wird sichtbar.

[Für dieses Arbeitsblatt ist ein Graphik-Rechner erforderlich]

Zu entdecken. Wir merken schnell, wie nützlich ein Graphik-Rechner sein kann, um graphische Iterationen zu erforschen. Der Übergang von Ornung zu Chaos geht jedoch nicht glatt vonstatten. Die Perioden verdoppeln sich von 1 nach 2 nach 4 nach 8 usw. Wenn sich aber der Parameter a dem Wert 4 nähert, sieht man wie sich auf komplizierte Weise Attraktoren verschiedenster Periode mit chaotischem Verhalten abwechseln. Aufgabe 2.13 behandelt mehr Details zu diesem Thema.

1.10 Expansion and Kompression: $f(x) = 4x(1-x)$

Spezielle Hinweise. Das Iterationsverhalten von $f(x) = 4x(1-x)$ ist ziellos, chaotisch, unvorhersehbar. Lineare Funktionen zeigen ein stabiles, vorhersagbares Verhalten, genau wie viele der vorher untersuchten Parabeln. Der Schlüssel zum Verständnis dieses Unterschiedes liegt in der Steigung der Funktionen im Intervall [0,1]. Wenn der Parameter a näher an 4 herankommt, ist die Steigung auf einem größeren Anteil des Intervalls kleiner als -1 oder größer als 1. Aus dieser Einleitung ergeben sich folgende Fragen:

Welche Auswirkungen hat dies bezüglich der Expansion von Teilintervallen?

Welche Auswirkungen hat Iteration auf kleine Fehler, wenn Intervalle stark expandieren?

Welche Auswirkungen haben wesentliche Abweichungen der Steigung von -1 oder 1 auf die Epansionsrate?

Welche Bedeutung haben die Antworten zu den obigen Fragen bezüglich der Vorhersagbarkeit des Iterationsverhaltens?

[Für dieses Arbeitsblatt wird ein Taschenrechner mit Wurzelfunktion benötigt.]

Zu entdecken. Die Ursachen für das chaotische Iterationsverhalten der Funktion $f(x) = 4x(1-x)$ werden durch die Antworten zu den obigen Fragen aufgedeckt. Ein großer Teil des Einheitsintervalls [0,1] expandiert, weil die Steigung dort dem Betrage nach größer als 1 ist. Dort ist die Kurve steil und die Expansionsrate deshalb meistens groß. Alle diese Faktoren führen zu einem Stadium, wo sehr kleine Fehler rapide anwachsen, explodieren, vorherrschen und ein Chaos kreieren, daß jede Art von Vorhersage unmöglich macht.

1.11 Sensitivität

Spezielle Hinweise. Hier brauchen wir einen programmierbaren Taschenrechner, um Sensitivität im einzelnen zu untersuchen. In den Fragen 1–7 werden die ersten sieben numerischen Iterationen und ihr Verhalten miteinander verglichen. Das geschieht an verschiedenen Anfangspunkten, mit verschiedenen Parametern und verschiedenen Rechengenauigkeiten. Die Ergebnisse zeigen, wie kleine Rundungsfehler die Ergebnisse dramatisch verändern. In Frage 9 wird im ersten Durchlauf mit zehnstelliger Genauigkeit gerechnet. Zum Vergleich werden beim zweiten Mal nur drei Stellen verwendet. Dies zeigt, wie die beiden Iterationspfade deutlich auseinanderstreben. Dasselbe Phänomen taucht in Frage 11 auf, wo bei derselben hohen Rechengenauigkeit mit kleinen Unterschieden in den Anfangspunkten experimentiert wird.

[Programmierbarer Taschenrechner erforderlich.]

Zu entdecken. Wir erfahren, wie empfindlich die Iteration der Funktion $f(x) = ax(1-x)$ auf kleinste Veränderungen in den Anfangsbedingungen reagiert. Dieses Problem, das vom Graphik-Rechner so eindringlich demonstriert wird, ist in jeder Technologie präsent. Auch der beste Computer kann nur mit endlich vielen Ziffern rechnen. Die Folgen dieser einfachen Beobachtung wiegen schwer. Viele Systeme, wie z.B. die Wettervorhersage, leiden unter solchen fehlerbehafteten Informationen.

1.12 Iteration von Parabeln

Spezielle Hinweise. Bisher haben wir die Iteration quadratischer Funktionen $f(x) = ax(1 - x)$ nur über dem Intervall [0,1] und nur für $1 \leq a \leq 4$ betrachtet. In der ersten Frage dieser Übung wird das Iterationsverhalten zweier Parabeln mit $a = 0.5$ und $a = 5$ verglichen, wenn x alle reellen Werte annehmen kann. Man beachte, daß etwas Neues passiert, wenn ein Punkt aus dem Intervall [0,1] nach (negativ) Unendlich entkommt.

Forsche nach diesem neuen Verhalten, wenn Parabeln der Form $f(x) = x^2 + c$ iteriert werden. Die Fragen 9 und 10 illustrieren eine weitere Neuigkeit, wenn es erst so aussieht, als ob eine Treppe zu einem Attraktor führt, aber dann plötzlich ins Unendliche hinausreicht. In den Fragen 11–13 wird diese Eigenschaft auf dem Graphik-Rechner mit einem neuen Programm zur Iteration solcher Funktionen untersucht.

[Programmierbarer Taschenrechner für Blatt 1.12C/D nötig; Graphik-Rechner wünschenswert.]

Zu entdecken. Gewisse Punkte im Intervall [0,1] können bei der Iteration von $f(x) = ax(1 - x)$ nach (negativ) Unendlich entkommen, jedoch nur wenn $a > 4$. Diese Punkte treten auf, wenn die Iteration das Teilintervall auf der x-Achse erreicht, auf welchem $f(x)$ Werte größer als 1 annimmt. Ein ähnliches Verhalten wie in Frage 9 und 10 beobachten wir, wenn in $f(x) = x^2 + c$ der Scheitel c so hoch liegt, daß die Parabel die Diagonale gar nicht schneidet. In diesem Fall kann es keine Fixpunkte geben. Genauer gesagt, die Iteration von $ax(1 - x)$ entspricht der von $x^2 + c$, wenn $a = 1 + \sqrt{1 - 4c}$ gesetzt wird. Zum Beispiel entsprechen Parametern $a > 4$ in der ersten Iteration Parameterwerten $c < -2$ in der anderen Iteration.

1.13 Die Verkettungsmaschine

Spezielle Hinweise. Für eine effektive Anwendung der Verkettungsmaschine müssen die waagerechten und senkrechten Linien sehr sorgfältig gezogen werden. Der geometrische Vorgang kann anhand des Arbeitsblattes erklärt weden. Beim Übergang vom Gitter R zum Gitter S achte man darauf, die waagerechte Linie nur soweit zu ziehen bis sie die Senkrechte trifft, die vom Gitter P heraufkommt. Einige der Verkettungsergebnisse sind intuitiv nur schwer verständlich.

Zu entdecken. Auf dem Weg vom Gitter P zum Gitter R wird der Output der ersten Funktion durch Reflektion an der Diagonalen im Gitter Q zum Input der zweiten Funktion. Der neue Output wird dann im Gitter S genau über dem ursprünglichen Anfangspunkt vom Gitter P eingetragen. Frage 5 zeigt uns, daß für positives x die Funktion $g(x) = x^2$ rückgängig macht, was $f(x) = \sqrt{x}$ bewirkt. Wir erhalten die Diagonale $y = x$.

Die Verkettungsmaschine liefert eine wichtige Information, die wir sonst übersehen hätten. Im Graphen von $f(f(x))$, der Verkettung von $f(x)$ mit sich selbst, suche man nach allen Schnittpunkten mit der Diagonalen $y = x$. Diese Punkte sind entweder Fixpunkte oder 2-periodische Punkte von $f(x)$. Deshalb verrät uns der Graph von $f(x)$, wo genau der Kasten zu zeichnen ist, um den herum die 2-periodische Iteration ihre Spiralen zieht.

1.1 TREPPEN UND SPIRALEN   1.1A

Man stelle sich einen Pfad vor, der in einem Punkt auf
der x-Achse beginnt und zwischen Kurve und Diagonalen folgendermaßen hin und her führt:

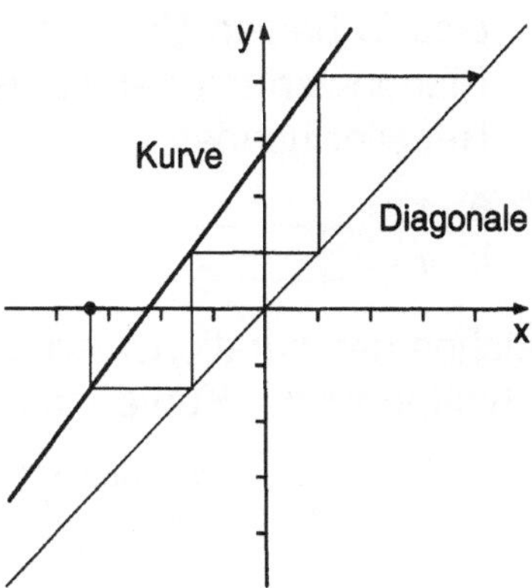

    1. Auf- oder abwärts zur Kurve.
    2. Nach rechts oder links zur Diagonalen.

Um solch einen Pfad zu konstruieren, zieht man zuerst
eine senkrechte Linie zur Kurve und dann eine waagerechte Linie von dort zur Diagonalen. Diese Schritte
werden wiederholt, wobei jedesmal der Endpunkt zum
nächsten Anfangspunkt wird.

Der gesamte Prozeß heißt *graphische Iteration*. In dieser Aufgabe arbeiten wir nur mit
Geraden als Kurven. Sie sind die Graphen der affinen linearen Funktion $y = mx + b$.
Graphische Iteration wird in den nachfolgenden Arbeitsblättern das zentrale Hilfsmittel
sein, um *Chaos* zu entdecken und diskutieren.

Schnittpunkte der Kurve mit der Diagonalen spielen eine Sonderrolle. Versuche, die
graphische Iteration in einem solchen Punkt zu beginnen. Der Prozeß kommt nicht
weiter, weil es keinen Spielraum nach links oder rechts zur Diagonalen gibt. Deshalb
heißen solche Schnittpunkte *Fixpunkte*.

Durch graphische Iteration können viele verschiedene Pfade entstehen. Einige sehen
wie Treppen aus. Führen die Treppen hin zu einem Fixpunkt, nennt man diesen einen
Attraktor. Die hinführenden Treppen nennen wir *Einwärtstreppen*. Treppen, die von
einem Fixpunkt fort führen, heißen deshalb *Auswärtstreppen*. Diese abstoßenden (repulsiven) Fixpunkte sollen *Repeller* genannt werden. Ein Fixpunkt ist stets durch ein
Paar $(x; y)$ gegeben und daher alleine schon durch seine Abszisse x festgelegt. In
diesem Sinne bezeichnen wir Fixpunkte mitunter auch nur mit ihren x-Werten.

a. Einwärts-
   treppe

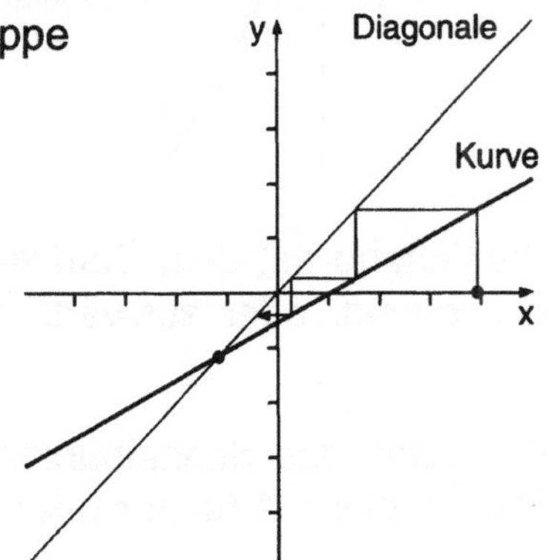

b. Auswärts-
   treppe

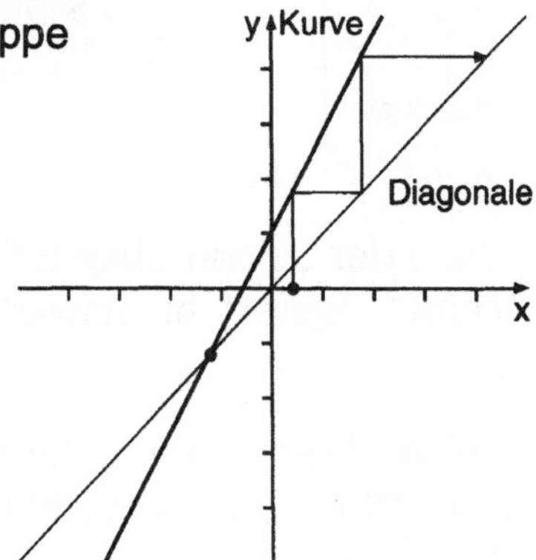

1. Beginne mit dem Startpunkt auf der x-Achse und folge dem Iterationspfad in beiden
   Diagrammen. Führt er hinein zum oder fort vom Fixpunkt?

2. Lies in beiden Diagrammen zur Frage 1 die Koordinaten des Schnittpunktes der Diagonalen mit der Kurve ab. Markiere, ob es sich um einen Attraktor oder einen Repeller handelt.

    a. $x =$ _____________, $y =$ ___________   Attraktor oder Repeller
    b. $x =$ _____________, $y =$ ___________   Attraktor oder Repeller

Zeichne den Iterationspfad, der an den markierten Startwerten beginnt. Notiere, ob der Schnittpunkt der Kurve mit der Diagonalen ein Attraktor oder ein Repeller ist.

3.
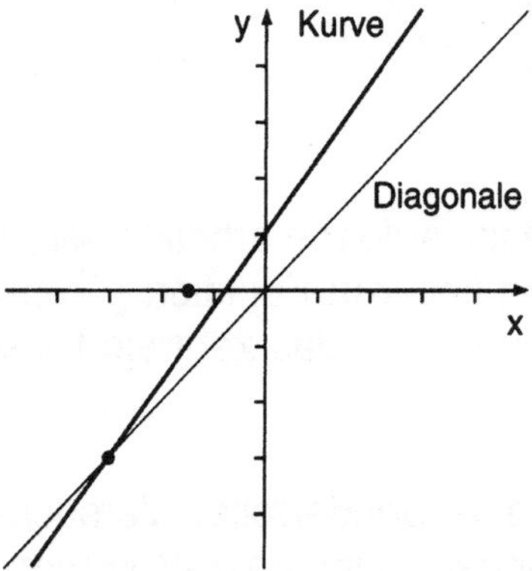

4.
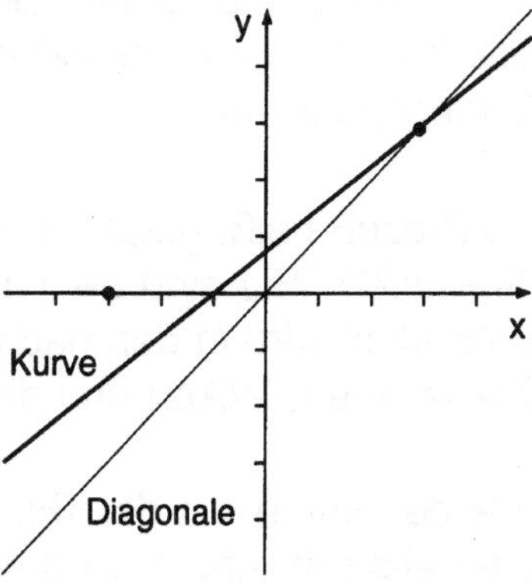

Manchmal produziert die graphische Iteration Pfade, die wie Spiralen aussehen. Einwärts drehende Spiralen (*Einwärtsspiralen*) führen zu attraktiven Fixpunkten. *Auswärtspiralen* bewegen sich fort von repulsiven Fixpunkten.

a.
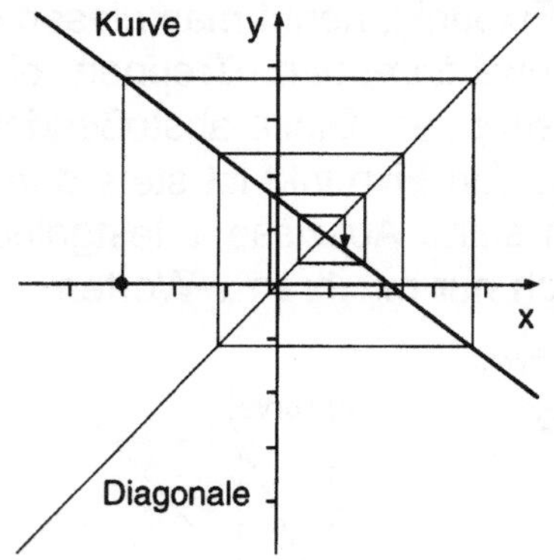

b.
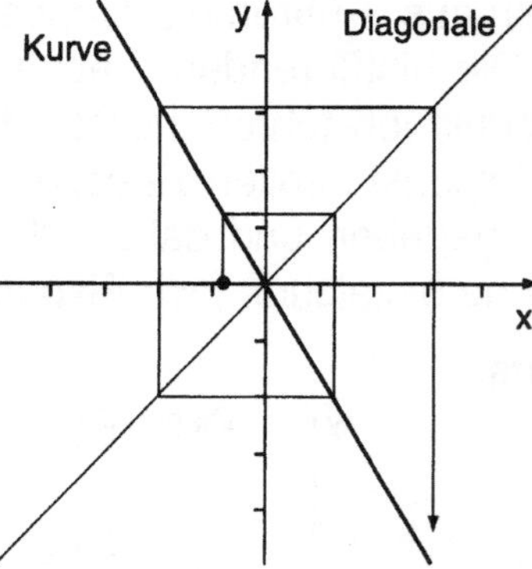

5. Folge jedem der beiden obigen Iterationspfade, beginnend mit dem Startwert auf der x-Achse. „Spiralt" er einwärts hin zu einem Fixpunkt, oder auswärts davon weg?

6. Lies in beiden Diagrammen zur Frage 5 die Koordinaten des Schnittpunktes der Diagonalen mit der Kurve ab. Markiere, ob es sich um einen Attraktor oder einen Repeller handelt.

    a. $x =$ _____________, $y =$ ___________   Attraktor oder Repeller
    b. $x =$ _____________, $y =$ ___________   Attraktor oder Repeller

1.1C

Zeichne die Iterationspfade, die an den markierten Anfangspunkten beginnen. Ist der Schnittpunkt der Kurve mit der Diagonalen ein Attraktor oder ein Repeller?

7.
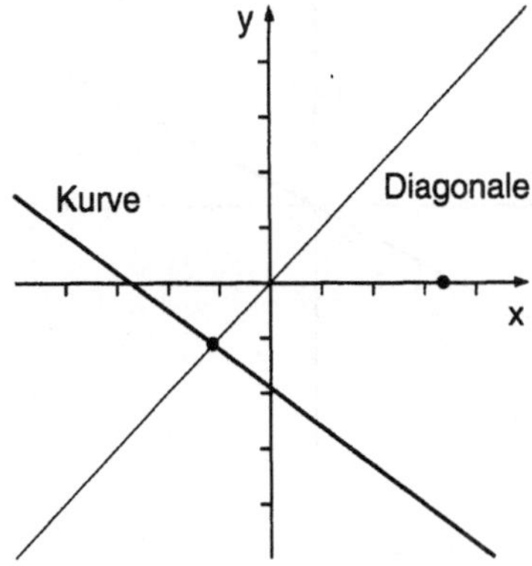

8.
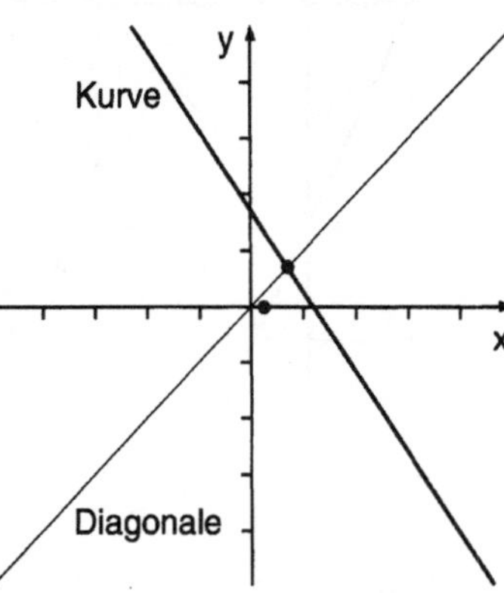

Vergleiche jede Kurve mit der Diagonalen $y = x$. Entscheide ohne etwas zu zeichnen, ob der Iterationspfad vom markierten Anfangspunkt zu einer Treppe oder einer Spirale wird. Wird der Schnittpunkt einen Attraktor oder einen Repeller liefern?

9.
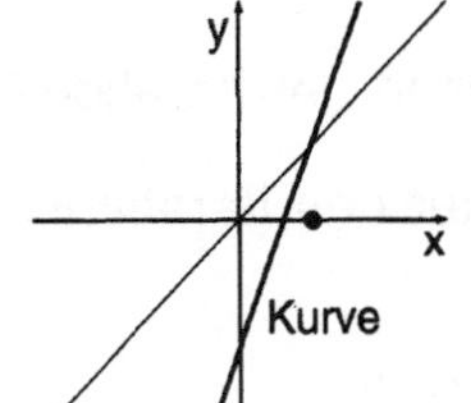

10.
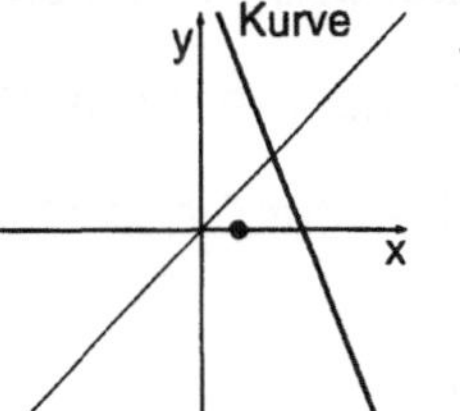

11.
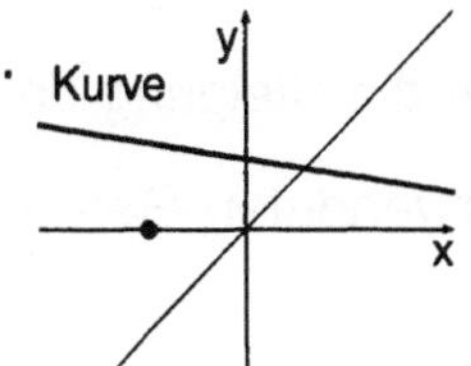

12.
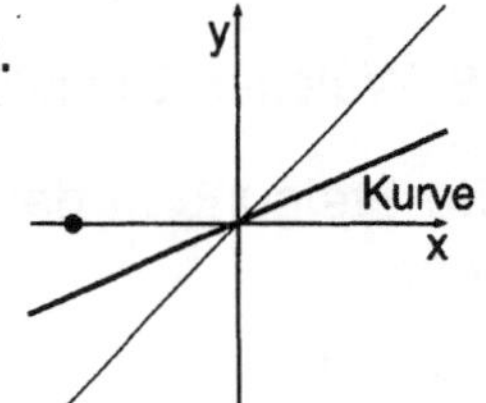

Graphische Iteration wird mittels der Diagonalen durchgeführt. Jedesmal, wenn der Pfad von der Kurve abknickt, wird die y-Koordinate (Ordinate) dieser Ecke zur x-Koordinate (Abszisse) der nächsten Ecke. Die Abszissen solcher aufeinanderfolgenden Ecken an der Kurve nennt man die *Iterierten*.

Vervollständige für jede Kurve die Liste der Iterierten.

13. Auswärtstreppe
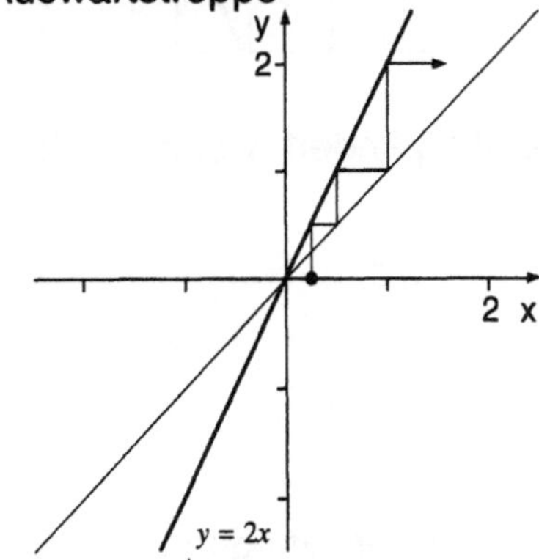

$1/4 \rightarrow 1/2 \rightarrow \underline{\quad} \rightarrow \underline{\quad}$

14. Einwärtsspirale
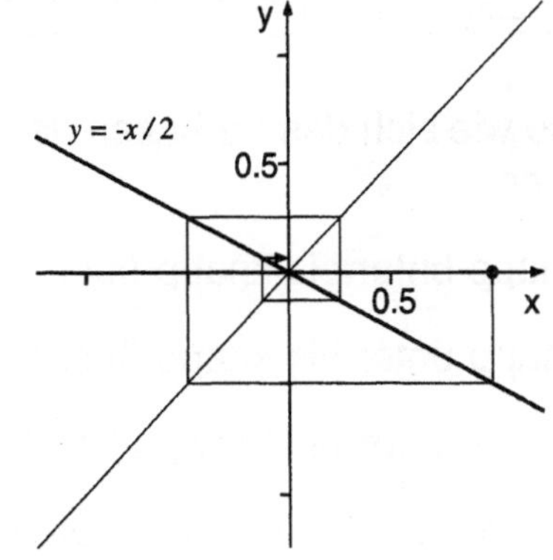

$1 \rightarrow -1/2 \rightarrow \underline{\quad} \rightarrow \underline{\quad}$

1.1D

15. Auswärtsspirale

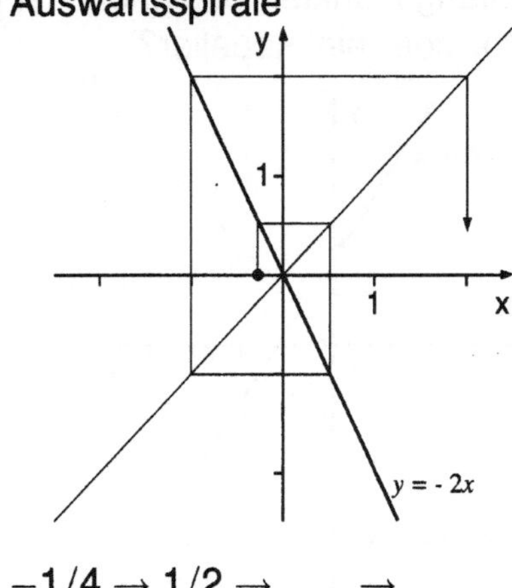

$$-1/4 \to 1/2 \to \underline{\quad} \to \underline{\quad}$$

16. Einwärtstreppe

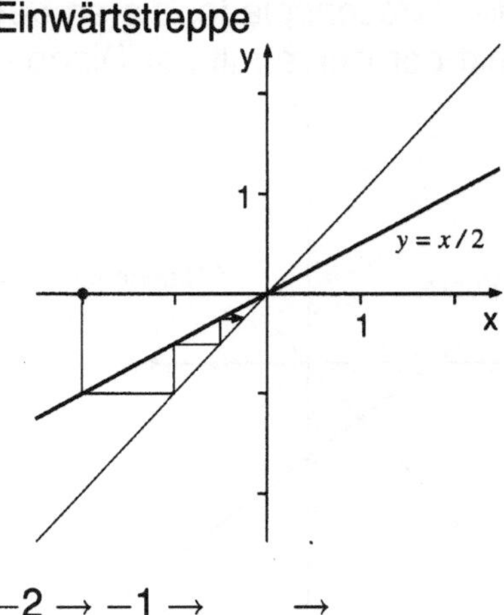

$$-2 \to -1 \to \underline{\quad} \to \underline{\quad}$$

Das Verhalten der graphischen Iteration hängt davon ab, wie sich Diagonale und Gerade schneiden.

17. Welchen Einfluß hat der Anfangspunkt auf das Verhalten der Iteration?

18. Welchen Einfluß hat die Steigung der Geraden auf das Verhalten der Iteration?

Die Steigung m der verwendeten Geraden bestimmt den Charakter des Iterationspfades.

$m < -1$	$-1 < m < 0$	$0 < m < 1$	$1 < m$
repulsiv	attraktiv	attraktiv	repulsiv
Auswärtsspirale	Einwärtsspirale	Einwärtstreppe	Auswärtstreppe

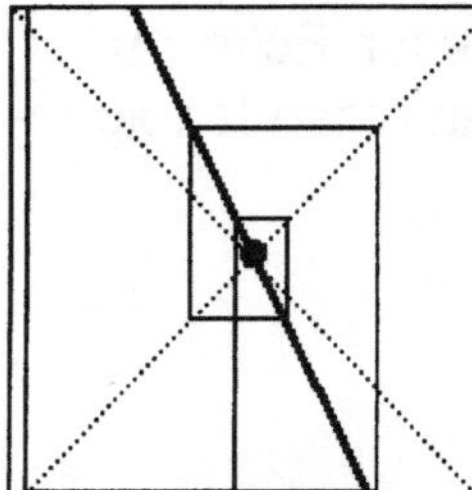 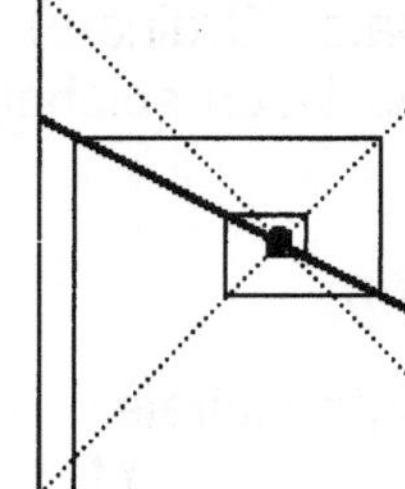 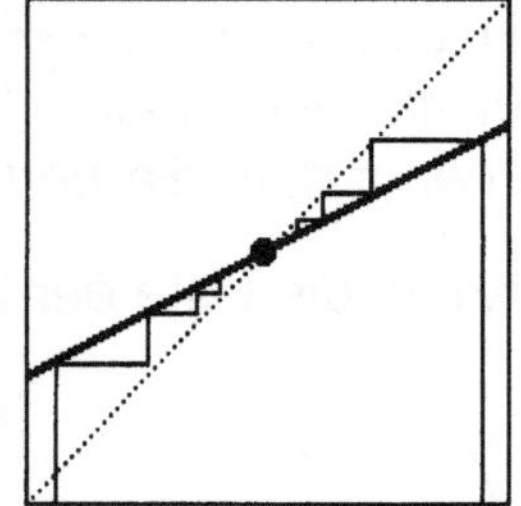 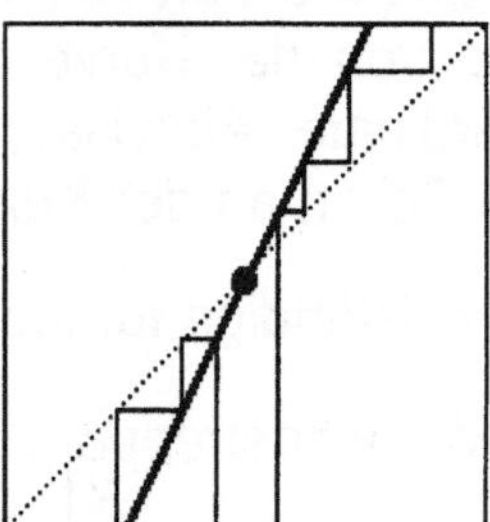

Beschreibe wie sich das Verhalten der graphischen Iteration ändert, wenn die Steigung der Geraden

19. von knapp unter bis knapp über −1 wächst.

20. von knapp unter bis knapp über 0 wächst.

21. von knapp unter bis knapp über 1 wächst.

Beschreibe die Spezialfälle der graphischen Iteration, wenn die Steigung
22. genau 1 ist.　　　　　　　　　　　　　　　23. genau −1 ist.

1.2 VERKETTUNG VON FUNKTIONEN   1.2A

Der Vorgang, den man *Verkettung von Funktionen* nennt, ist ein elementares algebraisches Konzept, auf dem sich das Studium von Iteration und Chaos gründet.

> *Verkettung von Funktionen*   Die verkettete Funktion $f(g(x))$ entsteht, wenn nach der Funktion g die Funktion f angewendet wird.

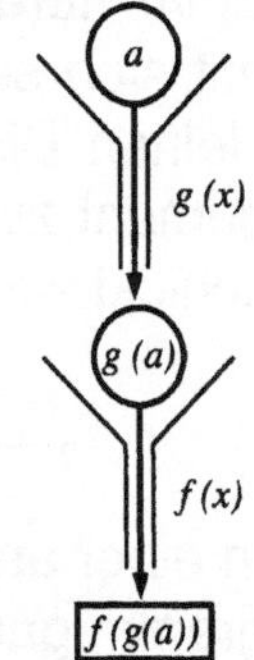

Um $f(g(x))$ an der Stelle a auszuwerten, beginnt man mit dem Argument a und berechnet den Funktionswert $g(a)$. Dann nimmt man $g(a)$ als Argument und findet $f(g(a))$.

Die Verkettung von Funktionen kann man wie im Diagramm rechts veranschaulichen. Wir stellen uns einen mechanischen Vorgang vor, in welchem die Maschine $g(x)$ das Rohmaterial a verarbeitet und das Teil $g(a)$ herstellt. Danach verarbeitet die Maschine $f(x)$ dieses Teil $g(a)$ zu dem Teil $f(g(a))$.

Benutze die vorgegebenen Argumente (Input) um die jeweilige Verkettung auszuwerten. Verwende den Output von $g(x)$ als Input für $f(x)$.

1. 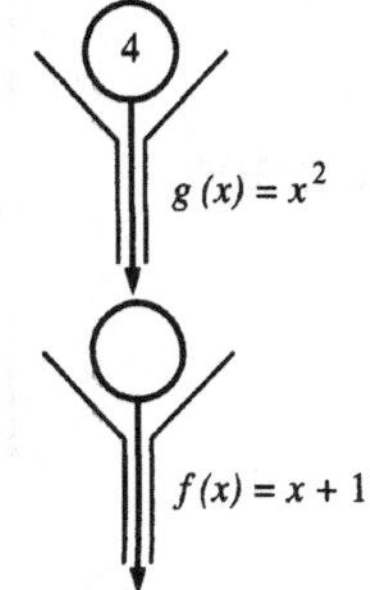

2. 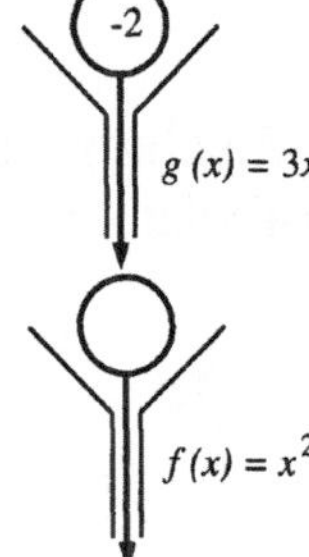

3. 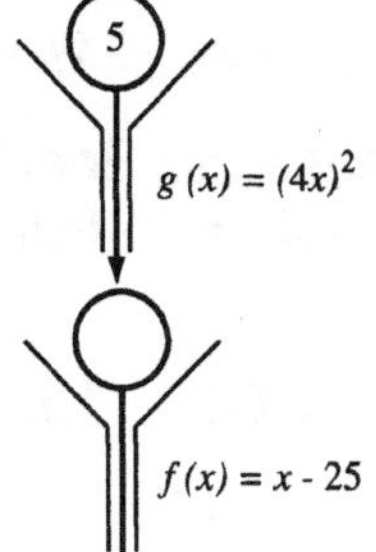

4. 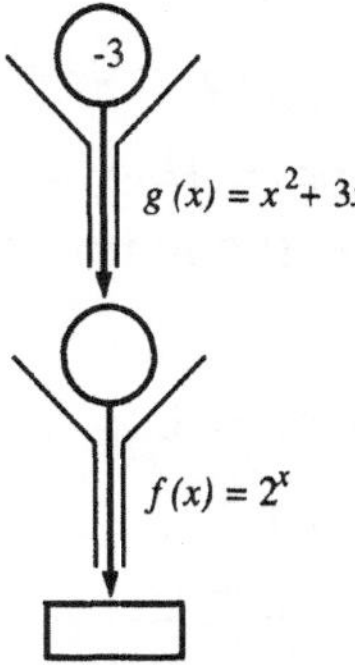

Konstruiere Diagramme wie oben und finde den Wert von $f(g(x))$ für jedes Funktionenpaar. Beginne mit $x = 1$ als erstem Argument.

5. $g(x) = x + 3$
   $f(x) = x^2$

6. $g(x) = x^2$
   $f(x) = x + 3$

7. $g(x) = 2x + 5$
   $f(x) = 0.5(x - 5)$

Verwende jedesmal alle Funktionen aus Frage 5–7. Beginne immer mit dem Anfangsargument -1 und bestimme den Wert der Verkettungen an dieser Stelle.

8. $g(f(x))$ 9. $g(g(x))$ 10. $f(f(x))$ 11. $f(g(x))$

12. Für die Funktionen $f(x) = x + 1$ und $g(x) = x^2$ drücke jede der nachfolgenden Verkettungen durch den Anfangswert a aus.

a. $f(g(a))$ b. $g(f(a))$ c. $g(g(a))$ d. $f(f(a))$

1.2B

Iteration verlangt, denselben Vorgang ständig zu wiederholen.

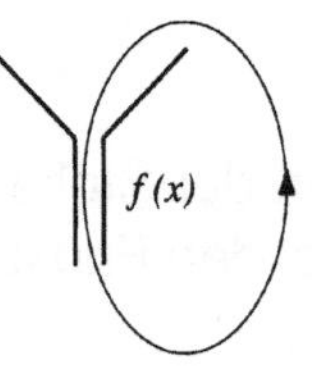

Iteration als Verkettung von Funktionen

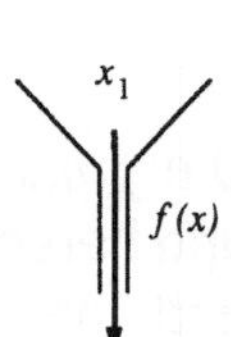

Beim Iterationsprozeß wird eine Funktion ständig wieder mit sich selbst verkettet. Das kann man sich wie in dem kleinen Diagramm rechts veranschaulichen, worin ein Argument zyklisch durch dieselbe Funktion $f(x)$ hindurchgeschickt wird, so daß eine Folge von Werten entsteht:

$$x_0 \to f(x_0) \to f(f(x_0)) \to f(f(f(x_0))) \to \cdots$$

In einer anderen Interpretation des Iterationsprozesses werden wie im Diagramm ganz rechts viele Kopien derselben Funktion miteinander verkettet. Aus einem Anfangsargument x_0 erhält man den Funktionswert $f(x_0) = x_1$. Dann wird x_1 als nächstes Argument benutzt und der nächste Funktionswert $f(x_1) = x_2$ gefunden, usw. So entsteht die *Folge der Iterierten:*

$$x_0 \to x_1 \to x_2 \to x_3 \to x_4 \to x_5 \to \cdots$$

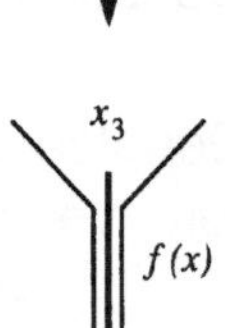

Iteriere $f(x) = \sqrt{x}$ für jedes x_0. Benutze einen Taschenrechner und trage die Resultate, gerundet auf drei Stellen, in die Tabelle ein.

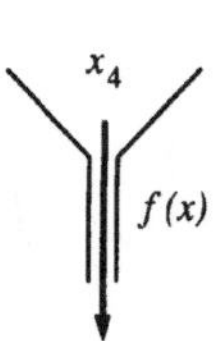

13. $x_0 = 0.2$	14. $x_0 = 0.85$	15. $x_0 = 64$	16. $x_0 = 1850$
$x_1 = $ ____	$x_1 = $ ____	$x_1 = $ ____	$x_1 = $ ____
$x_2 = $ ____	$x_2 = $ ____	$x_2 = $ ____	$x_2 = $ ____
$x_3 = $ ____	$x_3 = $ ____	$x_3 = $ ____	$x_3 = $ ____
$x_4 = $ ____	$x_4 = $ ____	$x_4 = $ ____	$x_4 = $ ____
$x_5 = $ ____	$x_5 = $ ____	$x_5 = $ ____	$x_5 = $ ____
$x_6 = $ ____	$x_6 = $ ____	$x_6 = $ ____	$x_6 = $ ____
$x_7 = $ ____	$x_7 = $ ____	$x_7 = $ ____	$x_7 = $ ____
$x_8 = $ ____	$x_8 = $ ____	$x_8 = $ ____	$x_8 = $ ____

17. Welcher Zahl scheint sich die Folge der Iterierten in den obigen Aufgaben zu nähern? Setze den Iterationsprozeß fort, um die Vermutung zu überprüfen.

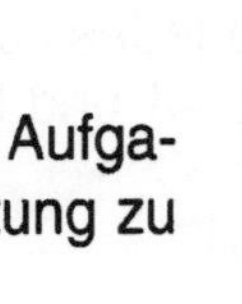

1.2C

18. Beginnend an der Stelle x_0 iteriere die Funktion $f(x) = x^2$ fünfmal mit dem Taschenrechner. Notiere die Folge der Iterierten.

    a. $x_0 = 1$ **b.** $x_0 = 5$ **c.** $x_0 = 0.2$ **d.** $x_0 = -3$

Beschreibe das Verhalten der Folge der Iterierten, die aus der Iteration von $f(x) = x^2$ entsteht, für

19. irgendein Anfangsargument $x_0 > 1$.

20. irgendein Anfangsargument $0 < x_0 < 1$.

21. irgendein Anfangsargument $-1 < x_0 < 0$.

22. irgendein Anfangsargument $x_0 < -1$.

Finde diejenige Funktion, die die gegebene Folge von Iterierten liefert.

23. $4 \to 5 \to 6 \to 7 \to 8 \to \cdots$ $f(x) = $ ___________________

24. $1 \to 2 \to 4 \to 8 \to 16 \to \cdots$ $f(x) = $ ___________________

25. $1 \to -3 \to 9 \to -27 \to 81 \to \cdots$ $f(x) = $ ___________________

26. $-6 \to -1 \to 4 \to 9 \to 14 \to \cdots$ $f(x) = $ ___________________

27. $8 \to 4 \to 2 \to 1 \to 1/2 \to \cdots$ $f(x) = $ ___________________

Iteration einer Funktion erzeugt oft eine arithmetische oder geometrische Folge als Iterierte.

> *Arithmetische Folgen* haben die Gestalt $a, a + d, a + 2d, a + 3d, ...$, wobei a das Anfangsglied ist, und d die konstante Differenz zwischen benachbarten Folgengliedern.

> *Geometrische Folgen* haben die Gestalt $a, ar, ar^2, ar^3, ...$, wobei a das Anfangsglied ist, und r der konstante Quotient zwischen benachbarten Folgengliedern.

28. Indentifiziere jede der Folgen in den Aufgaben 23-27 entweder als geometrische oder als arithmetische Folge.

Die fortgesetzte Anwendung von f wie in

$$x_0 \to f(x_0) \to f(f(x_0)) \to f(f(f(x_0))) \to \cdots ,$$

wird sehr bald unübersichtlich. Wir führen deshalb eine einfache neue Bezeichnung für die Verkettung einer Funktion f mit sich selbst ein:

$$f^2(x_0) = f(f(x_0)), \quad f^3(x_0) = f(f(f(x_0))), \quad f^4(x_0) = f(f(f(f(x_0)))), \; ...$$

1.3 GRAPHISCHES VERKETTEN UND ITERATION   1.3A

Die Verkettung von Funktionen ist die Grundlage für das Studium von Iteration und
Chaos. Wir untersuchen diesen Vorgang nun anhand der Graphen der betroffenen
Funktionen. Die Auswertung einer Funktion wurde als Trichter dargestellt, um die
Verarbeitung eines Inputs x zu dem Output $f(x)$ zu veranschaulichen. Nun folgt die
graphische Methode für solch eine Input-Output Verkettung.

Auswerten   Beginne mit einer senkrechten Strecke vom Anfangspunkt a (Input) auf
der x-Achse hin zum Graphen. Der Schnittpunkt A hat die y-Koordinate
$f(a)$.

Übertragen   Ziehe von A eine waagerechte Linie zum Punkt B auf der Diagonalen.

Reflektieren   Von B ziehe eine senkrechte Linie bis zum oberen Rand. Die x-Koordinate
an dieser Stelle ist der Output $f(a)$.

Führe diesen Vorgang für jede der abgebildeten Funktionen und Anfangspunkte aus.

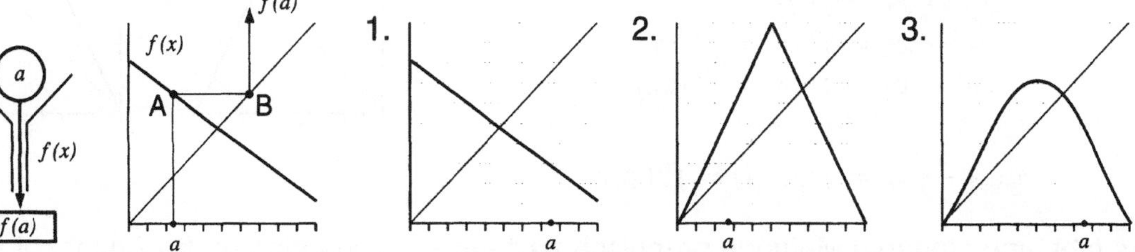

Das Verketten von Funktionen wurde mit Trichtern veranschaulicht. Der Output des
oberen Trichters war zugleich Input des unteren. Mit der gerade eingeführten graphischen Methode können Funktionen durch Aufeinanderstapeln ihrer Graphen verkettet werden. Beachte, daß der graphische Iterationsprozeß sich nach oben fortsetzt,
während die Trichter von oben nach unten durchlaufen werden. Zu einem Argument a
bestimmt man erst $g(a)$ aus dem Graphen der unteren Funktion. Dann wird der obere
Graph damit gefüttert, um $f(g(a))$ zu finden.

Benutze diesen Prozeß zum Verketten der Funktionenpaare.

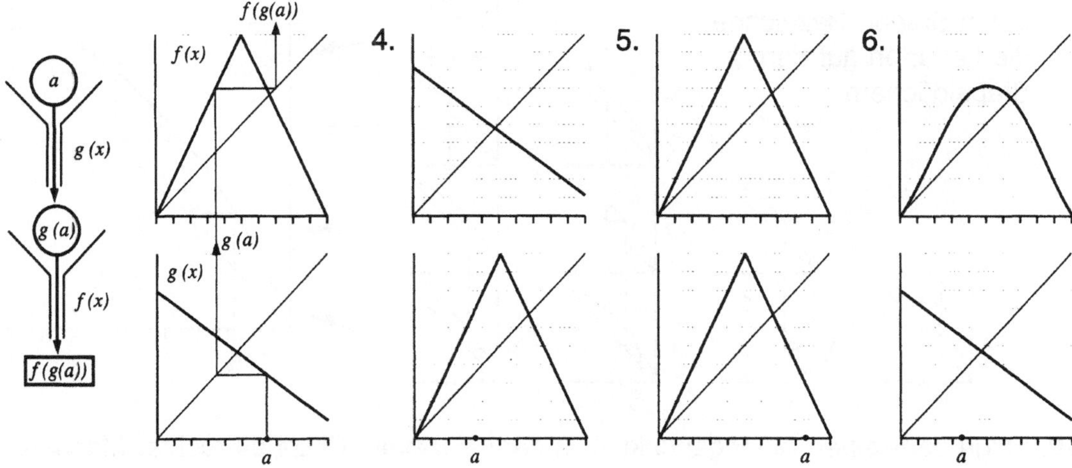

1.3B

Die Verkettung von mehr als zwei Funktionen findet man im Prinzip auf die gleiche Weise. Man stapele die Graphen und werte von unten nach oben aus. Führe diesen Prozeß mit den dargestellten Graphen durch.

Iteration

Wiederholte Verkettung derselben Funktion mit sich selbst nennen wir *Iteration*. Für drei Iterationsschritte braucht man einen Stapel aus drei gleichen Graphen. Im allgemeinen braucht man für n Iterationen einen Stapel aus n gleichen Graphen.

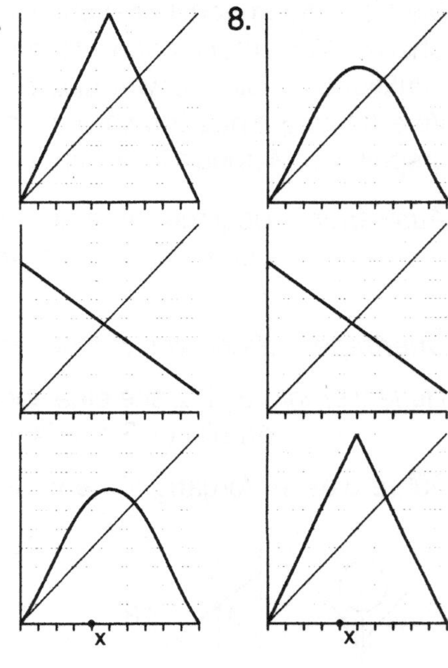

$$x_0 \rightarrow x_1 = f(x_0)$$
$$x_1 \rightarrow x_2 = f(x_1) = f^2(x_0)$$
$$x_2 \rightarrow x_3 = f(x_2) = f^3(x_0)$$
$$\vdots$$
$$x_{n-1} \rightarrow x_n = f(x_{n-1}) = f^n(x_0)$$

Es gibt eine elegante Methode graphisch zu iterieren, ohne eine große Anzahl gleicher Graphen aufeinander zu stapeln. Alle Graphen werden zu einem einzigen vereinigt, und alle Iterationsschritte nur dort ausgeführt. Graphische Iteration mit einem gegebenen Anfangspunkt x_0 wird nun zur Wiederholung dieser zwei Schritte:

Auswerten   Von der Abszisse x ziehe eine senkrechte Linie zum Graphen der Funktion. Die y-Koordinate des Schnittpunktes ist $f(x)$.

Rückkoppeln   Von diesem Schnittpunkt ziehe eine waagerechte Linie bis zur Diagonalen $y = x$. Dort erhalten wir den neuen Wert für x.

9. Folge dem Anfangspunkt x_0 durch jeden Stapel. Bezeichne die Iterierten auf den Stapeldächern.

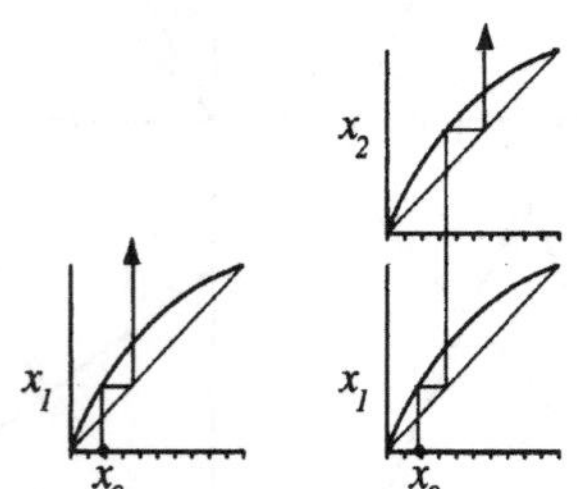
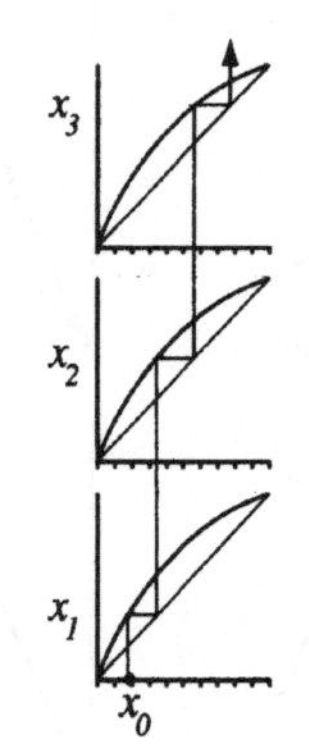
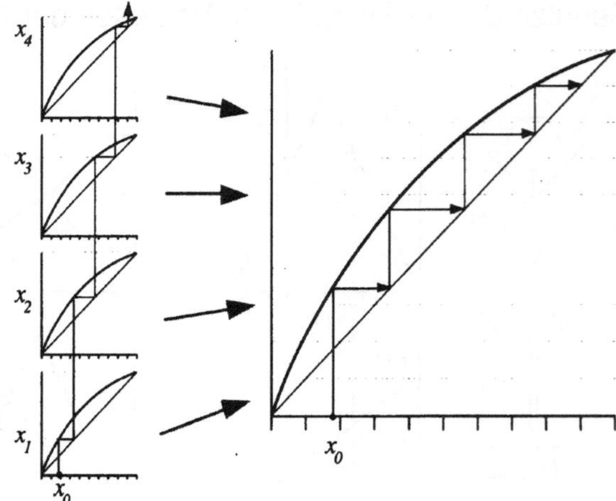

10. Folge demselben Anfangspunkt x_0 in dem einzelnen Graphen rechts. Markiere die Lage von x_1, x_2, x_3 und x_4 auf beiden Achsen.

1.4 ATTRAKTIVE UND REPULSIVE FIXPUNKTE   1.4A

Graphische Iteration wird dazu benutzt, das Wesen der Fixpunkte linearer sowie nicht-linearer Funktionen zu untersuchen. Ein *Fixpunkt* ist ein Schnittpunkt der Kurve mit der Diagonalen. Deshalb müssen beide Koordinaten eines Fixpunktes gleich sein. Wir bezeichnen sie beide mit x^*. Abhängig vom Zusammenhang wird auch x^* alleine als Fixpunkt bezeichnet.

Bezüglich nahegelegener Anfangspunkte können sich Fixpunkte unter Iteration sehr verschieden verhalten. Sie können *attraktiv* oder *repulsiv* sein und werden entsprechend *Attraktoren* oder *Repeller* genannt. Diese Charakterisierung von Fixpunkten hängt mit der *Steigung* des Graphen der Funktion zusammen. Ist die Steigung im Fixpunkt dem Betrag nach kleiner als 1, dann ist der Fixpunkt attraktiv.

Es gibt zwei Arten von attraktiven Fixpunkten. Im ersten Fall (links) führt von allen nahegelegenen Anfangspunkten eine *Einwärtstreppe* hin zum Fixpunkt. Die Kurve hat positive Steigung im Fixpunkt. Im zweiten Fall führt von allen nahegelegenen Anfangspunkten eine *Einwärtsspirale* zum Fixpunkt. Die Kurve hat negative Steigung im Fixpunkt.

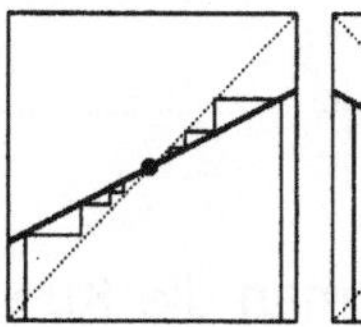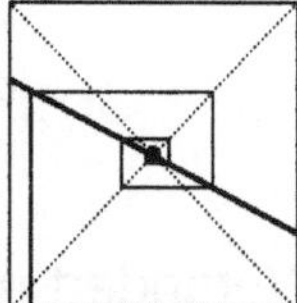

Ist die Steigung der Kurve betragsmäßig größer als 1, so ist der Fixpunkt ein Repeller. Auch repulsive Fixpunkte gibt es in zwei Arten. Im ersten Fall (links) führt von allen nahegelegenen Anfangspunkten eine *Auswärtstreppe* fort vom Fixpunkt. Die Kurve hat positive Steigung im Fixpunkt. Im zweiten Fall führt eine *Auswärtsspirale* von allen benachbarten Startpunkten fort vom Fixpunkt. Die Steigung ist negativ.

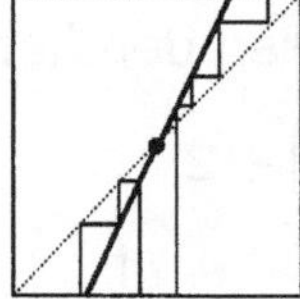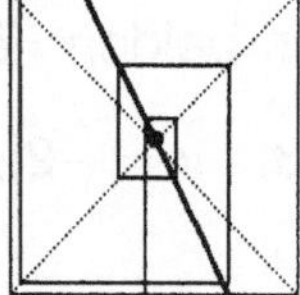

1. Beginnend an den gegebenen Anfangspunkten führe mehrere graphische Iterationsschritte aus. Beschreibe den Pfad mittels Einwärts– und Auswärtstreppen.

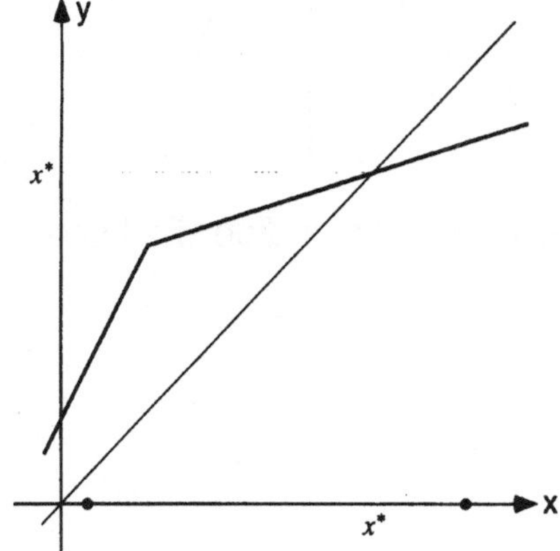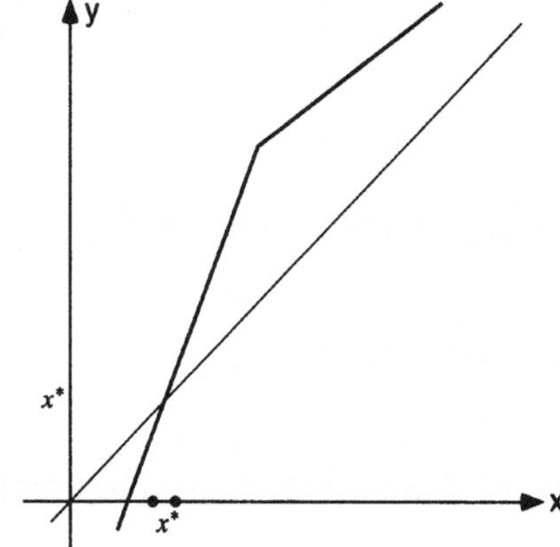

1.4B

2. Beginnend an den gegebenen Anfangspunkten führe mehrere graphische Iterationsschritte aus. Beschreibe den Pfad durch Einwärts– und Auswärtsspiralen.

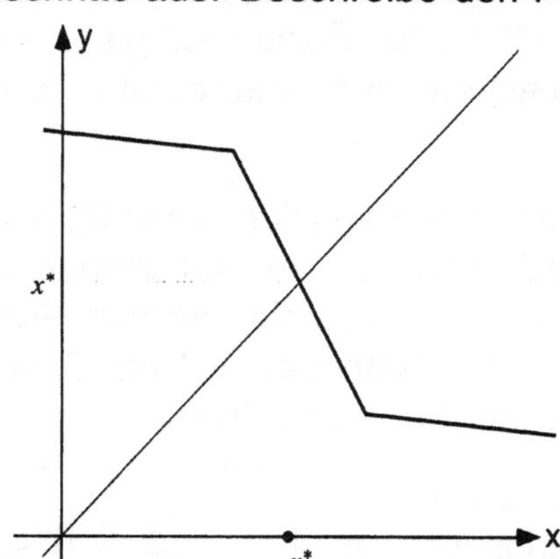 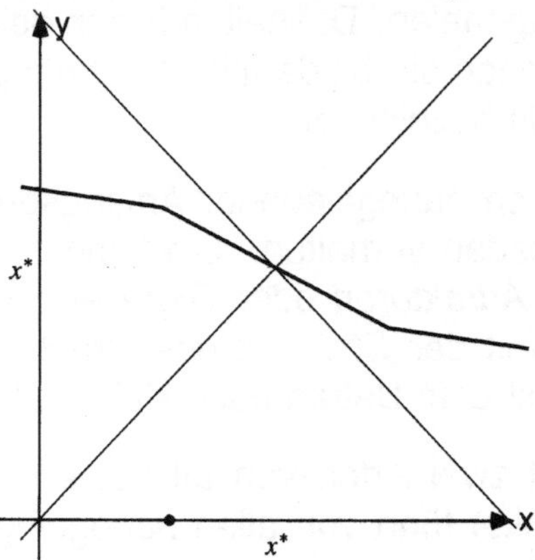

Verändert man die Kurve, so erhält man oft einen völlig anderen Iterationspfad. Der Pfad kann z.B. in einem Intervall eingesperrt sein, oder er wird über alle Grenzen wachsen und entkommt schließlich nach positiv oder negativ Unendlich. Als Beispiel folgen zwei stückweise lineare Kurven mit Anfangspunkten. Zeichne und beschreibe in beiden Fällen den Iterationspfad.

3. $y = -2|x| + 2$ 4. $y = -3|x| + 4$

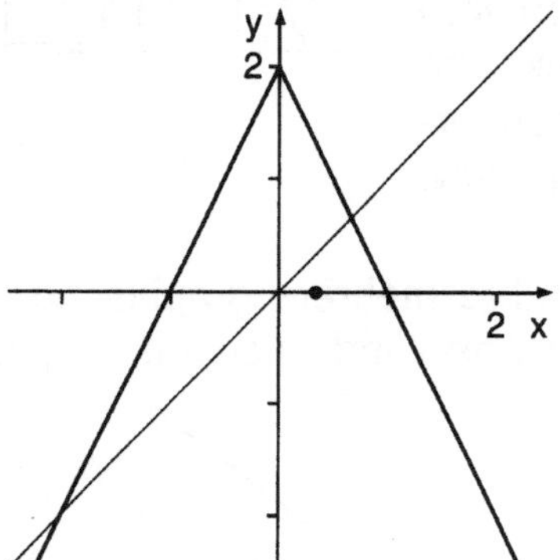 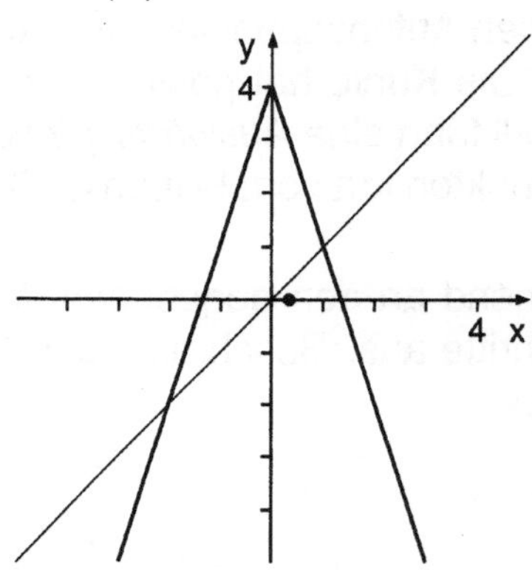

Benutze die Formeln zur Berechnung der Iterierten. Vervollständige die Liste.

5. $x \to -2|x| + 2$: $1/3 \to$ ___ $\to$ ___ $\to$ ___ $\to$ ___ $\to$ ___ $\to$ ___
   Wie sehen die nachfolgenden Iterierten aus?

6. $x \to -3|x| + 4$: $1/3 \to$ ___ $\to$ ___ $\to$ ___ $\to$ ___ $\to$ ___ $\to$ ___
   Was ist das Langzeitverhalten dieser Iterierten?

7. Stimmt das Ergebnis der graphischen Iteration in Frage 3 und 4 mit den numerischen Resultaten in Frage 5 und 6 überein?

1.5 GLEICHUNGEN LÖSEN UND URBILDER FINDEN   1.5A

Die algebraische Verkettung von Funktionen ergibt einige interessante Probleme. Zu einer gegebenen Zahl y aus dem Wertebereich einer Funktion f finde man alle Argumente x, so daß $y = f(x)$ gilt. Es mag eine, zwei oder noch mehr Lösungen zu dieser Aufgabe geben. Jede Lösung x heißt *Urbild* von y.

1. Sind $f(x) = x^2 + 3$ und ein Wert y gegeben, dann ist $y = x^2 + 3$ eine quadratische Gleichung in der Unbekannten x, und kann gelöst werden. Für welche Werte von y hat die Gleichung $y = x^2 + 3$

   a. zwei Lösungen?   b. eine Lösung?   c. keine Lösung?

2. Finde den Wert x für jede der untenstehenden Verkettungen der Funktionen $f(x) = x^2 + 3$ und $g(x) = x^2 - 1$. Vorsicht, die Auflösung erfordert, daß man den Iterationsprozeß umdreht. Um x in $g(f(x)) = z$ zu finden, löst man erst $z = g(y)$ nach y auf, und anschließend $y = f(x)$ nach x. Lasse negative Zwischen- und Endresultate weg.

   a. $f(g(x)) = 67$ b. $g(f(x)) = 143$ c. $g(g(x)) = 575$ d. $f(f(x)) = 12$

3. Verwende die Funktionen $f(x) = x^2 + 3$, $g(x) = x^2 - 1$ und $h(x) = x^3$. Finde die beiden Zahlen x, für die $f(g(h(x))) = 3$ gilt.

Graphische Methode

Die folgenden Beispiele zeigen, wie man Urbilder aus dem Graphen einer Funktion erhält:

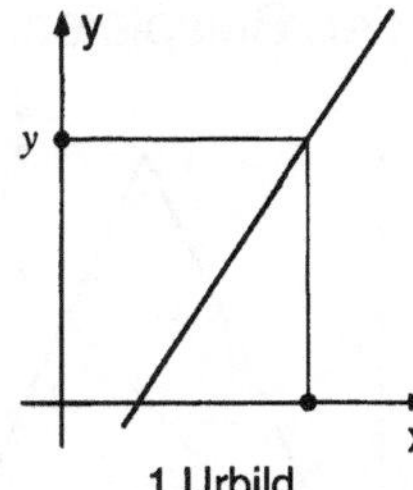
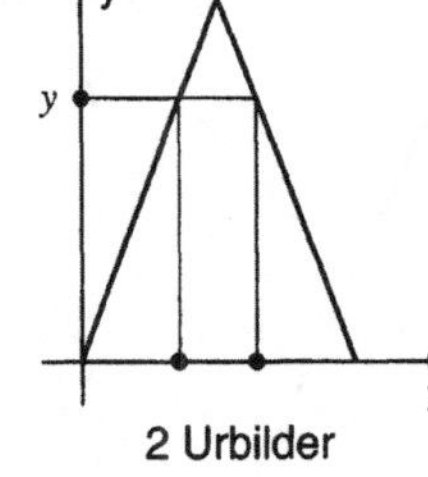
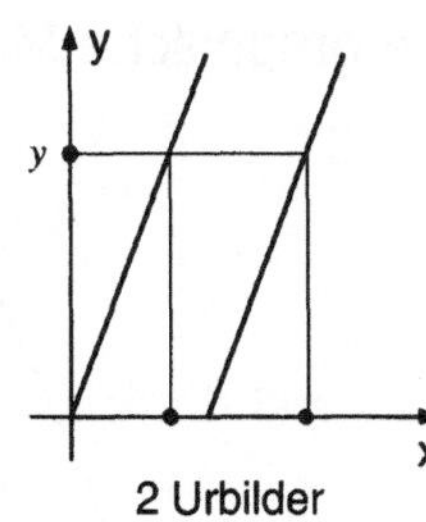
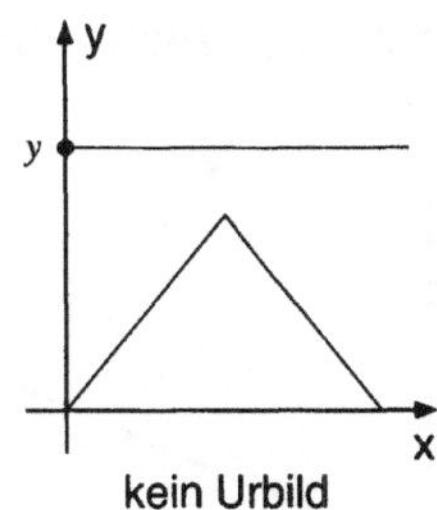

1 Urbild   2 Urbilder   2 Urbilder   kein Urbild

4. Finde die Urbilder zu den gegebenen y-Werten.

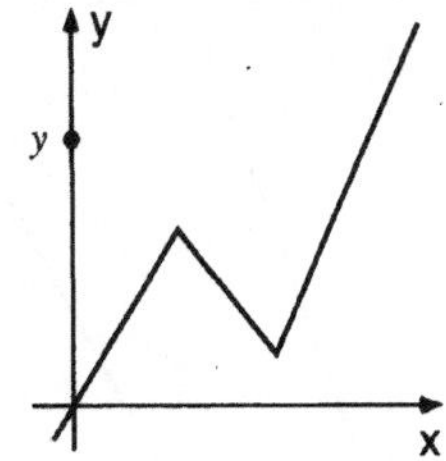
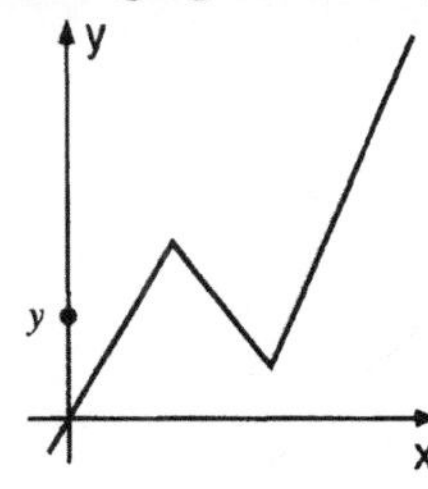
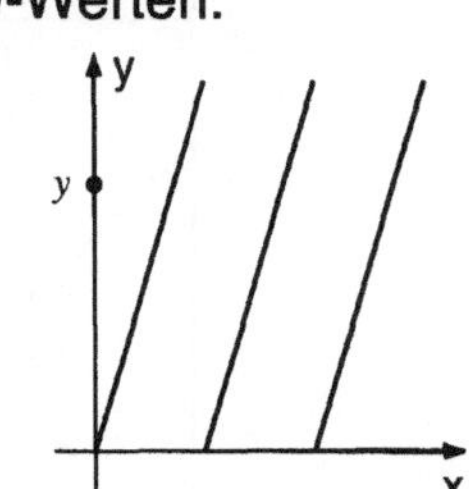
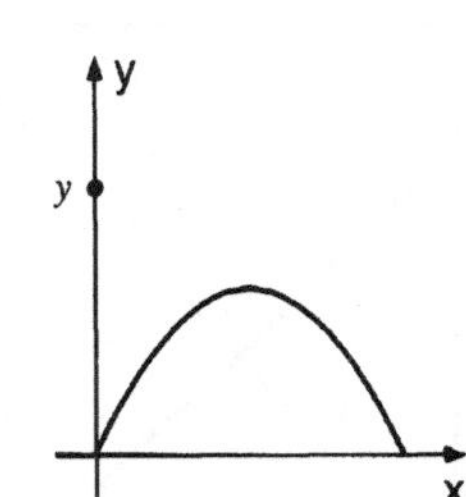

1.5B

Die Methode auf der vorigen Seite ist eine graphische Version der Auflösung einer Gleichung $y = f(x)$ nach x. Nun möchten wir Gleichungen wie $z = g(f(x))$ nach x auflösen, wenn z gegeben ist. Wir haben gelernt, das algebraisch in zwei Schritten zu tun. Erst löse man $z = g(y)$ nach y, dann $y = f(x)$ nach x auf.

In der graphischen Methode markiert man zuerst z am oberen Kasten, zieht eine Linie hinunter zur Diagonalen, dann eine waagerechte Linie zum Graphen von g. Dort mag es keinen, einen oder mehrere Schnittpunkte geben. Von jedem Schnittpunkt zieht man eine senkrechte Linie hinunter zur Diagonalen im Kasten für f, dann eine waagerechte zum Graphen von f, gefolgt von Senkrechten aus allen neuen Schnittpunkten hin zum unteren Kastenrand.

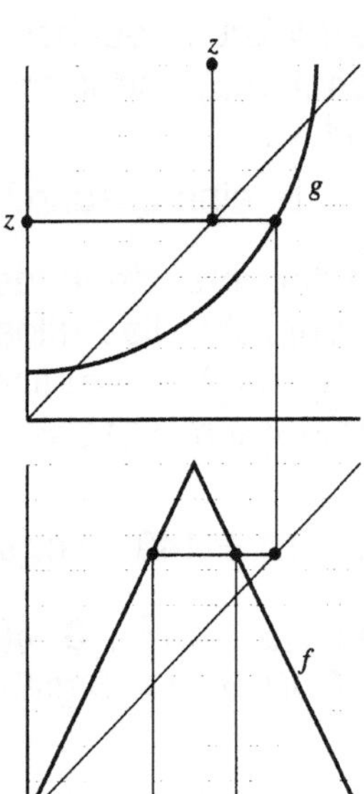
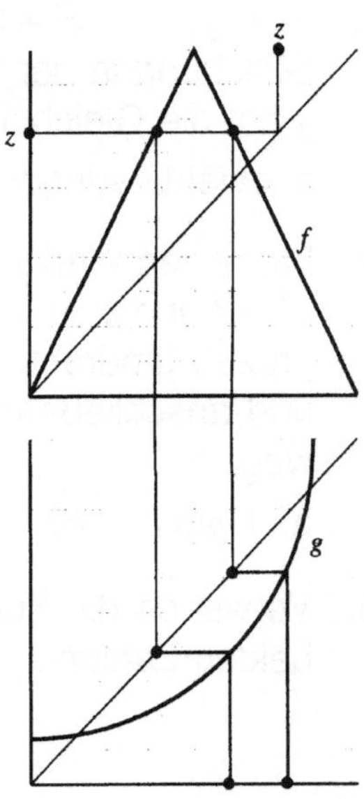
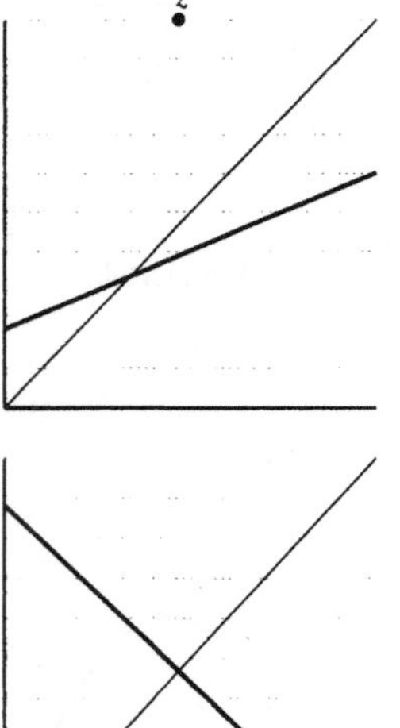
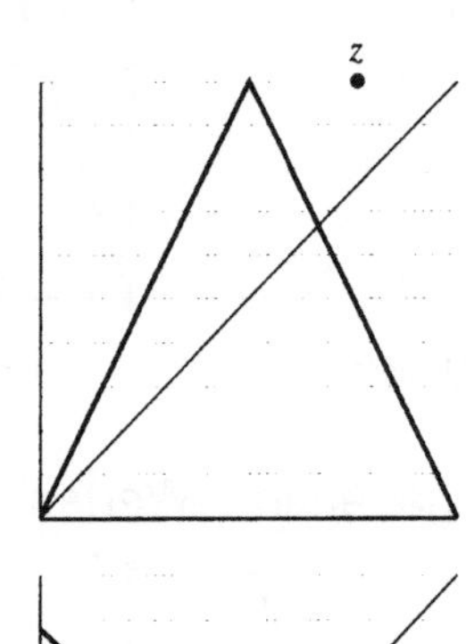
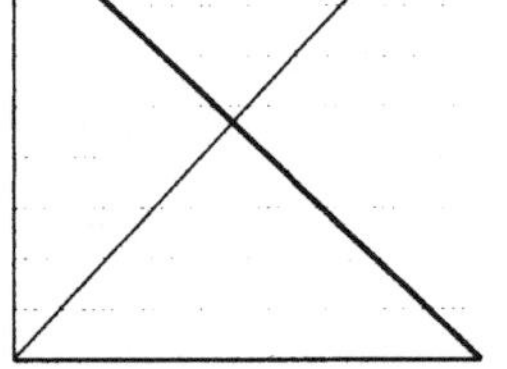
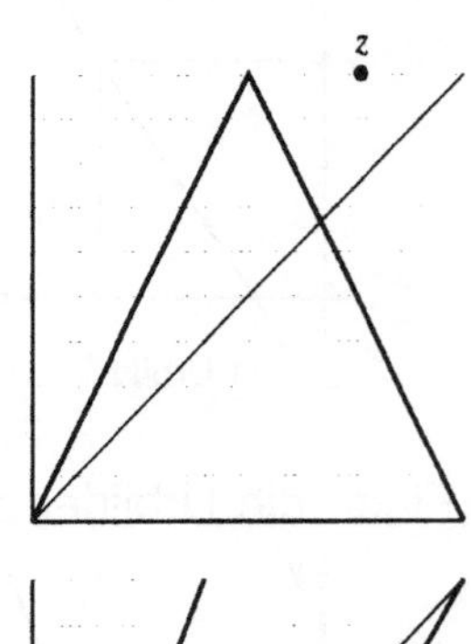
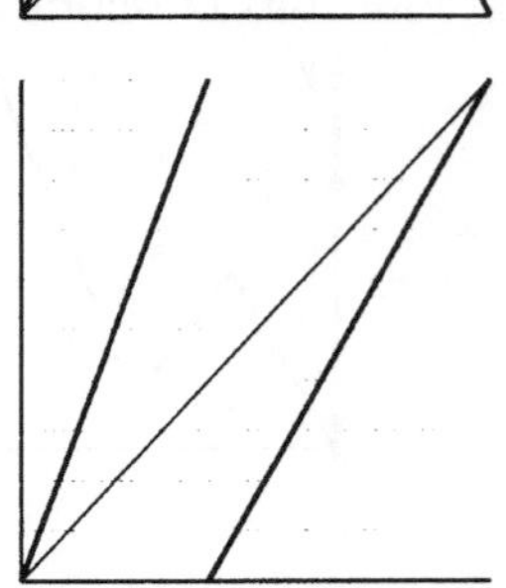

Übe die oben beschriebene graphische Methode an den folgenden Beispielen.

5.   6.   7.

1.6 INTERVALLE UND FEHLER

1.6A

Graphische Iteration ist ein mechanischer Vorgang. Führt man ihn mit Bleistift und Lineal durch, werden bereits bei der Festlegung des Anfangspunktes x_0 kleine Fehler entstehen. In diesem Arbeitsblatt untersuchen wir, was aus einem kleinen Intervall um x_0 wird, wenn wir lineare Funktionen graphisch iterieren.

Wähle zwei neue Punkt b und c, die dicht zusammenliegen, mit x_0 in der Mitte. Anstatt daß wir nur x_0 durch die Stadien der Iteration begleiten, konzentrieren wir uns nun auf das ganze Intervall von b bis c. Was wird aus ihm während der Iteration?

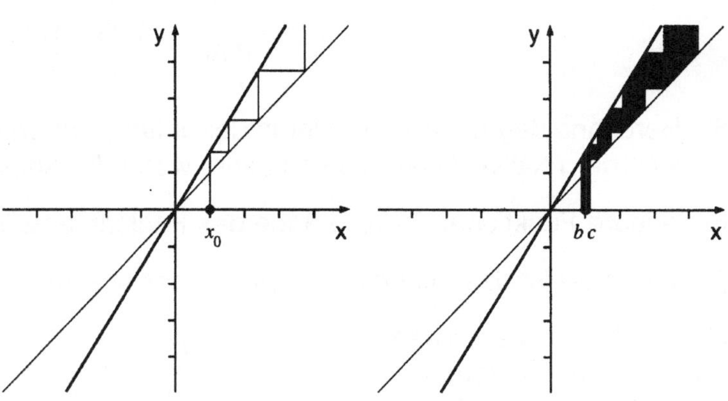

1. Beginne mit der Funktion $f(x) = 2x$. Das Iterationsmuster ist eine Treppe, die vom repulsiven Schnittpunkt der Funktion mit der Diagonalen $y = x$ weg führt. Beschreibe das entsprechende Verhalten des Intervalles (b, c) unter graphischer Iteration.

2. Expandiert das Intervall während der Iteration, wird es enger (Kompression) oder bleibt es konstant?

Sei $x_0 = 0.20$, mit einem maximalen Anfangsfehler von $e_0 = 0.01$ in beide Richtungen. Der Anfangspunkt ist also irdendwo zwischen $b = x_0 - e_0 = 0.19$ und $c = x_0 + e_0 = 0.21$ markiert worden. Diese Punkte sind die Grenzen des Fehlerintervalls (b, c).

3. Iteriere die Funktion $f(x) = 2x$ numerisch fünfmal. Vervollständige die Tabelle der iterierten Intervallgrenzen.

	Anfang	Stufe 1	Stufe 2	Stufe 3	Stufe 4	Stufe 5
Punkt b	0.19	0.38	____	____	____	____
Punkt x	0.20	0.40	0.80	1.60	3.20	6.40
Punkt c	0.21	0.42	____	____	____	____

4. Die Länge des Anfangsintervalls ist $0.21 - 0.19 = 0.02$, und der absolute Anfangsfehler ist die Hälfte davon, $0.02/2 = 0.01$. Vervollständige die Tabelle der Intervallängen und absoluten Fehler während der ersten fünf Iterationen.

	Anfang	Stufe 1	Stufe 2	Stufe 3	Stufe 4	Stufe 5
Intervallänge	0.02	0.04	____	____	____	____
Absoluter Fehler	0.01	0.02	____	____	____	____

1.6B

5. Wie entwickelt sich der absolute Fehler, wenn die Anzahl der Iterationen zunimmt?

Der *relative Fehler* ist der absolute Fehler e_i geteilt durch den zugehörigen korrekten Wert x_i in der Iterationsstufe i. Im Beispiel ist der relative Fehler in Stufe 2

$$\frac{e_2}{x_2} = \frac{0.04}{0.80} = 0.05 = 5\%.$$

6. Berechne den relativen Fehler in der dritten, vierten und fünften Stufe. Wie scheint sich der relative Fehler zu verhalten, wenn die Anzahl der Iterationen zunimmt?

Für lineare Funktionen ist die Länge des Fehlerintervalls vorhersagbar.

7. Wie groß ist das Intervall in Stufe n? der absolute Fehler? der relative Fehler?

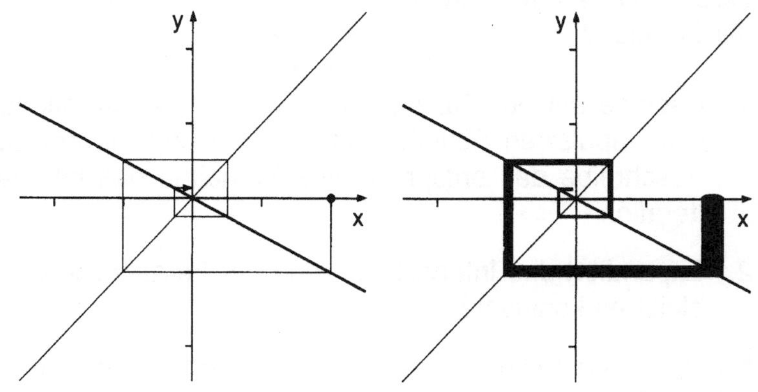

Nicht für alle linearen Funktionen verhalten sich Intervalle und Fehler in derselben Weise. Iteriert man $f(x) = -(1/2)x$, so nähern sie sich auf einer Spirale einem attraktiven Fixpunkt. Weil die Iterierten x_i abwechselnd positiv und negativ sind, verwenden wir ihren Absolutbetrag zur Berechnung des relativen Fehlers.

8. Wie verhält sich das Fehlerintervall unter graphischer Iteration? Expandiert es, nimmt es ab (Kompression), oder bleibt es konstant?

9. Der Anfangspunkt sei $x_0 = 1$ und der absolute Fehler $e_0 = 0.02$. Finde die Intervalllänge, den absoluten und den relativen Fehler für die fünfte Iterierte x_5.

10. Wie verhält sich der absolute Fehler, wenn die Anzahl der graphischen Iterationen zunimmt? Was passiert mit dem relativen Fehler?

Untersuche die folgenden Graphen, ohne die Iteration auf dem gezeigten Intervall durchzuführen. Expandiert es, nimmt es ab, oder bleibt es konstant? Was passiert mit dem absoluten und relativen Fehler, wenn die Anzahl der Iterationen zunimmt?

11. 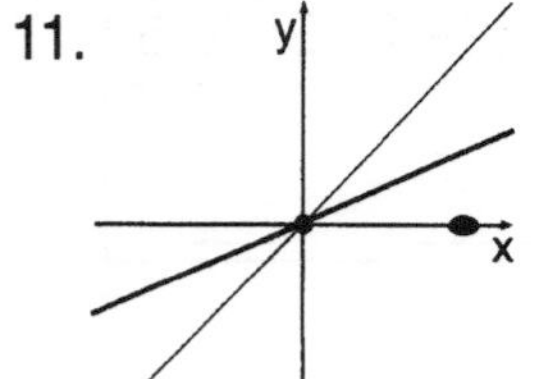 12. 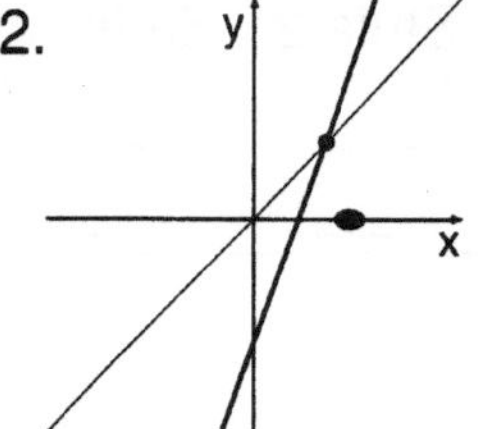 13. 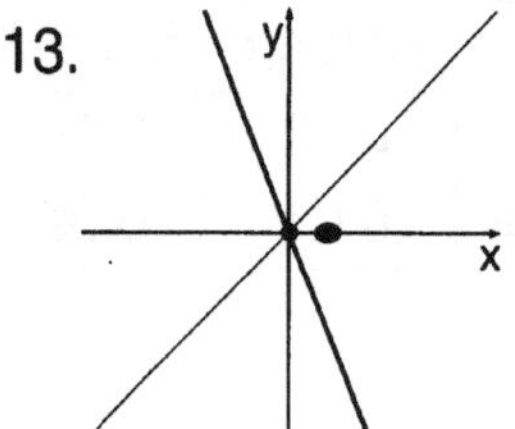 14. 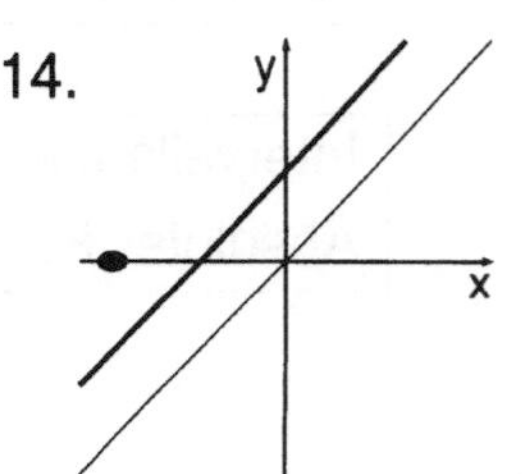

1.7 ITERATION VON $f(x) = ax(1-x)$: ATTRAKTOREN   1.7A

Für bestimmte Klassen von Funktionen ist die graphische Iteration besonders interessant. Dazu gehören die Funktionen der Gestalt $f(x) = ax(1-x)$. Sie werden durch den Koeffizienten (Parameter) a bestimmt.

Wir beginnen mit $f(x) = x(1-x)$. Hier hat der Parameter den Wert $a = 1$. Die Diagonale $y = x$ berührt diese Parabel in einem einzigen Punkt, den Nullpunkt $(0,0)$. Sie ist dort eine Tangente an die Parabel. Der Graph unten rechts zeigt, daß der Anfangspunkt $x_0 = 0.3$ sich bei graphischer Iteration auf einer Treppe hin zum Nullpunkt bewegt, der als Attraktor dient.

1. Folge dem Iterationspfad, wenn $f(x) = x(1-x)$ und $x_0 = 0.3$. Beschreibe sein Verhalten.

2. Zeichne den Iterationspfad, wenn $x_0 = 0.7$. Vergleiche ihn mit dem Fall $x_0 = 0.3$.

3. Wird jeder Anfangspunkt zwischen 0 und 1 auf einer Einwärtstreppe zum attraktiven Ursprung gelangen?

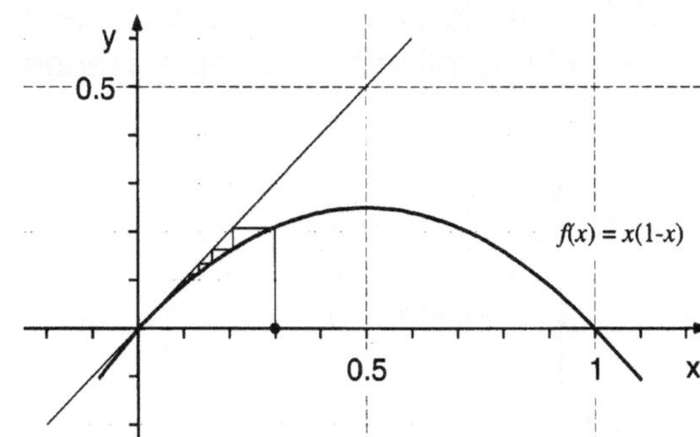

4. Bewirkt die graphische Iteration auf $[0,1]$ eine Expansion oder eine Kompression der Fehlerintervalle?

Ist $a = 1.6$, dann liegt der Scheitel der Parabel $f(x) = 1.6x(1-x)$ höher. Die Diagonale $y = x$ schneidet die Kurve in zwei verschiedenen Punkten, $(0,0)$ und $(3/8, 3/8)$. Wir beginnen die graphische Iteration am Anfangspunkt $x_0 = 0.2$.

5. Zeigt die graphische Iteration mit $x_0 = 0.2$ Treppen- oder Spiralverhalten?

6. Der Nullpunkt ist ein repulsiver Fixpunkt. Finde die Koordinaten des anderen Fixpunktes. Ist er attraktiv oder repulsiv?

7. Findet man Intervallexpansion oder Kompression in der Nachbarschaft der beiden Fixpunkte?

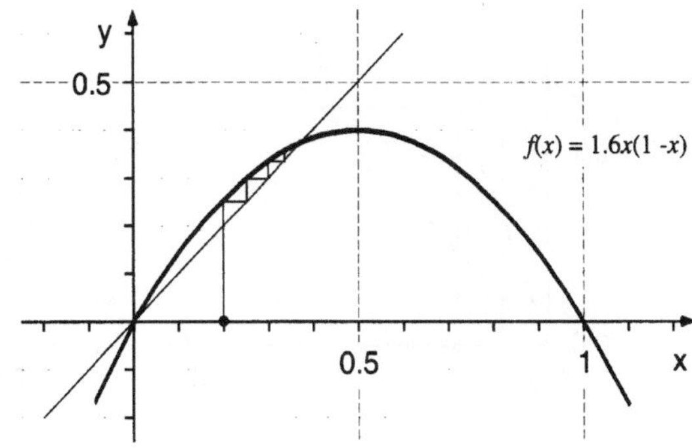

Die Parabel $f(x) = 1.6x(1-x)$ hat einen attraktiven Fixpunkt. Fast alle Anfangspunkte $0 < x_0 < 1$ erzeugen treppenförmige Pfade dorthin. Es gibt zwei Ausnahmen: der Fixpunktes selbst, und derjenige Anfangspunkt, der schon nach einer Iteration im Fixpunkt landet.

1.7B

8. Benutze die graphische Methode zur Bestimmung von Urbildern, um jenen besonderen Anfangspunkt x_0 zu finden, der schon nach einem graphischen Iterationsschritt den Fixpunkt (3/8, 3/8) erreicht.

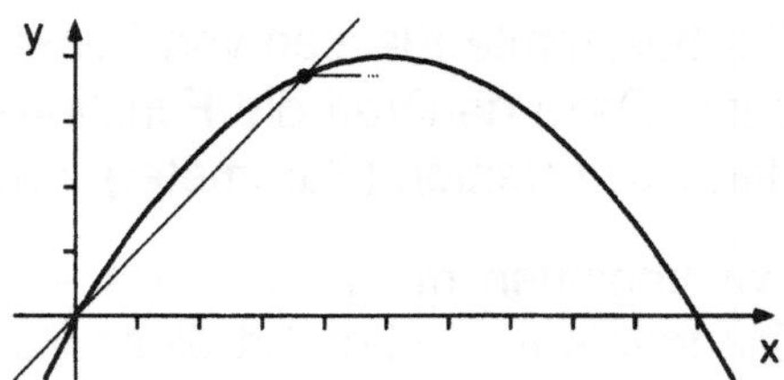

9. Hier wurde die Funktion $f(x) = 2.8x(1-x)$ graphisch iteriert. Die Iteration beginnt am Anfangspunkt $x_0 = 0.10$. Lies die ersten sieben Iterierten vom Graphen ab. Schreibe die Werte mit zweistelliger Genauigkeit rechts in die Tabelle. Wie verhält sich die Iteration? Ist es eine Treppe oder eine Spirale?

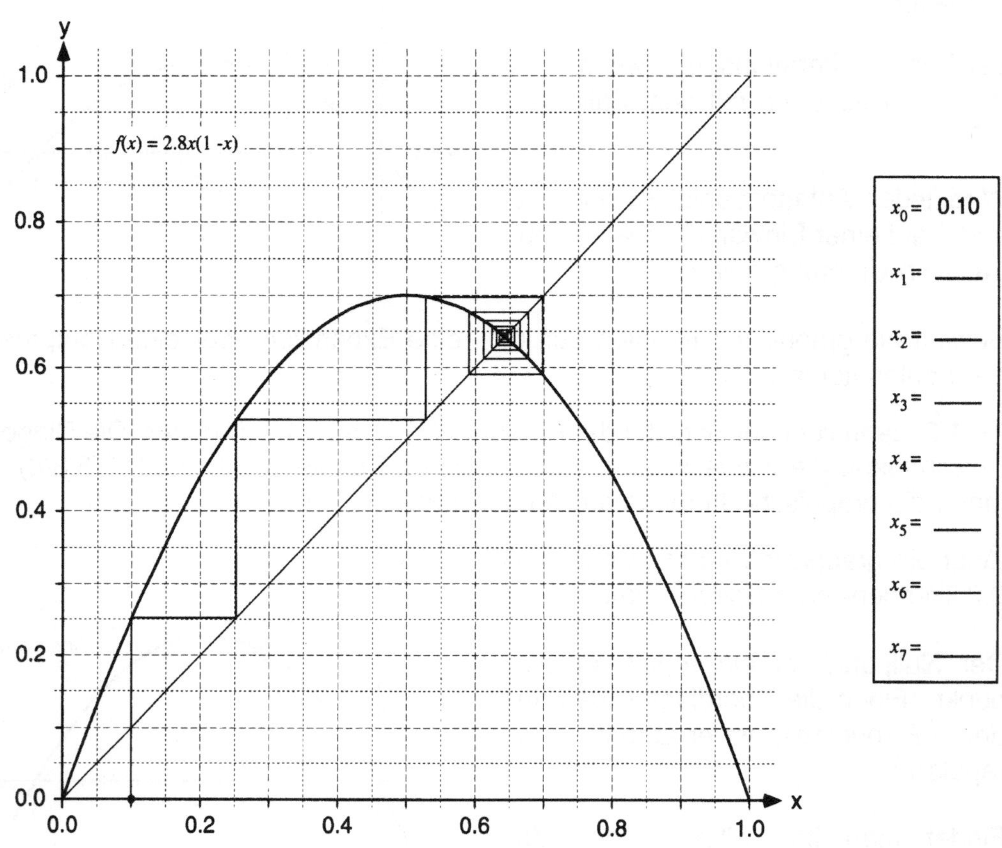

10. Die Kurve und die Diagonale schneiden sich im Nullpunkt. Finde die Koordinaten des anderen Schnittpunktes. Ist er attraktiv oder repulsiv? Findet man Intervallexpansion oder -kompression in der Nähe dieses Punktes?

11. Benutze denselben Graphen, um die Funktion $f(x) = 2.8x(1-x)$ in einem Anfangspunkt eigener Wahl zu iterieren. Beschreibe das Iterationsverhalten und vergleiche es mit den Antworten zu Frage 9 und 10.

1.7C

12. Es existieren auch Iterationspfade, die nicht auf einer
Spirale zum Fixpunkt führen! Abgesehen vom Fixpunkt
selbst, gibt es einen Anfangspunkt, der in nur einem
Iterationsschritt den Fixpunkt erreicht. Benutze die graphische Methode zur Bestimmung von Urbildern, alle
Anfangspunkte zu finden, die in höchstens drei Schritten zum Fixpunkt gelangen.

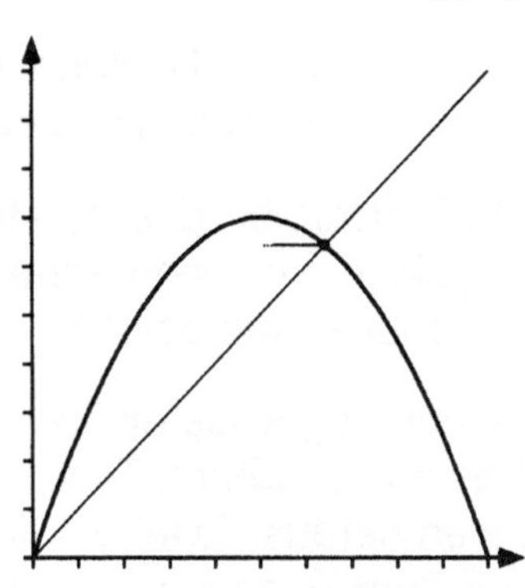

13. Untersuche das Iterationsverhalten an den Anfangspunkten $x_0 = 0$ und $x_0 = 1$. Was
könnte man über das Iterationsverhalten außerhalb des Intervalls $[0, 1]$ vermuten?

Erstaunlich andere Resultate kann man mit Werten für a erhalten, die nur wenig größer
als 2.8 sind.

14. Hier wurde die Funktion $f(x) = 3.2x(1 - x)$ graphisch iteriert. Die Iteration beginnt
wieder am Anfangspunkt $x_0 = 0.10$. Lies die ersten sieben Iterierten aus diesem
Graphen ab. Schreibe die Werte mit zweistelliger Genauigkeit rechts in die Tabelle.

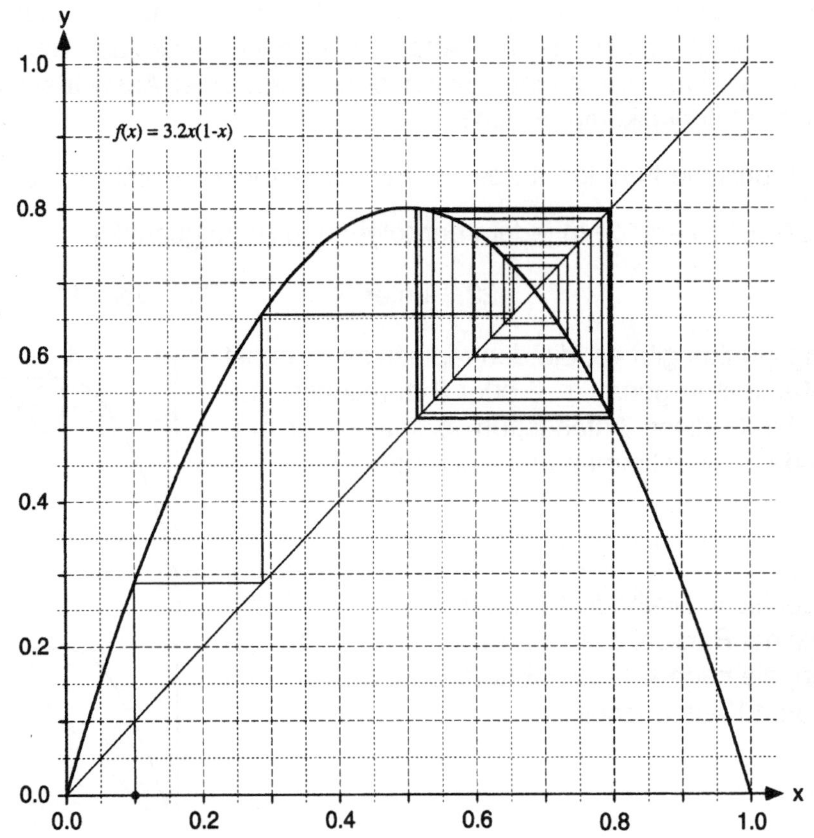

1.7D

15. Vergleiche die Iterierten in dieser Tabelle mit denen von Frage 9. Sind sie im wesentlichen gleich oder verschieden?

16. Beschreibe das Iterationsmuster. Ist es eine Treppe oder eine Spirale? Gibt es einen einzelnen attraktiven oder repulsiven Punkt? Findet man Intervallexpansion oder -kompression?

In der abgebildeten Iteration von $f(x) = 3.2x(1 - x)$ scheint der Pfad sich einem Kasten zu nähern. Dies geschieht auf einer wachsenden Spirale im Uhrzeigersinn von innen heraus. Zwei Ecken des Kastens liegen auf der Diagonalen, die anderen beiden auf dem Graphen. Diese graphische Iteration demonstriert ein neues, periodisches (zyklisches) Verhalten. Die Iterierten springen hin und her. Dabei nähern sie sich zwei verschiedenen Punkten. Sie bestimmen einen Zyklus der Periode 2, einen *2-Zyklus*:

$x_a \rightarrow x_b \rightarrow x_a \rightarrow x_b \rightarrow x_a \rightarrow x_b \rightarrow \cdots$ Deshalb lösen x_a und x_b die Gleichungen $x_b = f(x_a) = 3.2x_a(1 - x_a)$ und $x_a = f(x_b) = 3.2x_b(1 - x_b)$.

Verwende wieder den Graphen von $f(x) = 3.2x(1-x)$ zur Beantwortung der folgenden Fragen.

17. Zeichne in den Graphen einen anderen Iterationspfad, beginnend mit $x_0 = 0.35$.

18. Ist das Iterationsverhalten im Anfangspunkt $x_0 = 0.35$ im wesentlichen dasselbe wie in $x_0 = 0.1$? Scheint sich der Iterationspfad immer noch demselben Kasten zu nähern wie zuvor? Verläuft er auf einer Einwärts- oder auf einer Auswärtsspirale? Gibt es immer noch Intervallkompression?

19. Vergleiche die graphische Iteration an den Anfangspunkten $x_0 = 0.65$ und 0.35.

Beschreibe die graphische Iteration in jedem der folgenden Anfangspunkte.

20.   0.6875   21.   1   22.   unter 0   23.   über 1

24. Wie viele Anfangspunkte gibt es, die den repulsiven Fixpunkt innerhalb des Kastens in genau 1, 2 oder 3 Iterationsschritten erreichen? Finde diese Anfangspunkte mittels der graphischen Methode zur Bestimmung von Urbildern.

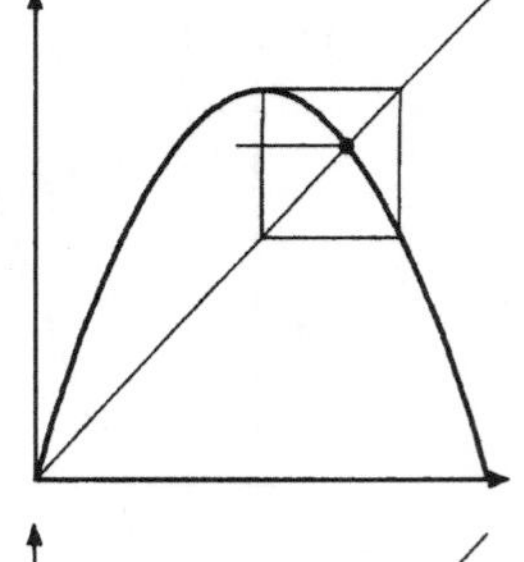

25. Benutze die graphische Methode zur Bestimmung von Urbildern, um im Falle der Parabel $f(x) = 2.8x(1-x)$ alle Anfangspunkte zu finden, die nach 1, 2 oder 3 Iterationsschritten zum ersten Mal auf dem Kasten landen.

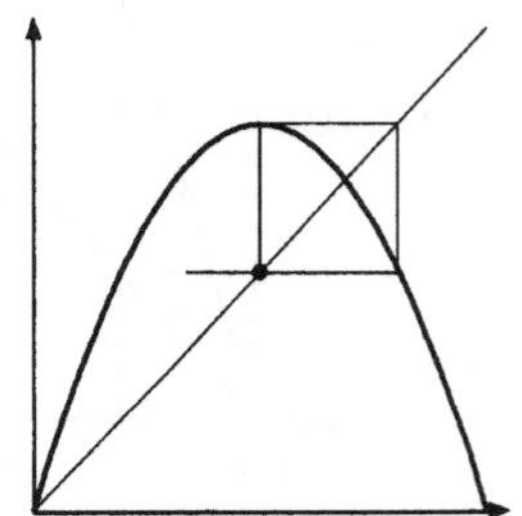

1.8 ITERATION VON $f(x) = ax(1 - x)$: CHAOS   1.8A

Die graphische Iteration der Funktion $f(x) = ax(1 - x)$ kann sich abhängig vom Parameter a sehr verschieden verhalten. Dieses Arbeitsblatt handelt von dem Spezialfall $f(x) = 4x(1 - x)$.

1. Beginne am Anfangspunkt $x_0 = 0.10$, und iteriere die Funktion $f(x) = 4x(1 - x)$ siebenmal. Zeichne die waagerechten und senkrechten Strecken so sorgfältig wie möglich.

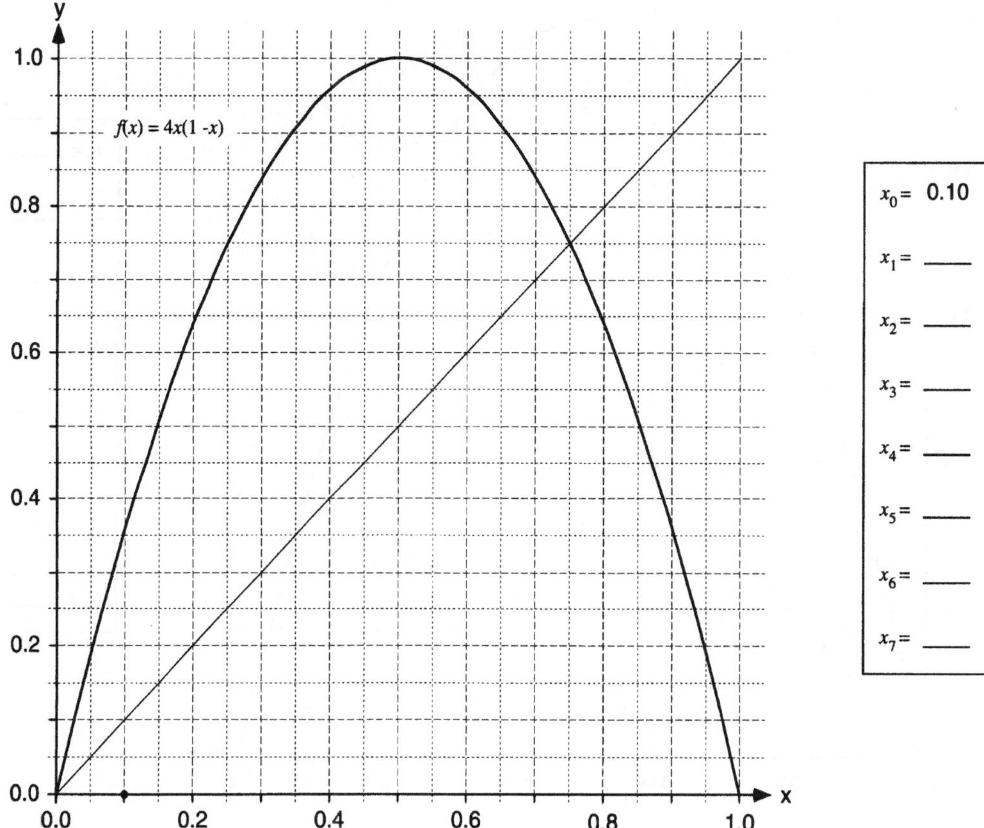

2. Trage die Folge der Iterierten mit zweistelliger Genauigkeit in die Tabelle ein.

3. Wie kann man den Iterationspfad beschreiben? Als Treppe [mit Abszissen] hin zum Attraktor oder fort vom Repeller? Als Spirale um einen Fixpunkt, oder als Kasten um zwei periodische Punkte? Oder läßt sich ein anderes Muster in diesen ersten sieben Schritten entdecken?

Es ist aufschlußreich, das eigene Iterationsergebnis mit dem anderer zu vergleichen. Eine Zusammenstellung aller Resultate für x_7 enthüllt eine Überraschung: Die Ergebnisse sind *nicht* mehr oder weniger ähnlich, mit kleinen Abweichungen, sondern eher *gleichmäßig im ganzen Einheitsintervall* verteilt. Dies ist eine Folge der *Sensitivität* der Funktion $4x(1 - x)$ bezüglich kleiner Iterationsfehler.

1.8B

Bevor wir irgendwelche endgültigen Schlüsse aus dem obigen Verhalten ziehen, wollen wir noch einmal versuchen $f(x) = 4x(1 - x)$ zu iterieren.

4. Wähle aus 0.2, 0.3 oder 0.4 einen Wert für x_0 aus, und wiederhole die graphische Iteration von $f(x) = 4x(1 - x)$. Trage die Folge der Iterierten mit zweistelliger Genauigkeit in die Tabelle ein.

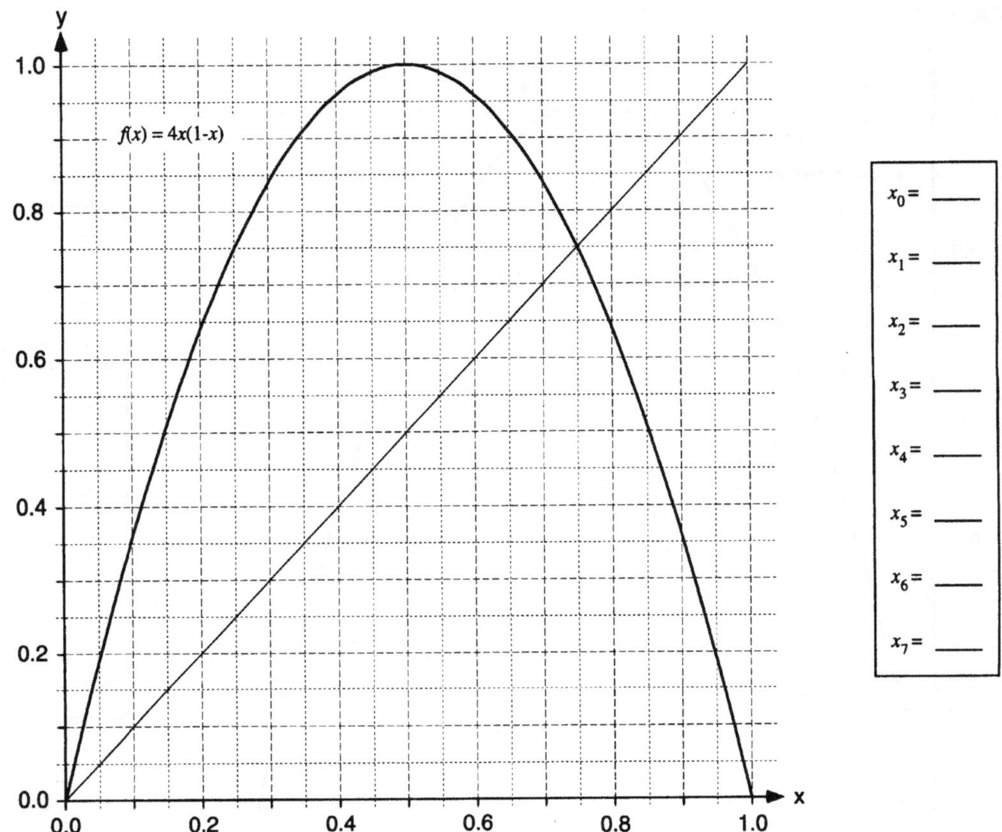

5. Wird der Iterationspfad zur Treppe, Spirale, zum Kasten, oder sieht er eher chaotisch aus?

Die obigen graphischen Iterationen werden höchstwahrscheinlich ein unvorhersagbares, chaotisches Verhalten an den Tag legen, in dem kein spezielles Muster zu erkennen ist. An bestimmten Anfangspunkten führt die Iteration von $f(x) = 4x(1 - x)$ jedoch zu einem einfachen, nicht–chaotischem Bild.

Beschreibe die Folge der Iterierten von $f(x) = 4x(1-x)$ für jeden dieser Anfangspunkte.

6. 0.50   7. 0.75   8. 1.00   9. 0.25

1.9 GRAPHISCHE ITERATION MIT RECHNERN   1.9A

Der Graphik-Rechner ermöglicht es uns, die Familie der quadratischen Funktionen
$f(x) = ax(1 - x)$ bequem zu iterieren.

Zeile	CASIO	Zeile	TEXAS INSTRUMENTS
1		1	:ClrDraw
2	Fix 3	2	:Fix 3
3	Range 0, 1, 1, 0, 1, 1	3	:0 → Xmin
4		4	:1 → Xmax
5		5	:0 → Ymin
6		6	:1 → Ymax
7	"A="? → A	7	:Disp "A="
8		8	:Input A
9	"I="? → I	9	:Disp "I="
10		10	:Input I
11	Graph Y=AX(1−X)	11	:DrawF AX(1−X)
12	Graph Y=X	12	:DrawF X
13	0 → N	13	:0 → N
14	0 → K	14	:0 → K
15	K=0=>Goto 2	15	:If K = 0
16		16	:Goto 2
17	Lbl 1	17	:Lbl 1
18	AI−AII → I	18	:AI−AII → I
19	N+1 → N	19	:N+1 → N
20	N<K=>Goto 1	20	:If N < K
21	Plot I,I	21	:Goto 1
22	Goto 3	22	:Goto 3
23	Lbl 2	23	:Lbl 2
24	Plot I,0	24	:Line(I, 0, I, I)
25	Lbl 3	25	:Lbl 3
26	AI−AII → J	26	:AI−AII → J
27	Plot I,J	27	:Line(I, I, I, J)
28	Line	28	:Line(I, J, J, J)
29	Plot J,J:Line △	29	:Pause
30	J △	30	:Disp J
31		31	:Pause
32	J → I	32	:J → I
33	N+1 → N	33	:N+1 → N
34	N<K+12=>Goto 3	34	:If N<K+12
35		35	:Goto 3
36		36	:End

Erläuterungen:

Zeile	
1–6	Initialisiere die Graphik. Bestimme den Bildausschnitt.
7–12	Eingabe der Werte für a und x_0. Graph der Funktion und der Diagonalen.
14–22	Führe K Iterationen ohne Anzeige durch.
25–35	Zeige 12 Iterationen und die aktuelle x-Stelle.

1.9B

Bei jedem Programmaufruf folge diesen Schritten:

- Gib a ein, den Parameterwert für die Funktion $f(x) = ax(1-x)$.
- Gib den Anfangspunkt x_0 ein.
- Drücke ENTER oder EXE.
- Nach jedem Iterationsschritt drücke ENTER oder EXE, um fortzufahren.

Abhängig vom Anfangspunkt und vom Parameter a haben wir schon bisher viele verschiedene Iterationsmuster der Parabel $f(x) = ax(1-x)$ beobachtet. In den folgenden Übungen werden sich nicht nur unsere Beobachtungen bestätigen, sondern noch einige neue hinzukommen.

1. Tippe das Programm in den Graphik-Rechner ein, und lasse es mit den Daten aus den Arbeitsblättern 1.7 und 1.8 laufen. Vergleiche die Ergebnisse mit den Graphen früherer Übungen. Für $a = 1.6$ beginne mit $x_0 = 0.2$, und für $a = 2.8, 3.2, 4.0$ mit $x_0 = 0.1$.

2. Benutze das Programm mit dem Anfangspunkt $x_0 = 0.1$. Kreuze das Iterationsmuster für jeden der gegebenen Parameterwerte in der Tabelle an.

$a =$	1.50	2.90	3.24	3.90
Chaos				
2-periodischer Attraktor				
Fixpunkt, Einwärtsspirale				
Fixpunkt, Einwärtstreppe				

Für viele Parameterwerte zeigen die ersten Iterationen nichts vom endgültigen Iterationsverhalten. In diesen Fällen hilft es, eine Reihe von Vor-Iterationen durchzuführen, bevor man mit dem Aufzeichnen des Iterationspfades beginnt. Das wird den vorübergehenden Einfluß des speziellen Anfangspunktes dämpfen.

3. Ändere Zeile 14 im Programm, damit K = 100 Vor-Iterationen ausgeführt werden. Probiere $a = 3.5$ und die Anfangspunkte $x_0 = 0.2, 0.3$ und 0.4. Beschreibe das Ergebnis. Welche Zahlen liegen im periodischen Attraktor?

4. Mit K = 100 Vor-Iterationen probiere die gegebenen Werte für a aus. Kreuze an, welches dynamische Langzeitverhalten zu beobachten ist.

$a =$	2.95	3.05	3.50	3.68	3.74	3.80	3.84
Chaos							
5-periodischer Attraktor							
4-periodischer Attraktor							
3-periodischer Attraktor							
2-periodischer Attraktor							
Fixpunkt							

Dieses Experiment zeigt, daß Ordnung nicht so einfach in Chaos umschlägt, wenn a gegen 4 wächst. Anfangs verdoppeln sich die Perioden von 1 zu 2 zu 4, ja sogar zu 8, 16, ... Aber für noch größeres a scheinen sich die verschiedensten Perioden mit Chaos abzuwechseln. Mehr darüber im Arbeitsblatt 5.13.

1.10 EXPANSION UND KOMPRESSION: $f(x) = 4x(1-x)$ 1.10A

Die Funktion $f(x) = ax(1-x)$ zeigt viele verschiedene Iterationsmuster. Für einige Werte von a sehen wir Treppen, für andere erhalten wir Spiralen, die sich einem Fixpunkt oder einem periodischen Iterationszyklus nähern. Dann gibt es noch andere Parameterwerte, wie z.B. $a = 4$, die zu Chaos und unvorhersagbarem Verhalten führen. In diesem Arbeitsblatt befassen wir uns mit den Ursachen für solche Unterschiede.

Wir haben uns schon früher mit dem Verhalten von Intervallen bei graphischer Iteration linearer Funktionen befaßt. Was passiert mit den Intervallen, wenn die Funktion nicht linear ist? Zuerst sieht man wenig Unterschied zu den bekannten Treppen, Spiralen, Attraktoren, Repellern, zu Expansionen und Kompressionen. Mit der quadratischen Funktion $f(x) = 4x(1-x)$ erlebt man jedoch eine Überraschung.

Verwende die gegebenen Anfangspunkte zur numerischen Iteration der Funktionen. Finde jedesmal mit dem Taschenrechner die ersten drei Iterierten x_1, x_2 und x_3.

1. $f(x) = \sqrt{x}$ mit $x_0 = 2.5$ und $x_0 = 3.0$.

2. $f(x) = x^2$ mit $x_0 = 1.1$ und $x_0 = 1.2$.

3. Finde zu jedem obigen Anfangspunktepaar und seinen Iterierten die Differenz (Intervallänge). Stelle fest, ob die Iteration dazu neigt, die anfänglichen Differenzen zu vergrößern oder zu verkleinern.

Dieselben zwei Funktionen sind unten abgebildet. Iteriere nun graphisch ein paar Mal mit denselben Anfangspunktepaaren wie in Aufgabe 1 und 2. Vergleiche das hier gefundene graphische Resultat mit dem numerischen in Frage 3.

4. 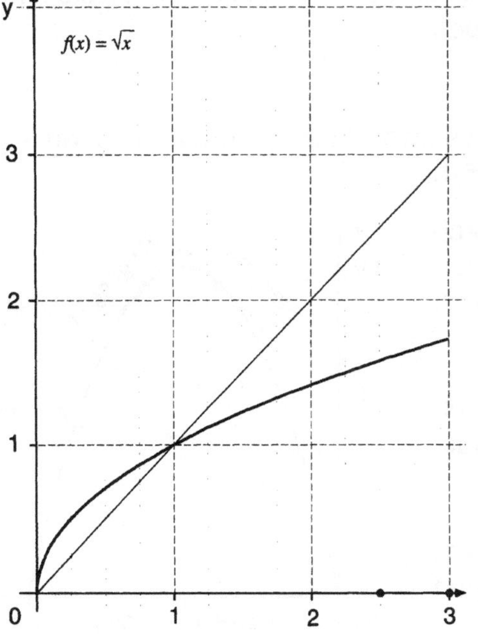

5. 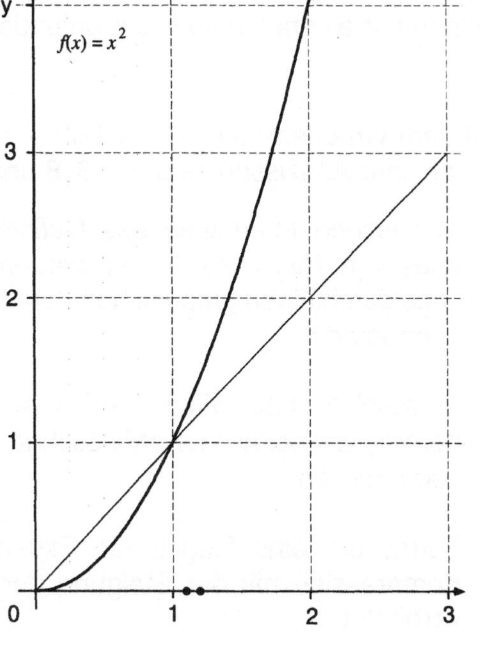

1.10B

In den letzten beiden Übungen erkennt man zwei verschiedene Verhaltensweisen.

- Ist $f(x) = \sqrt{x}$, dann verengen sich die Intervalle auf der Treppe zum Attraktor.

- Ist $f(x) = x^2$, dann expandieren die Intervalle auf der Treppe fort vom Repeller.

Iteriert man die Parabel $f(x) = 4x(1 - x)$, so findet sich beides, Kompression und Expansion. Besonders interessant sind die Übergänge von einem Verhalten zum anderen. Man findet sie dort, wo die Kurve eine Steigung von 1 oder −1 hat.

Die Steigung einer Kurve in einem bestimmten Punkt ist als Steigung der Tangente in diesem Punkt der Kurve definiert. Die Steigung der Parabel $f(x) = 4x(1 - x)$ verändert sich stetig vom positiven Wert 4 zum negativen Wert −4.

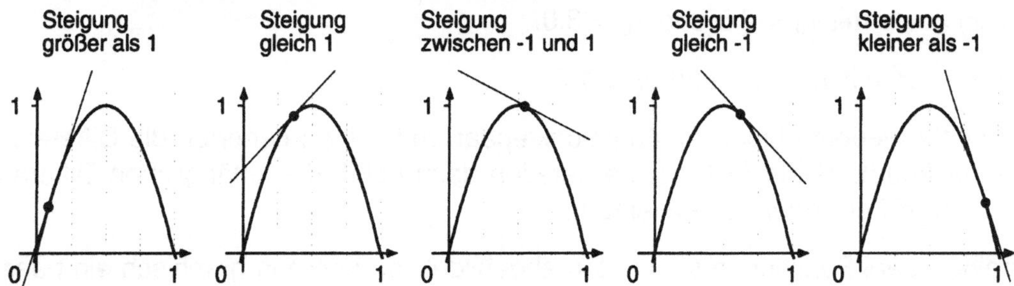

Mit Hilfe der gestrichelten Kästchen lassen sich leicht jene Punkte auf den Graphen finden, wo die Steigung 1 oder −1 ist. Dort bilden die Tangenten einen Winkel von 45 Grad mit den Gitterlinien. Sie sind also parallel zu den Diagonalen der Kästchen und können mit einem Lineal leicht gefunden werden.

Auf dem Graphen von $f(x) = 4x(1 - x)$ gibt es zwei Punkte, wo die Steigung 1 oder −1 ist. Ihre Abszissen sind $x = 3/8$ und $x = 5/8$.

6. In welchen Intervallen des Definitionsbereiches von $f(x) = 4x(1 - x)$ werden Teilintervalle durch einen graphischen Iterationsschritt expandiert?

7. In welchen Intervallen findet man nach einem graphischen Iterationsschritt Intervallkompression?

8. Formuliere eine Regel, die Expansion und Kompression mit der Steigung der Funktion verbindet.

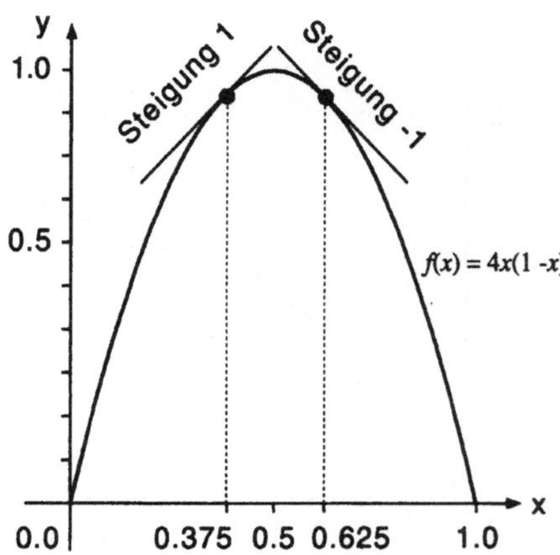

1.10C

Die gezeigten Graphen sind vergrößerte Ausschnitte der Graphen in Frage 4 und 5.
Setze die begonnenen Iterationspfade fort bis zu erkennen ist, ob es sich um eine
Einwärtstreppe hin zu einem attraktiven Fixpunkt oder um eine Auswärtstreppe weg
von einem repulsiven Fixpunkt handelt.

9.

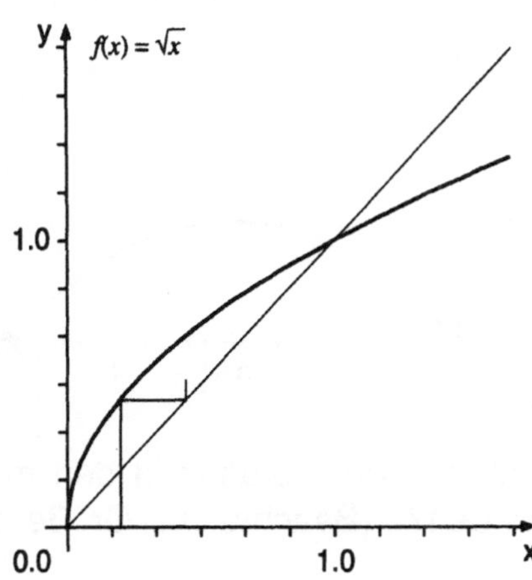

10.

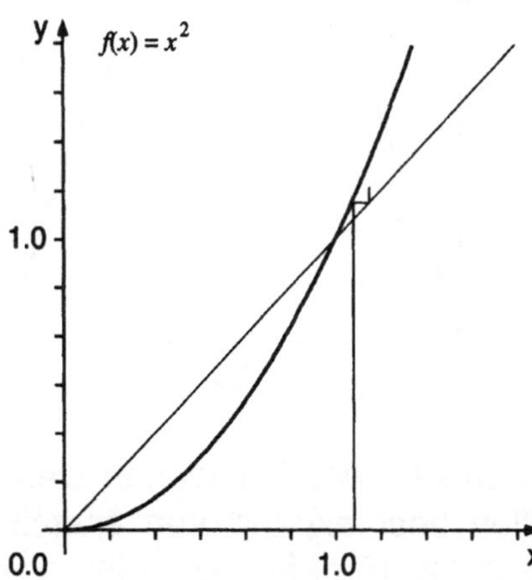

11. Formuliere eine Regel, welche Ein- und Auswärtstreppen mit Intervallexpansion
und -kompression verbindet.

Wo findet im Definitionsbereich der vier Funktionen Intervallexpansion oder -kompression
statt? In den markierten Punkten ist die Steigung 1 oder −1.

12.

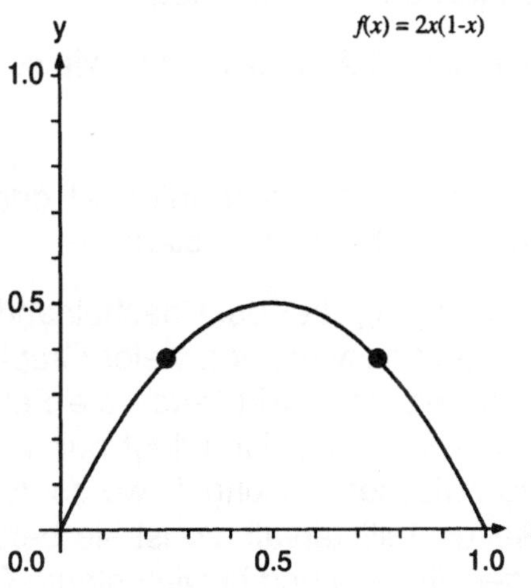

13.

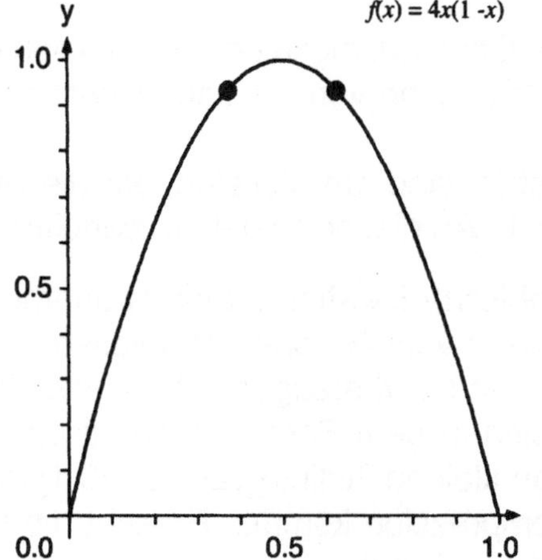

1.10D

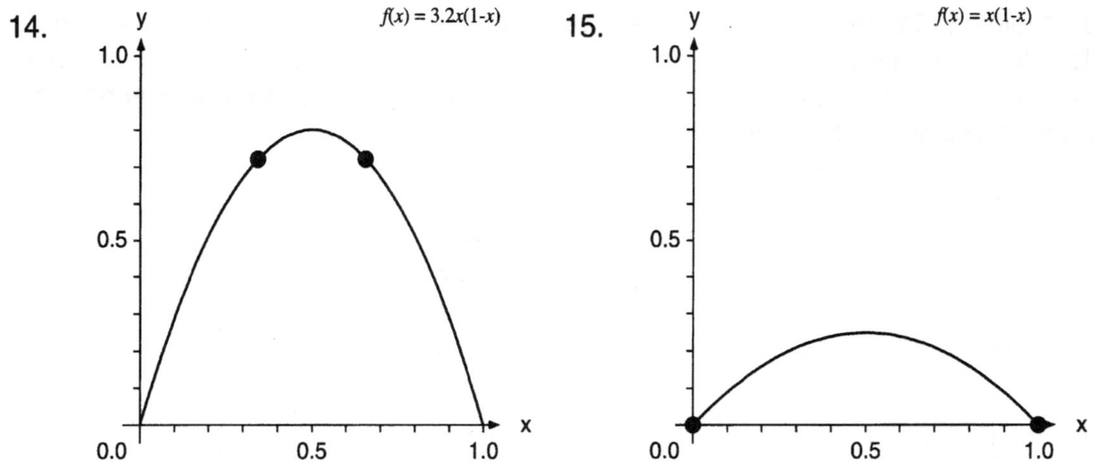

16. Für welche der Funktionen werden Fehler während der Iteration in den meisten Fällen eher expandieren anstatt zu verschwinden? (Beachte die Größe der in Frage 12–15 gefundenen Intervalle.)

In der Nachbarschaft eines Kurvenpunktes hängen Intervallexpansion und -kompression von der Steigung der Kurve in diesem Punkt ab.

- Expansion findet statt, wenn die Steigung kleiner als −1 oder größer als 1 ist.

- Kompression findet statt, wenn die Steigung zwischen −1 und 1 liegt.

- Die Geschwindigkeit der Expansion oder Kompression hängt davon ab, wie sehr sich die Steigung von −1 oder 1 unterscheidet.

Graphen sind am steilsten, wo die Steigung extrem ist, d.h. weit unter −1 oder weit über 1. An diesen Stellen expandieren kleine Intervalle besonders stark.

Graphische Iteration ist ein wiederholter Zeichenvorgang, bei dem nacheinander die Iterierten vom Graphen abgelesen werden. Das Iterationsverhalten vieler Graphen ist stabil und vorhersagbar. Wird die Kurve aber steiler, dann wird auch die Fehlerexpansion in dem Bereich dramatischer. Ist $f(x) = 4x(1 - x)$, dann liegt nur in einem relativ kleinen Teilintervall von [0,1] die Steigung zwischen −1 und 1, wo es zur Fehlerkompression kommt. Erreicht die Iteration dieses Teilintervall, so ist sie bereits im nächsten Schritt wieder im steilen, expandierenden Bereich und bewirkt starke Fehlerexpansion. Fehlerexpansion und -kompression wechseln einander ab — das Resultat ist ein zielloses Verhalten auf dem ganzen Intervall.

Kleine Zeichenfehler im Graphen von $f(x) = ax(1 - x)$ werden sich daher am meisten auswirken, wenn der Parameter a groß ist. Damit der Wertebereich im Definitionsbereich bleibt, $0 \leq f(x) \leq 1$, darf a höchstens 4 sein. Nähert a sich 4, dann entdecken wir dieses überraschende, chaotische Verhalten. Es war für kleinere Werte für a, wie 1.0, 1.5, 2.0, 2.8 und 3.2, nicht zu finden.

1.11 SENSITIVITÄT   1.11A

Mit einem programmierbaren Taschenrechner läßt sich die Funktion $f(x) = ax(1 - x)$ schnell iterieren. In diesem Arbeitsblatt verwenden wir ein Programm, um die Vorhersagbarkeit der Iteration zu untersuchen. Wir werden erkennen, wie kleine Fehler in der graphischen oder numerischen Auswertung der Funktion möglicherweise zum Chaos führen. Entscheidend dafür ist die *Sensitivität*.

Das Programm führt sieben Iterationen durch. Den Anfangspunkt und den Parameter a wählt der Benutzer aus. Außerdem kann er noch die Rechengenauigkeit spezifizieren. Im Resultat werden nach jeder Iteration die Ziffern nach F Stellen abgeschnitten. Dadurch wird es möglich, einen Fehler zu untersuchen, wie er gewöhnlich bei der graphischen Iteration mit Bleistift und Lineal auftritt.

Zeile	CASIO	Zeile	TEXAS INSTRUMENTS
1		1	:ClrHome
2		2	:Disp "A="
3	"A="? → A	3	:Input A
4		4	:Disp "X="
5	"X="? → X	5	:Input X
6		6	:Disp "DEZIMALSTELLEN"
7	"DEZIMALSTELLEN"? → F	7	:Input F
8	0 → N	8	:0 → N
9	Lbl 1	9	:Lbl 1
10	AX$-$AX^2 → X	10	:AX$-$AX^2 → X
11	Int((10 x^y F) X)÷(10 x^y F) → X	11	:IPart ((10∧F)X)/(10∧F) → X
12	N+1 → N	12	:N+1 → N
13	N△	13	:Disp N
14	X△	14	:Disp X
15	" "	15	:Disp " "
16		16	:Pause
17	N<7 => Goto 1	17	:If N<7
18		18	:Goto 1
19		19	:End

Zeile		
1–5	Anzeige vorbereiten, Parameter a und Anfangspunkt x_0 eingeben.	
6–7	Anzahl K der Dezimalstellen für die Rechengenauigkeit eingeben.	
10–16	Hauptprogramm der Iterationsschleife. Berechnung des Funktionswertes, Abschneiden der Stellen, Anzeige des Iterationszählers und der Iterierten.	

Beim Ablauf beider Programme folge man diesen Schritten:

- Anzahl der gewünschten Dezimalstellen eingeben.
- Den Wert für a, den Parameter der Funktion $f(x) = ax(1 - x)$, eingeben.
- Den Anfangspunkt x_0 eingeben.
- Drücke ENTER oder EXE.
- Drücke nach jedem Iterationsschritt wieder ENTER oder EXE, um weiterzurechnen.

1.11B

In den Fragen 1–4 verwende fünfstellige Rechengenauigkeit, aber runde die Ergebnisse auf drei Stellen vor Eintrag in die Tabelle.

1. Iteriere die Funktion $f(x) = 2.8x(1 - x)$ numerisch. Verwende die gegebenen Anfangspunkte.

x_0	x_1	x_2	x_3	x_4	x_5	x_6	x_7
0.100							
0.450							
0.700							

2. Iteriere die Funktion $f(x) = 3.2x(1 - x)$ numerisch. Verwende die gegebenen Anfangspunkte.

x_0	x_1	x_2	x_3	x_4	x_5	x_6	x_7
0.100							
0.450							
0.700							

3. In welcher Hinsicht bestätigen die Ergebnisse in den beiden Tabellen ein Verhalten, das wir schon bei der graphischen Iteration mit Bleistift und Lineal kennengelernt haben?

4. Iteriere die Funktion $f(x) = 4x(1 - x)$ numerisch. Verwende die gegebenen Anfangspunkte.

x_0	x_1	x_2	x_3	x_4	x_5	x_6	x_7
0.100							
0.450							
0.700							

5. In welcher Hinsicht untermauern die Ergebnisse in der obigen Tabelle das ungewöhnliche Verhalten, das wir an der Funktion $f(x) = 4x(1 - x)$ schon kennengelernt haben?

Die obigen Berechnungen wurden mit fünfstelliger Genauigkeit durchgeführt. Genauer gesagt: Alle Iterationsergebnisse wurden in Zeile 11 des Programms bis auf fünf Stellen nach dem Dezimalpunkt abgeschnitten.

1.11C

Nun untersuchen wir Iteration mit mehr Fehlertoleranz, indem wir mit nur dreistelliger Genauigkeit rechnen.

6. Wähle drei Dezimalstellen und den Anfangspunkt 0.1. Für jeden der Werte für den Parameter a iteriere siebenmal und trage die Antworten ein.

a	x_0	x_1	x_2	x_3	x_4	x_5	x_6	x_7
2.8	0.100							
3.2	0.100							
4.0	0.100							

7. Vergleiche die obigen Ergebnisse mit denen von Frage 1–4.   Finde für x_7 den prozentualen Unterschied zwischen 3- und 5-stelliger Genauigkeit.

Während für $a = 2.8$ und $a = 3.2$ kleine Rechenfehler das Endverhalten der Iteration nicht verrändern, findet man offensichtliche Abweichungen falls $a = 4.0$. Die Funktion $f(x) = 4x(1 - x)$ verhält sich chaotisch unter graphischer Iteration, weil die kleinen Zeichenungenauigkeiten in jedem Schritt weiter vergrößert werden. Das nächste Experiment dient dazu, diese Abweichungen näher zu untersuchen.

8. Ändere Zeile 17 des Programms, so daß zwölf Iterationsschritte möglich sind.

9. Wähle 10 Dezimalstellen, $a = 4$ und $x_0 = 0.1$ als Anfangspunkt.   Iteriere zwölfmal. Wiederhole den Vorgang mit nur dreistelliger Rechengenauigkeit. Trage die Ergebnisse in die ersten beiden Spalten der Tabelle ein.

Iterationen	10 Dezimalstellen	3 Dezimalstellen	Differenz
0	0.1000000000	0.100	0.000
6			
7			
8			
9			
10			
11			
12			

10. Hätten wir $a = 2.8$ als Parameter gewählt, dann würden sich die Ergebnisse in den ersten beiden Spalten nicht unterscheiden.   Aber mit $a = 4$ machen die kleinen Iterationsfehler einen gewaltigen Unterschied.   Um wieviel unterscheiden sich die Ergebnisse nach 6–12 Iterationen? Fülle die rechte Spalte mit dreistelliger Genauigkeit aus. Beschreibe das Resultat in Worten.

1.11D

11. Ändere Zeile 17 des Programms zu 30 Iterationen. Iteriere dreißigmal mit zehnstelliger Rechengenauigkeit für beide Anfangspunkte und $a = 4$. Vergleiche die
Ergebnisse wie oben. Beschreibe das Verhalten in Worten.

Iterationen	10 Dezimalstellen	10 Dezimalstellen	Differenz
0	0.1000000000	0.1000000001	0.000
10			
20			
25			
30			

Aus den obigen Rechnungen geht offensichtlich hervor, daß kleine Rundungsfehler
selbst bei numerischer Iteration schnell zu groben Fehlern heranwachsen. 1961 beobachtete Edward Lorenz, ein Meteorologe am Massachussetts Institute of Technology
(MIT), diesen Mangel an Vorhersagbarkeit, der später als *Schmetterlingseffekt* bekannt
wurde. Dieser Ausdruck stammte aus einer Arbeit von Lorenz aus dem Jahre 1979.
Sie hatte den Titel „Vorhersagbarkeit: Löst das Flattern eines Schmetterlingsflügels in
Brasilien einen Tornado in Texas aus?"

Ist ein mathematisches System unstabil und chaotisch, dann zeigt die Iteration ein Verhalten, das man „sensitive Abhängigkeit von Anfangsbedingungen" nennt. In Systemen
mit diesem Verhalten führen minimale Veränderungen (Perturbationen) der Anfangsbedingungen oder Zwischenresultate fast immer zu dramatischen Veränderungen der
Endergebnisse.

Die Funktion $f(x) = 4x(1-x)$ zeigt diese Sensitivität unter Iteration. Deshalb verhält sie
sich chaotisch, wenn wir wie in Frage 9 ungenau rechnen. Aber wird sich dieses Verhalten immer bemerkbar machen, selbst wenn wir nicht absichtlich Stellen abschneiden?
Produziert der Taschenrechner immer solche Ergebnisse? Erzeugt er immer diese
winzigen Abänderungen, die nötig sind, um den Prozeß zu starten, der schließlich zum
Chaos führt? Leider ist die Antwort auf diese Fragen *ja*.

Fehler entstehen irgenwann beim Iterationsprozeß auf jedem Taschenrechner und auf
jedem Computer. Und ist das Iterationsverhalten expandierend, dann pflanzen sich
die Fehler rapide fort. Dieser dramatische Effekt ist eine unvermeidbare Folge der
endlichen Stellenarithmetik. Er steckt in allen digitalen Rechnern, vom billigsten Taschenrechner hin bis zum teuersten Supercomputer. Unter den richtigen Bedingungen
kann er unerwartete und völlig bedeutungslose Ergebnisse verursachen!

1.12 ITERATION VON PARABELN

1.12A

Unter graphischer Iteration können quadratische Funktionen sich vielseitig verhalten. Spezielle Charkteristiken bilden sich in der Nähe von Fixpunkten aus, die als Attraktoren oder Repeller fungieren. In diesem Arbeitsblatt betrachten wir die Iteration quadratischer Funktionen der Form $f(x) = ax(1-x)$ und $f(x) = x^2 + c$.

Geometrisch gesehen hat jede quadratische Funktion die Gestalt einer Parabel. Algebraisch beschreibt man quadratische Funktion mit drei Parametern, p, q und r.

$$f(x) = px^2 + qx + r$$

Sind $p = -a$, $q = a$ und $r = 0$, dann läßt sich die quadratische Funktion als $f(x) = ax(1-x)$ schreiben. In dieser Form haben wir sie schon früher detailliert untersucht. Alle zugehörigen Parabeln schneiden die x-Achse in (0,0) und (1,0). Wächst der Parameter a, erheben sich die Parabeln immer höher und ihre Seiten werden steiler. Ihr graphisches Iterationsmuster hängt nur vom Parameter a ab.

Ist $1 \leq a \leq 4$, bleiben alle Iterierten, die im Intervall $[0,1]$ beginnen, für immer darin gefangen. In diesem Intervall findet man das interessanteste dynamische Verhalten unter graphischer Iteration. Alle Punkte außerhalb des Intervalls entkommen nach negativ Unendlich. Die Situation ist anders, wenn $a < 1$ oder $a > 4$.

1. Beschreibe den abgebildeten Iterationspfad der Funktion $f(x) = 0.5x(1-x)$ am Anfangspunkt $x_0 = 1.5$. Wo ist der Attraktor?

2. Verhalten sich alle Pfade, die im Intervall $1 < x_0 < 2$ beginnen, im wesentlichen wie unser Beispiel? Was wird aus den Anfangspunkten in den beiden Intervallen $-1 < x_0 < 0$ und $0 < x_0 < 1$? Wie verhält sich die Iteration an den drei einzelnen Punkten -1, 0 und 1?

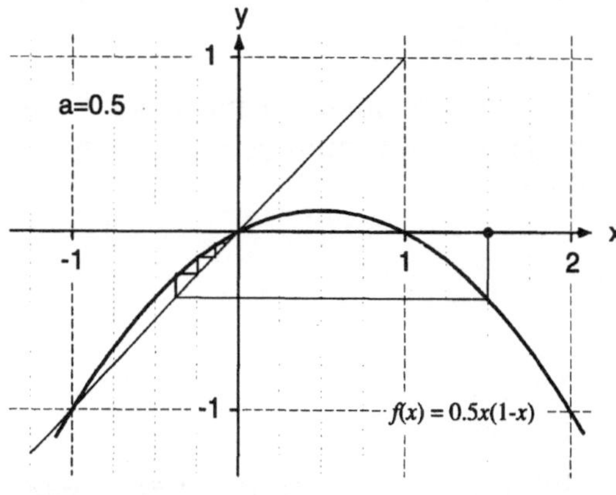

3. Setze für $f(x) = 5x(1-x)$ den Pfad fort, der mit $x_0 = 0.9$ beginnt. Beschreibe sein Langzeitverhalten. Gibt es einen Attraktor, oder kann man aus dem Intervall $0 \leq x_0 \leq 1$ nach negativ Unendlich entkommen?

4. Finde in $0 \leq x_0 \leq 1$ einen Anfangspunkt, der nicht nach negativ Unendlich entkommt.

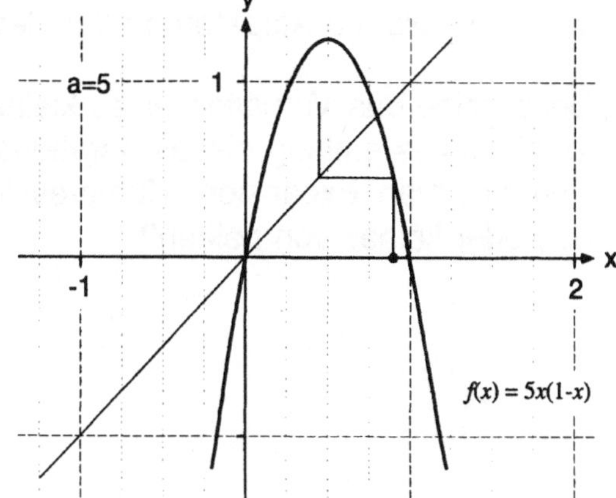

1.12B

Betrachten wir wieder die allgemeine quadratische Funktion $f(x) = px^2 + qx + r$. Sind $p = 1$, $q = 0$ und $r = c$, dann erhalten wir $f(x) = x^2 + c$. Die Scheitel aller solcher Parabeln liegen auf der y-Achse, in $(0, c)$. Wächst der Parameter c, so werden die Parabeln nach oben verschoben. Die Steilheit der Kurve in einem bestimmten Argument ändert sich aber nicht, wenn c sich ändert.

5. Sei $f(x) = x^2 - 0.65$. Beschreibe das dargestellte Iterationsverhalten im Anfangspunkt $x_0 = 0.1$.

6. In welchem Intervall muß der Iterationspfad beginnen, um zum selben Attraktor zu kommen?

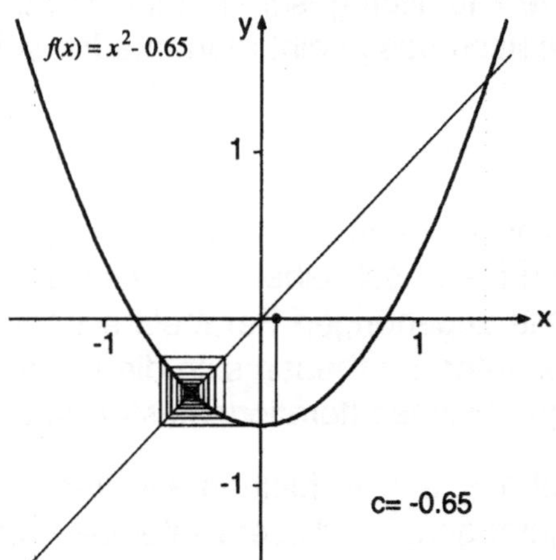

7. Sei $f(x) = x^2 - 1$. Beschreibe das dargestellte Iterationsverhalten im Anfangspunkt $x_0 = 0.5$. Was ist der Attraktor, und wie nähert sich ihm der Pfad?

8. In welchem Intervall muß der Iterationspfad beginnen, um zum selben Attraktor zu kommen?

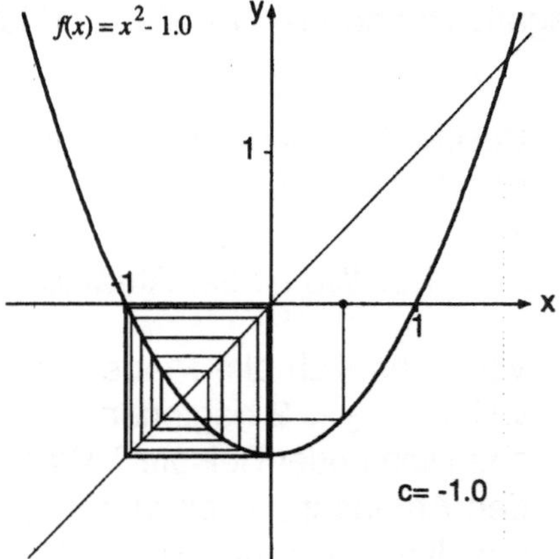

9. Sei $f(x) = x^2 + 0.35$. Beschreibe das abgebildete Iterationsverhalten im Anfangspunkt $x_0 = 0.1$. Gibt es Attraktoren oder Repeller?

10. Beschreibe das Verhalten eines kleinen Fehlerintervalles entlang dieses Iterationspfades. Erwartet man Expansion, Kompression, beides oder keines von beiden?

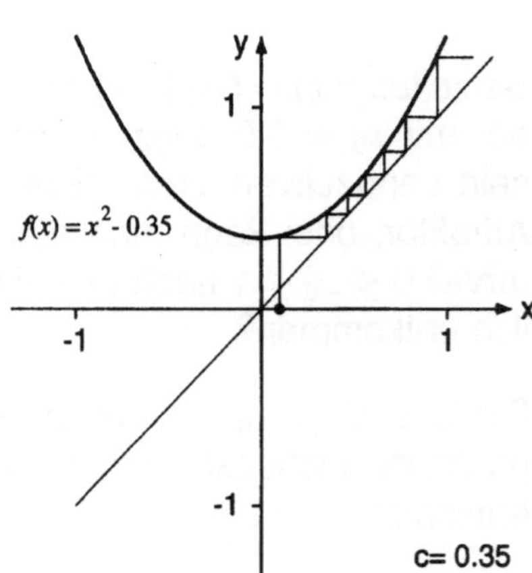

Iteration von $f(x) = x^2 + c$ **1.12C**

Für die restlichen Aufgaben benötigt man einen Graphik-Rechner. Das Programm ist so ähnlich wie im Übungsblatt 1.9A, verwendet aber die quadratische Funktion $f(x) = x^2 + c$. Außerdem erlaubt es dem Benutzer, den Ausschnitt (MAX.WERT) des Plots – mit dem Ursprung in der Mitte – selber zu wählen.

Line	CASIO	Line	TEXAS INSTRUMENTS
1		1	:ClrDraw
2	Fix 3	2	:Fix 3
3	"MAX. WERT"? $\to$ R	3	:Disp "MAX. WERT"
4		4	:Input R
5	Range -R, R, 1, -R, R, 1	5	:-R $\to$ Xmin
6		6	:R $\to$ Xmax
7		7	:-R $\to$ Ymin
8		8	:R $\to$ Ymax
9	"C="? $\to$ C	9	:Disp "C="
10		10	:Input C
11	"I="? $\to$ I	11	:Disp "I="
12		12	:Input I
13	0 $\to$ N	13	:0 $\to$ N
14	Graph Y=XX + C	14	:DrawF X$\wedge$2 + C
15	Graph Y=X	15	:DrawF X
16		16	:I$\wedge$2 + C $\to$ J
17	Plot I,0	17	:Line(I, 0, I, J)
18		18	:Goto 2
19	Lbl 1	19	:Lbl 1
20	II + C $\to$ J	20	:I$\wedge$2 + C $\to$ J
21	Plot I,J	21	:Line(I, I, I, J)
22		22	:Lbl 2
23	Line	23	:Line(I, J, J, J)
24	Plot J,J:Line $\triangle$	24	:Pause
25	N+1 $\to$ N	25	:N+1 $\to$ N
26	N $\triangle$	26	:Disp N
27	J $\triangle$	27	:Disp J
28		28	:Pause
29	J $\to$ I	29	:J $\to$ I
30	N<20=>Goto 1	30	:If N<20
31		31	:Goto 1
32		32	:End

Iteriere jeden Wert für c zwanzigmal. Beobachte und beschreibe die Graphen und die Folge der numerischen Iterierten. Verändere die Bildgröße (MAX.WERT), wenn nötig.

11. Setze $c = 0.40, 0.35, 0.30$ und 0.25. Beginne in jedem Fall mit $x_0 = 0.2$.

12. Setze $c = -0.6, -0.7, -0.8$ und -0.9. Beginne in jedem Fall mit $x_0 = 0.3$.

13. Probiere Werte dicht bei $c = -2$. Wie verhalten sich die Iterierten?

ÜBUNGSBLATT ZU 1.13

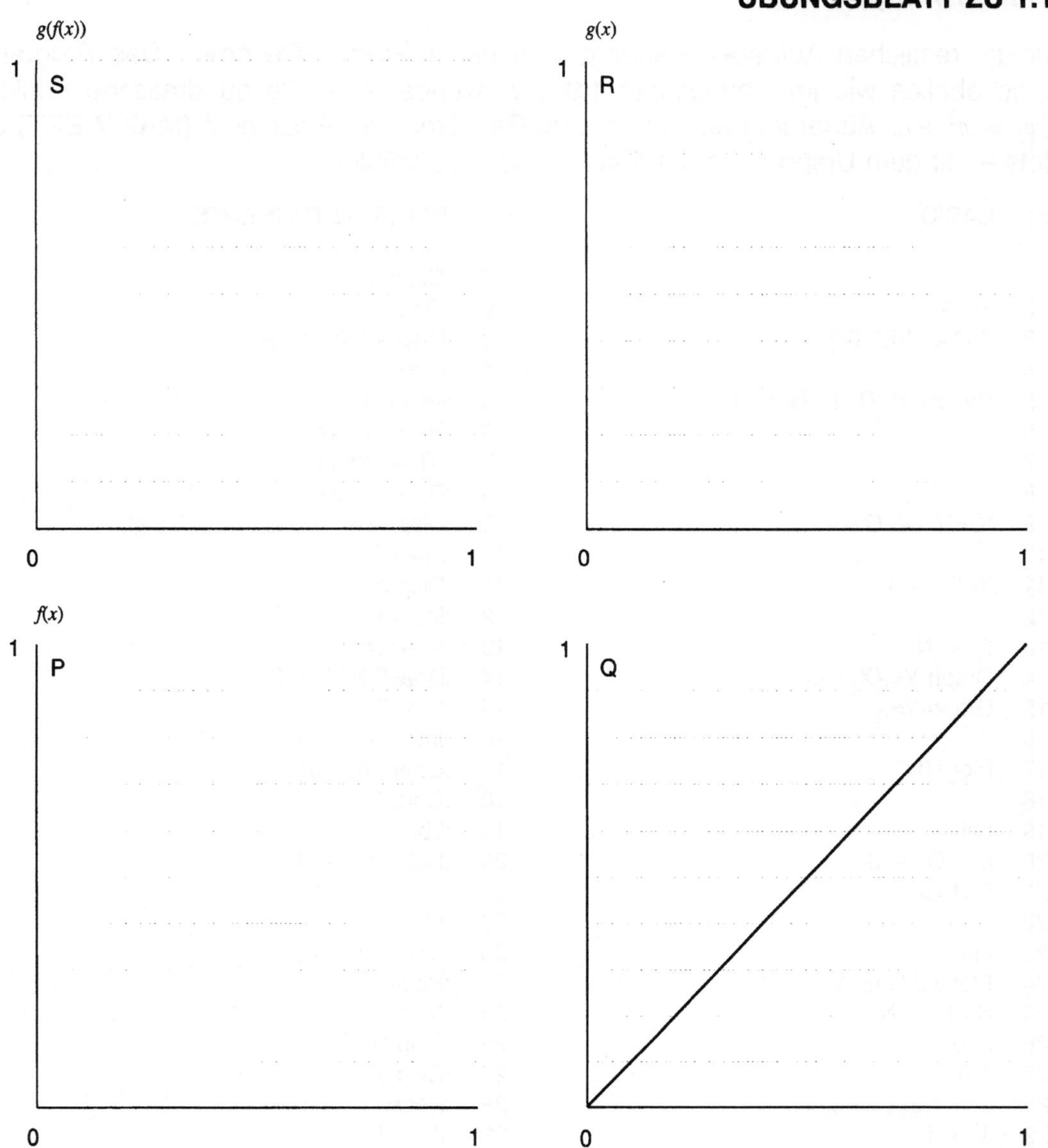

1.13 DIE VERKETTUNGSMASCHINE 1.13A

Wendet man die Funktion $g(x)$ auf die Funktion $f(x)$ an, so erhält man die Verkettung $g(f(x))$. Man kann solche Verkettungen durch algebraische Substitution erzielen. In diesem Übungsblatt stellen wir die Verkettungsmaschine vor, die es erlaubt, $g(f(x))$ geometrisch mit Bleistift und Lineal zu konstruieren. Der Graphik-Rechner bietet noch einen anderen, mehr technologischen Zugang zur Verkettung von Funktionen.

Vier Gitter P, Q, R und S werden quadratisch angeordnet. Das Gitter Q enthält nur die Diagonale $y = x$. Um $g(f(x))$ zu finden, zeichne $f(x)$ ins Gitter P und $g(x)$ ins Gitter R. Die Verkettung $g(f(x))$ wird im Gitter S punktweise konstruiert:

Schritt 1: Ziehe von einer Abszisse a auf der horizontalen Achse im Gitter P eine senkrechte Linie hinauf bis zum oberen Rand des Gitters S.

Schritt 2: Finde den Schnittpunkt $(a, f(a))$ dieser Linie mit dem Graphen $f(x)$ im Gitter P. Zeichne eine Waagerechte von dort zur Diagonalen $y = x$ im Gitter Q.

Schritt 3: Reflektiere diese Strecke an der Diagonalen als Senkrechte bis hinauf zum Graphen von $g(x)$ im Gitter R. Der Schnittpunkt ist $(f(a), g(f(a)))$.

Schritt 4: Ziehe eine waagerechte Linie von diesem Punkt zum Gitter S. Wo sie die Senkrechte aus dem 1. Schritt schneidet, liegt der neue Punkt $(a, g(f(a)))$ der Verkettung.

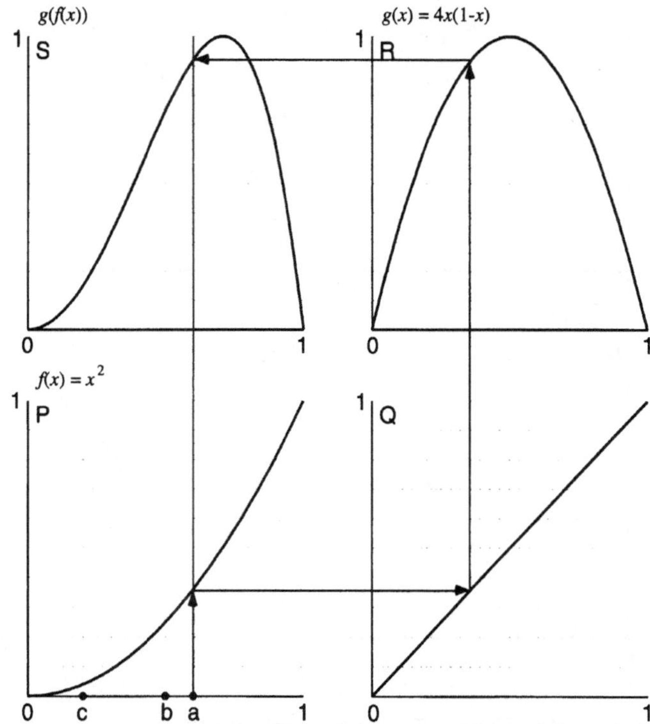

1. Folge dem Pfad von a durch $f(a)$ nach $g(f(a))$. Zeichne den Pfad von b durch $f(b)$ nach $g(f(b))$, und von c durch $f(c)$ nach $g(f(c))$.

1.13B

2. Im obigen Diagramm war $f(x) = x^2$ und $g(x) = 4x(1-x)$. Finde den algebraischen Ausdruck für $g(f(x))$.

Wir können uns vorstellen, daß die Schritte 1–4 auf der vorigen Seite von einer *Verkettungsmaschine* ständig wiederholt werden. Wenn der Definitionsbereich der Funktion $f(x)$ im Gitter P durch den Graphen von $g(x)$ im Gitter R wandert, erzeugt die Verkettungsmaschine den Graphen von $g(f(x))$ im Gitter S.

Im obigen Diagramm ist $a = 0.6$. Aus 0.6 macht die Verkettungsmaschine 0.9216.

$$a \;\to\; f(a) \;\to\; g(f(a))$$
$$0.6 \;\to\; 0.36 \;\to\; 0.9216$$

3. Im obigen Diagramm ist $b = 0.5$. Finde die Werte $f(0.5)$ und $g(f(0.5))$. Stimmen sie mit der Zeichnung zur Frage 1 überein?

4. Im obigen Diagramm ist $c = 0.2$. Finde die Werte $f(0.2)$ und $g(f(0.2))$.

5. Das untere Diagram zeigt $f(x) = x^2$ und $g(x) = \sqrt{x}$. Zeichne mit Bleistift und Lineal die Verkettung $g(f(x))$ wie es die Verkettungsmaschine machen würde. Verwende nur die im Gitter P markierten Punkte.

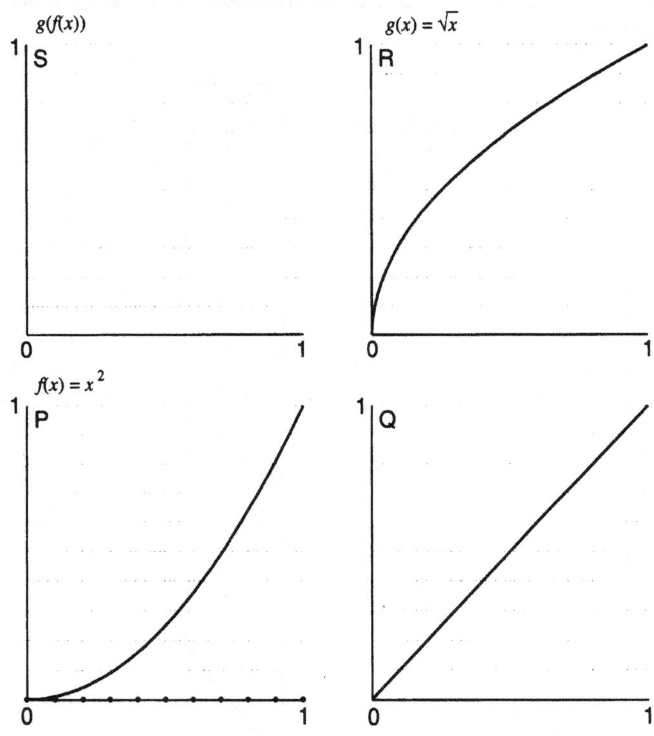

6. Weise das Ergebnis der Frage 5 algebraisch nach.

1.13C

Die Verkettungsmaschine kann auch die Funktion $f(x)$ mit sich selbst verketten. Dann ergibt sich der Graph von $f(f(x))$.

7. Zeichne den Graphen von $f(f(x))$ wie es die Verkettungsmaschine machen würde. Verwende die Argumente 0.00, 0.25, 0.50, 0.75 und 1.00. Nutze aus, daß die Verkettung linearer Funktionen wieder linear ist.

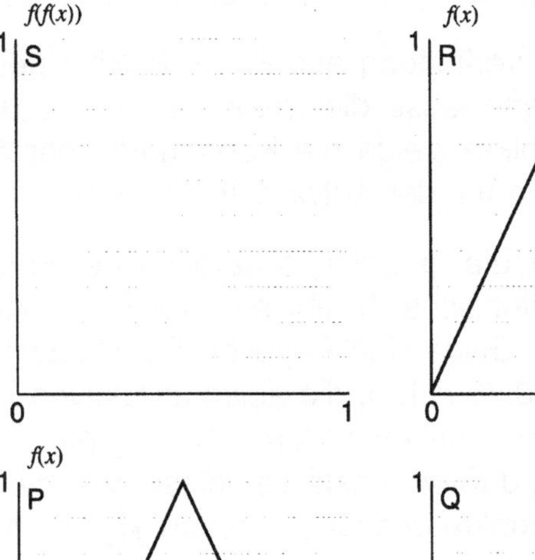

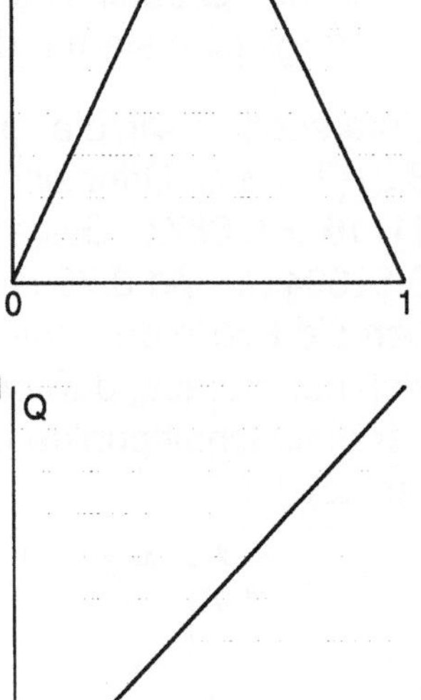

8. Die Gitter P und R zeigen beide die Parabel $f(x) = 3.2x(1 - x)$. Benutze die Verkettungsmaschine und zeichne den Graphen von $f(f(x))$ im Gitter S (Skizze!).

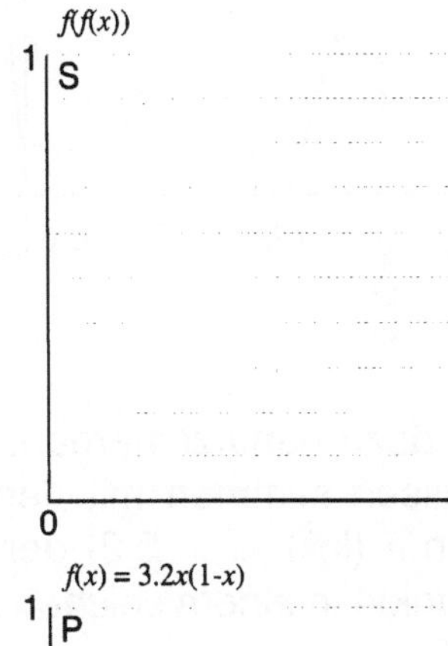

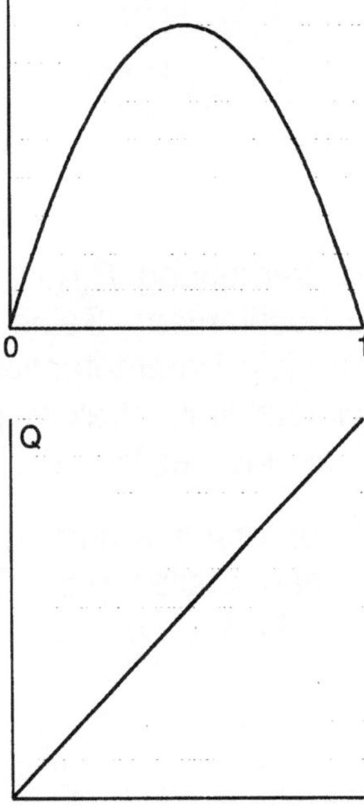

1.13D

9. Zeichne die Diagonale $y = x$ in das Gitter S über die Verkettung $f(f(x))$ aus Frage 8. Wie viele Schnittpunkte hat die Diagonale mit der Kurve? Sind sie Fixpunkte unter Iteration von $f(f(x))$? Bestimme ihre Abszissen näherungsweise.

10. Zeichne die Verkettung aus Frage 8 mit einem Graphik-Rechner. Vergleiche die Formen. Dann lasse die Diagonale $y = x$ über den Graphen zeichnen. Finde in der Graphik-Anzeige die Koordinaten der Schnittpunkte mit dem Fadenkreuz. Vergleiche sie mit der Antwort zu Frage 9.

Untersuchen wir die graphische Iteration der unten links gezeigten Funktion $f(x) = 3.2x(1 - x)$. Offensichtlich gibt es zwei Fixpunkte an den Stellen $x_0 = 0$ und $x_0 = 11/16 = 0.6875$. Beide sind Repeller. Es gibt zwei andere Punkte (mit den Abszissen 0.51304.... und 0.79944...), die einen attraktiven Zweierzyklus bilden. Gegen sie streben die Pfade der meisten anderen Anfangspunkte aus dem Einheitsintervall. Es stellt sich nun heraus, daß die Abszissen dieser vier besonderen Punkte auch die Abszissen der vier Schnittpunkte des Graphen von $f(f(x))$ mit der Diagonalen sind (siehe unten rechts).

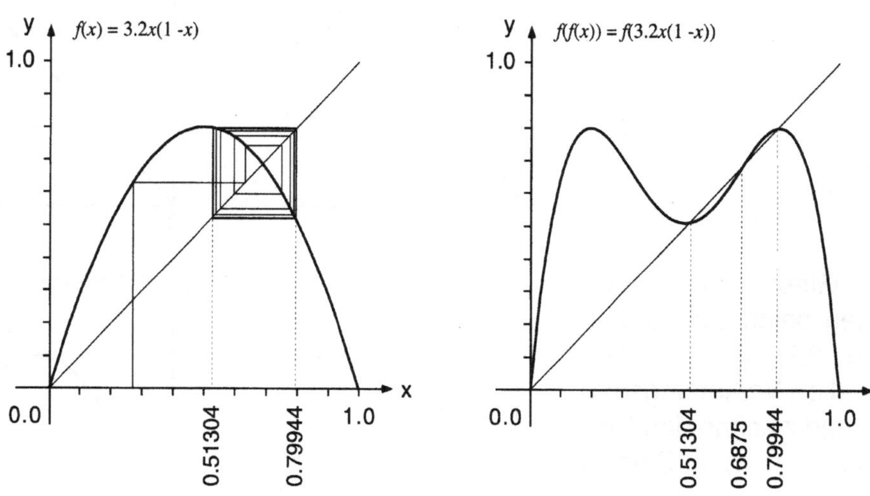

Die Verkettung $f(f(x))$ kann dazu benutzt werden, den Zweierzyklus von $f(x)$ genau zu bestimmen. Seine Abszissen stimmen mit den Fixpunkten von $f(f(x))$ überein. Für viele Parameterwerte von a (inkl. $a = 3.2$) der Funktion $f(x) = ax(1 - x)$ ist der Zweierzyklus attraktiv. Die Punkte in einem solchen Attraktor sind gleichzeitig attraktive Fixpunkte der Verkettung $f(f(x))$.

11. Unterstütze numerisch mit dem Taschenrechner die Behauptung, daß $f(f(x))$ an den Stellen 0.51304... und 0.79944... attraktive Fixpunkte hat, wenn $f(x) = 3.2x(1 - x)$.

Kapitel 2
Sensitivität

HAUPTZIELE, BEGRIFFE und ZUSAMMENHÄNGE

Die Arbeitsblätter dieses Kapitels sollen dem Verständnis der wichtigsten drei Eigenschaften dienen, die in jedem chaotischen dynamischen System zu finden sind. Es geht um Mischen, Periodizität und Sensitivität. Chaotische Systeme sind duchsetzt von diesen Eigenschaften. Das ist die Ursache für die so völlig unterschiedlichen und unvohersagbaren Ergebnisse graphischer Iteration in chaotischen Systemen.

Dieses Kapitel baut auf den bereits eingeführten intuitiven Vorstellungen über Iteration auf. Mischen wird zuerst ganz konkret aufgefaßt und durch zwei verschiedene Methoden Teig zu kneten vorgeführt. Danach werden die entsprechenden mathematischen Modelle gefunden, die Hutfunktion und die Sägezahnfunktion, und ihre Äquivalenz mit den Knetvorgängen nachgewiesen. Mit den Dualzahlen als Handwerkszeug werden in beiden Funktionen die drei wichtigen Eigenschaften Mischen, Periodizität und Sensitivität freigelegt. Dadurch wird die Verbindung zu den quadratischen Funktionen der Gestalt $f(x) = ax(1 - x)$ hergestellt, die sich ähnlich verhalten. Schließlich wird für verschiedene Werte des Parameters a das Langzeitverhalten quadratischer Funktionen untersucht: erst mit Zeitreihen, dann mit dem Feigenbaum-Diagramm. Dieses Diagramm, selbst ein Fraktal, vermittelt uns ein erstaunliches Bild von der Reise ins Chaos.

Verbindungen zum Mathematikunterricht

In diesen Arbeitsblättern wird ein Material abgedeckt, das zum festen Bestandteil des modernen Mathematikunterrichts geworden ist. Es kann als einzelne Unterrichtseinheit zum Thema Iteration verwendet werden, oder in das existierende Curriculum dort eingebettet werden, wo sich Zusammenhänge anbieten.

DIREKTE BEZÜGE:

Quadratische Funktionen	Graphen
Auswertung von Funktionen	Abbildungen
Numerische Muster	Visualisierung
Transformationen	Verkettung
Geometrische Muster	Analytische Geometrie
Stückweise definierte Funktionen	

WEITERE BEZÜGE:

Folgen und Reihen	Rationale Zahlen
Dualzahlen	Irrationale Zahlen
Lineare Funktionen	Graphik-Rechner
Konvergenz	Grenzwertbegriff

Grundlegende Begriffe

Chaos

Die Mathematiker haben sich weitgehend auf drei Charakteristika des Chaos geeinigt, die aus der Iteration von Transformationen wie $ax(1-x)$ hervorgehen. Es sind Mischen, Periodizität und sensitive Abhängigkeit von Anfangsbedingungen.

Mischen

Wählt man, wo auch immer, im Definitionsbereich zwei Intervalle I und J von beliebig kleiner aber positiver Breite, dann gibt es in I immer Punkte, die durch Iteration schließlich nach J kommen.

Periodizität

Punkte sind periodisch, wenn sie unter Iteration in zyklischer Anordnung ständig wiederkehren. Periodische Punkte finden sich überall, d.h., es gibt sie in den kleinsten Teilintervallen von [0,1].

Sensitivität

Winzige Änderungen der Ausgangslage bewirken dramatisch verschiedene Iteriertenfolgen. Das zeigt ein hohes Maß an sensitiver Abhängigkeit von Anfangspunkten.

Feigenbaum-Diagramm

Eine Veranschaulichung des Langzeitverhaltens der Transformation $ax(1-x)$ unter Iteration in Abhängigkeit vom Parameter a zwischen 1 und 4.

MATHEMATISCHER HINTERGRUND

Der Zusammenhang

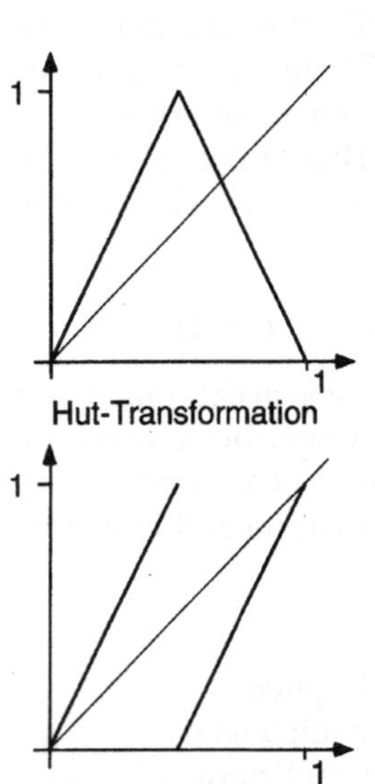

Chaos wird am besten durch die wichtigen Rollen verständlich, die seine Hauptkomponenten spielen. In den verschiedenen Arbeitsblättern zu diesem Kapitel werden diese Rollen ausgearbeitet. Die Illustrationen bauen auf der Intuition des Lesers auf und fördern die Entwicklung eines Gesamtbildes vom Chaos.

Der Begriff *Mischen* wird durch den vertrauten Vorgang des Knetens eingeführt. Wir verwenden zwei Methoden: „Strecken+Falten" und „Strecken+Schneiden+Kleben". Zuerst verfolgen wir Anfangspunkte während dieser Knetvorgänge durch den Teig, und später durch die graphische Iteration der äquivalenten, stückweise linearen Hut- und Sägezahnfunktionen H und S. In beiden Fällen können wir das Mischen in Aktion beobachten.

Das Iterationsverhalten der Hut- wie auch der Sägezahnfunktion läßt sich am besten mit der Hilfe von Dualzahlen analysieren. Ihre algebraischen Definitionen verwenden nämlich Operationen, die besonders leicht auf der Basis 2 durchzuführen sind. So läßt sich zum Beispiel eine Dualzahl verdoppeln, indem der Punkt ganz einfach um eine Stelle nach rechts geschoben wird.

Periodizität

Ein unmittelbares Resultat numerischer Iteration der Sägezahnfunktion in binärer Form ist die Indentifikation aller 2-periodischen Punkte. Man findet sie, wo Ziffern periodisch vorkommen. Die Anzahl der Dualstellen in einer Periode ist die Zahl der nötigen Iterationen für einen vollständigen Zyklus in der graphischen Iteration. Da rationale Zahlen periodisch wiederkehrende Ziffern haben, folgt, daß sie sich unter Iteration im Intervall [0,1] periodisch verhalten. Einige Irrationalzahlen haben die Eigenschaft, unter Iteration jedes beliebige binäre Teilintervall von [0,1] zu besuchen. Solch ein Iterationsverhalten nennt man ergodisch. Beispiele dafür konstruiert man aus

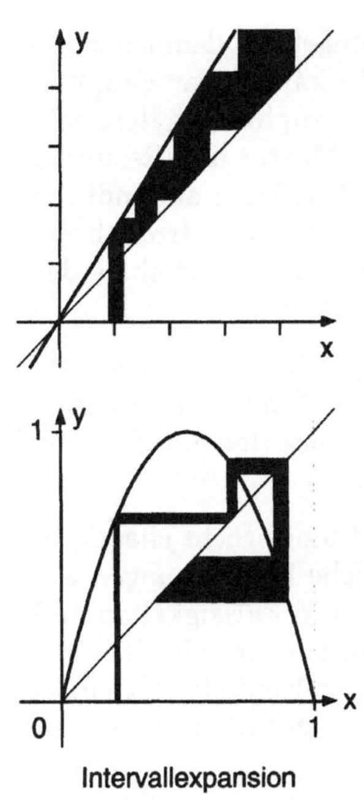

den Namen, die zur Identifizierung der Teilintervalle in allen Stufen der binären Unterteilung verwendet werden.

Die quadratische Funktion $f(x) = 4x(1 - x)$ verhält sich quasi identisch zur Hut- und Sägezahnfunktion, da sie zu ihnen äquivalent ist. Beispielsweise gibt es zu einem 3-periodischen Zyklus unter der Hutfunktion einen passenden unter dieser Parabel. Jedoch werden die Iterierten der 3-periodischen Punkte unter der Hutfunktion H transformiert und stehen unter der Parabel an anderen Stellen. Im allgemeinen korrespondieren periodische Punkte x unter H und S mit transformierten periodischen Punkten x' unter $f(x)$.

Wächst der Parameter a gegen 4, dann wird der Anteil am Definitionsbereich [0,1] von $f(x) = ax(1 - x)$ ständig größer, in welchem diese Kurve Steigungen von mehr als 1 oder weniger als -1 aufweist, und sie selbst wird zunehmend steiler. Dadurch wird natürlich auch die Intervallexpansion ständig stärker. Die Iterierten reagieren dann so sensitiv auf kleine Anfangsabweichungen, daß jeder Fehler zu einem erratischen, unvorhersagbaren und chaotischen Verhalten explodiert, wenn der Parameter a sich dem Wert 4 nähert.

Einzelne Zeitreihendiagramme für verschiedene Werte von a können den Übergang vom stabilen zum chaotischen Verhalten veranschaulichen, wenn a zwischen 1 und 4 variiert. Um das gesamte Übergangsverhalten in einem einzigen Bild zu sehen, betrachte man das Feigenbaum-Diagramm.

Dualzahlen

Dualzahlen ermöglichen es uns, das Verhalten der Iterierten unter verschiedenen Transformationen zu verfolgen. Operationen auf diesen Zahlen werden deshalb eingeführt, weil sie die Durchführung von Algorithmen für die Hut- und Sägezahnfunktion erleichtern. Dualzahlen stellen eine bequeme Verbindung her zwischen der Periode sich wiederholender Ziffern in numerischer Form, und dem periodischen Zyklus eines Iterationspfades in geometrischer Form. Sie sind deshalb unerläßlich, um den Begriff „Mischen" zu illustrieren, aber auch um Argumente zur Sensitivität zu entwickeln, wenn sie zur Zerlegung des Einheitsintervalls in beliebig kleine Teilintervalle herangezogen werden.

Mischen

Die Analogie mit dem Vermischen von Gewürzen durch das Kneten des Teiges hilft, eine intuitive Vorstellung vom Mischen in dynamischen Systemen zu entwickeln. Beide vorgeführten Methoden sind im wesentlichen äquivalent zu einer gründlichen Durchmischung der Gewürze. Das faszinierende an dieser Analogie ist, daß sie quasi mit dem Iterationsprozeß der Hut- und Sägezahnfunktion identisch ist. Der Knetvorgang mittels „Strecken+Falten" ist äquivalent zur Hut-Transformation, und „Strecken+Schneiden+Kleben" ist äquivalent zur Sägezahn-Transformation. Diese Äquivalenz wird dann auf die Parabel $f(x) = 4x(1 - x)$ übertragen. Mischen durch Iteration tritt unter allen diesen Transformationen auf.

Sensitivität

Die Idee sensitiver Abhängigkeit von Anfangspunkten mag nicht leicht zu verstehen sein. Sie steht unserer Intuition so sehr entgegen, daß unser Sinn für das, *was sein sollte*, unser Verständnis von dem, *was ist*, blockiert. Edward Lorenz, ein Meteorologe vom Massachusetts Institute of Technology, hatte ähnliche Schwierigkeiten mit dem Wettermodell, das er in den frühen sechziger Jahren untersuchte. Es

Lorenz-Attraktor

Feigenbaum-Diagramm

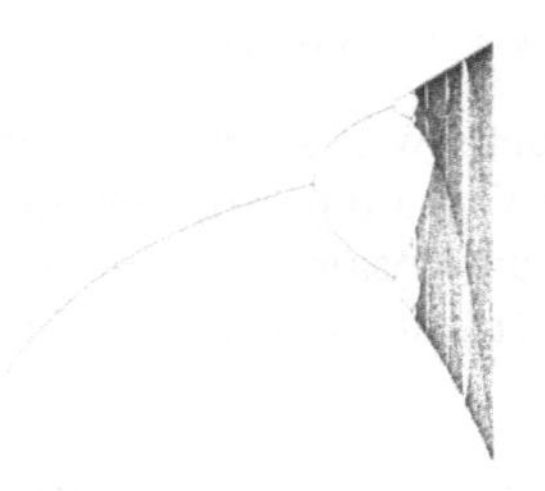

Feigenbaum-Diagramm

ist für uns schwer zu verstehen, warum geringe Veränderungen an den Anfangspunkten der einen Funktion keine Auswirkungen auf das Langzeitverhalten der Iterierten zeigen, während für eine ähnliche Funktion auffällige Abweichungen resultieren.

Sensitivität wird auf verschiedene Weisen eingefüht, damit der Leser ein Gefühl für diesen Begriff entwickeln kann. Der Graphik-Rechner ermöglicht schnelle Experimente in graphischer Iteration, die uns sowohl visuelle als auch numerische Muster und Resultate liefern können. Die technisch bedingte Einschränkung auf endliche Rechengenauigkeit in solchen Geräten kann jedoch in die Irre führen. Erst durch den Einsatz dualer Zahlen und binärer Unterteilung des Einheitsintervalls wird Sensitivität exakt analysiert.

Unsere Umwelt enthält viele dynamische Systeme, die gleichzeitig zusammen operieren. Wir ziehen aus diesem Kapitel die wichtige Lehre, extrem vorsichtig mit der Annahme zu sein, daß alle Systeme ein voraussagbares Langzeitverhalten haben.

Eine Vielzahl dynamischer Systeme sind auf lange Sicht chaotisch. Wenn wir die Möglichkeit ignorieren, daß solche Erscheinungen wie globale Erwärmung, Herzschläge, Strömungen in Flüssigkeiten und andere Systeme dieses Potential haben, dann können wir vielleicht katastrophale Überraschungen erleben. Dieses Kapitel zeigt einfache mathematische Modelle, die uns das Wesen des Chaos besser zu verstehen helfen.

Im letzten Arbeitsblatt des Kapitels untersuchen wir das iterative Langzeitverhalten der quadratischen Funktion $f(x) = ax(1-x)$. Wir verwenden ein Diagramm, das nach dem amerikanischen Physiker Mitchell J. Feigenbaum benannt ist, der es während seiner Arbeit in Los Alamos, New Mexico, entdeckte. Das Feigenbaum-Diagramm vermittelt ein beeindruckendes Bild davon, wie das iterative Langzeitverhalten dieses Systems dramatischen Veränderungen unterworfen sein kann, wenn sich der Wert des Parameters a auch nur minimal ändert.

Das Erstaunliche am Feigenbaum-Diagramm ist seine Universalität. Diagramme dieser Art gibt es für viele Iterationsmodelle. Durch sie ist unsere Kenntnis vom Chaos in unserer Welt gewaltig gewachsen. Genauso wie unsere Verpflichtung, als Lernende wie auch als Lehrende, dieses Wissen mit anderen zu teilen.

Zusätzliche Lektüre

Kapitel 1 und 2 in *Chaos – Bausteine der Ordnung*, H.-O. Peitgen, H. Jürgens, D. Saupe, Klett-Cotta, Stuttgart und Springer-Verlag, Heidelberg, 1993.

BENUTZUNG DER ARBEITSBLÄTTER

2.1 Das Kneten des Teigs

Spezielle Hinweise. Das Kapitel beginnt mit dem physikalischen Vorgang des Teigknetens, baut auf bildlicher Darstellung des Vorgangs auf, und ist der Anfang einer Untersuchung der Chaoseigenschaften im Phänomen des Knetens. Vor Beantwortung der Fragen betrachte man sorgfältig die gegebenen Muster für das Strecken+Falten oder Strecken+Schneiden+Kleben. Bei den Beispielen beachte man besonders die senkrechten Linien im Hintergrund. Sie sind wichtig, wenn man verfolgen will, wohin bestimmte Abschnitte des Teigs durch die Strecken+Falten- oder Strecken+Schneiden+Kleben-Transformation gebracht werden. In Frage 1–15 geht es um Intervalltransformationen beim Kneten. Ab Frage 15 werden Punkttransformationen behandelt.

Zu entdecken. Die Fragen 13–23 führen zu der später bewiesenen Eigenschaft, daß jede Folge von n Strecken+Falten-Iterationen gleichbedeutend ist mit $n-1$ Strecken+Schneiden+Kleben-Iterationen, gefolgt von einmal Strecken+Falten.

Dieses erste Arbeitsblatt leitet auf informelle Weise zu den drei roten Fäden in diesem Kapitel über Chaos: Sensitivität, Mischen und Periodizität. Alle drei Eigenschaften spielen eine Rolle beim Kneten des Teigs.

2.2 Kneten und Graphische Iteration

Spezielle Hinweise. Mit den Fragen 1–4 läßt sich zeigen, daß sich Intervalliteration unter der Hut- und Sägezahnfunktion genauso verhält wie Intervalltransformation durch die Knetvorgänge Strecken+Falten und Strecken+Schneiden+Kleben. Wie man Iteriertenfolgen beider Funktionen graphisch und numerisch findet, wird in den Fragen 5–10 behandelt. Man vergleiche sie mit dem Mischen von Gewürzkörnern durch die beiden Knetvorgänge. Die Fragen 11–15 führen Fehlerexpansion vor, während die restlichen Fragen zyklische Pfade mit der Verkettung von Funktionen verbinden.

Zu entdecken. Beachte wie die drei Eigenschaften Mischen, Sensitivität und Periodizität mit der Hut- und Sägezahnfunktion verwoben sind. Alle Teile der Hut- und Sägezahnfunktion haben Steigungen größer als 1 oder kleiner als -1. Das impliziert ständige Intervallexpansion genauso, wie wiederholtes Kneten die Teilintervalle weiter und weiter über das ganze Intervall [0,1] streckt.

2.3 Dualzahlen

Spezielle Hinweise. Dualzahlen spielen eine wichtige Rolle in der mathematischen Analyse der Hut- und Sägezahnfunktionen und verdienen deshalb besondere Beachtung. Wiederholen sich ihre Ziffern periodisch, können sie als unendliche geometrische Reihen ausgedrückt werden. Die binäre Unterteilung des Einheitsintervalles in Teilintervalle, ihre Markierung und Breite in jeder Stufe müssen sorgfältig eingeführt werden. Dieser Vorgang spielt eine Schlüsselrolle in den nachfolgenden Argumenten.

Im Arbeitsblatt 2.3C wird ein Algorithmus zur Herstellung von Dezimal- oder Dualbrüchen vorgestellt. Er illustriert sehr schön, daß rationale Zahlen in jeder Basis mit periodischer Ziffernfolge auftreten müssen.

Zu entdecken. Jede Zahl mit sich wiederholenden Ziffern, egal in welcher Basis, bezeichnet eine rationale Zahl und kann als unendliche Reihe von Brüchen umgeschrieben werden. Diese Beobachtung verbindet das Thema direkt mit Iteration und geometrischen Reihen. Terminiert die Darstellung einer rationalen Zahl bezüglich irgendeiner Basis, dann gibt es auch eine periodische Darstellung in derselben Basis. Die Prozeduren am Ende des Kapitels erfordern, daß alle rationalen Dualbrüche periodisch geschrieben werden.

2.4 Die Sägezahnfunktion und Dualzahlen

Spezielle Hinweise. Was wir im Arbeitsblatt 2.3 entdeckten, wird uns nun bei den erforderlichen
Rechnungen helfen. Man betone, daß der Algorithmus zur dualen Auswertung der Sägezahnfunktion aus zwei Teilen besteht. Die erste Dualstelle nach dem Punkt spielt dabei die entscheidende
Rolle. Aufeinanderfolgende Iterationen hängen von den aufeinanderfolgenden Dualstellen des Anfangspunktes ab.

Mit diesem Arbeitsblatt soll ein gründliches Verständnis für die Adressierung von Teilintervallen
einer binären Unterteilung erreicht werden, und wie sie von den führenden binären Ziffern abhängt.
Dieser Zusammengang wird sich später als entscheidende Argumentationshilfe erweisen.

Zu entdecken. Die Sägezahntransformation shifted (verschiebt) den Punkt in den Dualbrüchen
im Intervall [0,1]. Dadurch werden Plätze auf dem Einheitsintervall verschoben, jedoch läßt sich
ihre Position jederzeit aus den führenden Ziffern der Dualdarstellung vorhersagen. Es wird schnell
klar, warum Dualbrüche so wichtig für die Analyse sind.

2.5 Die Sägezahnfunktion und Chaos

Spezielle Hinweise. Vieles läßt sich bezüglich Mischen, Periodizität und Sensitivität präzisieren, wenn man das Iterationsverhalten der Sägezahnfunktion mit Dualzahlen untersucht. Durch
binäre Unterteilung finden wir in jedem Teilintervall von [0,1] einen Punkt, der unter Iteration der
Sägezahnfunktion jedes gewünschte Zielintervall beliebiger Stufe erreicht. So weist man Mischen
nach. Periodische Punkte sind in jedem Teilintervall jeder Stufe zu finden, und damit beliebig nahe
bei jedem gegebenen Punkt. So weist man nach, daß periodische Punkte überall dicht im Einheitsintervall liegen. Darauf aufbauend können Punkte konstruiert werden, die sehr dicht zusammen
liegen, durch Iteration der Sägezahnfunktion aber um eine halbe Einheit auseinander gebracht
werden. Dazu müssen an gewissen Stellen Nullen und Einsen vertauscht werden. Mehr Details
über diese Dualität folgen im nächsten Arbeitsblatt. Hier wird sie lediglich benutzt, um Sensitivität
nachzuweisen, die dritte Eigenschaft des Chaos.

Zu entdecken. Periodische Dualbrüche bedeuten rationale Zahlen und führen zu Fixpunkten und
Zyklen. Irrationale Zahlen haben nicht-periodische Dualdarstellungen. Schreibt man nach dem
„Dualpunkt" in einer Reihe die Namen aller Teilintervalle aller Stufen der binären Unterteilung,
so ergibt sich eine Irrationalzahl, die unter Iteration jedes Intervall jeder Stufe besucht.

2.6 Die Sägezahn- und die Hutfunktion

Spezielle Hinweise. In diesem Arbeitsblatt beginnen wir mit der Definition der Partner bezüglich
der Basis 2. Sie werden für einen Algorithmus zur dualen Auswertung der Hutfunktion gebraucht.
Wieder muß betont werden, daß der Algorithmus aus zwei Teilen besteht, wobei die erste Dualziffer
nach dem Punkt eine entscheidende Rolle spielt. Anders als die Sägezahnfunktion verschiebt die
Hutfunktion den Punkt und liefert den Partner, falls die erste Dualziffer 1 war.

Man verdeutliche, wie die Sägezahnfunktion ins Spiel kommt, wenn die Iteration der Hutfunktion
vereinfacht werden soll. Die Darstellung bezieht sich auf verschiedene Techniken, die zuvor in
diesem und im vorigen Kapitel entwickelt wurden. Sie beginnt mit numerischer Auswertung, wird
fortgesetzt mit Fallunterscheidungen, verwendet die Verkettungsmaschine und endet mit dem Dia-
grammstapel. Der wiederholte Austausch von zwei H-Diagrammen mit einem H-Diagramm über
einem S-Diagramm veranschaulicht die Beziehung zwischen diesen beiden Verkettungen.

Zu entdecken. Mit der Identität $H^n(x) = H(S^{n-1}(x))$ lassen sich die bekannten Chaoseigenschaften der Sägezahnfunktion auch für die Hutfunktion nachweisen. Dazu mehr im nächsten
Arbeitsblatt.

2.7 Die Hutfunktion und Chaos

Spezielle Hinweise. Jene Eigenschaften des Chaos, die uns schon beim Teigkneten, bei der Iteration der Parabel $f(x) = 4x(1 - x)$ und der Sägezahnfunktion begegnet sind, entdecken wir nun in der Hutfunktion. Die Argumente für Mischen, Sensitivität und Periodizität leiten sich direkt aus dem Zusammenhang zwischen Sägezahn- und Hutfunktion her. Die Bedeutung der Dualzahlen sollte in diesem Arbeitsblatt betont werden.

Zu entdecken. Mischen, Sensitivität und Periodizität sind subtile Begriffe. Die Definition des Mischens verlangt nur, daß es im Teilintervall I einen Punkt gibt, der schließlich durch Iteration das Teilintervall J erreicht. Es wird weder gesagt, daß jeder Punkt in I sich so verhält, noch daß jeder Punkt in J aus I erreicht werden kann. Bezüglich Periodizität bedenke man, daß der Rechner nur rationale Approximationen irrationaler Zahlen handhaben kann. Aus praktischer Sicht sind deshalb alle Zahlen in einer Maschine schließlich periodisch. Aus theoretischer Sicht wird ein zufällig aus einem Teilintervall gewählter periodischer Punkt sicher nicht alle anderen Teilintervalle erreichen. Aber in seiner Nähe wird es im selben Teilintervall immer eine Irrationalzahl mit dieser Eigenschaft geben. Bezüglich Sensitivität vergesse man nicht, daß die Hut- und Sägezahnfunktion beide nur Steigungen haben die größer als 1 oder kleiner als -1 sind. Deshalb muß Iteration alle Teilintervalle expandieren.

2.8 Bevölkerungsdynamik

Spezielle Hinweise. Die Dynamik in der Iteration wird in diesem Arbeitsblatt mit dem vertrauten und beunruhigenden Phänomen des Bevölkerungswachtums und -wandels sichtbar gemacht. Das ist ein ausgezeichnetes Beispiel für die Suche nach mathematischen Modellen zur Beschreibung von Naturereignissen. Die Zeitreihendiagramme illustrieren das Langzeitverhalten auf eine neue Weise. Das erste zeigt deutlich einen Attraktor, während das zweite chaotisches Verhalten demonstriert.

[Programmierbarer Rechner wünschenswert; Taschenrechner mit einem Speicherplatz als Behelf möglich.]

Zu entdecken. Die Verhulst-Gleichung läßt zu, daß der Populationsanteil P größer als 100% wird. Das mag auf den ersten Blick irreführend sein. Dieses Modell ist so zu interpretieren, daß bei einem Populationsanteil von über 100% der Proportionalitätsfaktor sozusagen negativ wird. Die Population hört auf zu wachsen und beginnt zu fallen.

2.9 Die Parabel

Spezielle Hinweise. Das Verhulst-Modell zur Populationsdynamik enthält eine quadratische Gleichung. In diesem Arbeitsblatt finden wir ihre Verwandtschaft mit der Parabelfamilie $f_a(x) = ax(1 - x)$. Der Populationsanteil P entspricht dem Argument x, und die „Fruchtbarkeitsrate" r steht zum Parameter a in der Beziehung $a = r + 1$. Man vergesse nicht, das Programm für die Verhulst-Funktion zur Berechnung von $f_a(x)$ entsprechend abzuändern.

Zu entdecken. Die numerischen Resultate in Frage 9–12 dienen zur Untermauerung der algebraisch leicht nachzuweisenden Äquivalenz der Iterierten von x_0 unter $f_a(x)$ und von $x_0(r + 1)/r$ unter $g_r(x)$. Wir kennen jedoch schon die Sensitivität dieser Parabeln. Die Ergebnisse zu Frage 13 und 14 illustrieren wie dramatisch der Effekt auf höhere Iterierte sein kann, wodurch beide Iteriertenfolgen nutzlos werden.

[Taschenrechner mit einem Speicherplatz als Behelf möglich; programmierbarer Rechner wünschenswert, für Frage 11 und 12 nötig.]

2.10 Die Parabel und Chaos

Spezielle Hinweise. Die Bildintervalle in Frage 3–7 sind die ersten 5 Iterierten des kleinen Intervalls $[0.08, 0.10]$. Beachte, wohin sich der Punkt 1.00 von der vierten zur fünften Iteration bewegt. Mit dem Graphen in Frage 9 kann das Aussehen von Pfaden durch Punkte mit den Perioden 1, 2 oder 3 verglichen werden. Der zweite Graph illustriert, wie kompliziert ein Pfad zu Perioden höherer Ordnung aussehen kann.

[Taschenrechner mit einem Speicherplatz als Behelf möglich; Graphik-Rechner sehr nützlich]

Zu entdecken. Die Funktion $f(x) = 4x(1 - x)$ zeigt chaotisches Verhalten und macht damit Vorhersagen unter Iteration unmöglich. Es ist wichtig zu sehen, daß es algebraisch möglich ist, periodische Punkte jeder Periode n zu finden. Die Schwierigkeit $f^n(x_0) = x_0$ zu lösen sollte nicht die Tatsache verschleiern, daß es unendlich viele periodische Punkte gibt. Sie liegen überall dicht im Intervall $[0, 1]$, wie wir später zeigen werden.

2.11 Transformation vom Hut zur Parabel

Spezielle Hinweise. Mit diesem Arbeitsblatt wird die Äquivalenz der Hutfunktion mit der Parabel $f(x) = 4x(1 - x)$ nachgewiesen. Die Fragen 1–4 zeigen graphisch, wie sich bei beiden Funktionen Intervalle unter Iteration verhalten. Die Hutfunktion expandiert überall, während die Parabel an den Enden des Einheitsintervalls expandiert und in der Mitte komprimiert. Die gegebene trigonometrische Transformation deformiert ein gleichmäßiges Gitter in solcher Weise, daß die Äquivalenz von Hut und Parabel graphisch sichtbar wird. Das gilt auch für die entsprechenden Iterierten. Die Transformation des Iterationspfades am Punkt x_0 unter der Hutfunktion liefert einen Iterationspfad am entsprechenden Punkt x_0' unter $f(x)$. Die Notation $(\sin x)^2$ an Stelle der in Schulbüchern üblichen Schreibweise $\sin^2 x$ ist nötig, um Verwechslungen mit der Verkettung $\sin(\sin x)$ zu vermeiden. Man beachte auch, daß auf vielen Taschenrechnern $\sin^{-1} x$ für die inverse und nicht für die reziproke Sinusfunktion steht.

[Taschenrechner mit Sinusfunktion erforderlich]

Zu entdecken. Aus der Äquivalenz von Hutfunktion und Parabel ergibt sich das Verhalten der Parabel. Der trigonometrische Beweis in 2.11D kann durch vollständige Induktion zu Ende gebracht werden. Die Parabel zeigt chaotisches Verhalten: Sensitivität, Mischen und Periodizität.

2.12 Langzeitverhalten und Zeitreihen

Spezielle Hinweise. In diesem Arbeitsblatt geht es um das Verhalten einer sehr langen Iteriertenfolge von Funktionen der Gestalt $f(x) = ax(1 - x)$, abhängig von der Wahl des Parameters a. Das zentrale Thema ist der Umschwung von einem stabilen Muster auf der einen Seite, zu einem ziemlich chaotischen und unvorhersagbaren Verhalten auf der anderen. Der Unterschied wird klar durch graphische Iteration wie in Frage 1 und anschließender Darstellung als Zeitreihe wie in Frage 2.

[Programmierbarer Taschenrechner erforderlich]

Zu entdecken. Wächst der Parameter a von 1 bis 4, wird das Langzeitverhalten schließlich erratisch.

2.13 Das Feigenbaum-Diagramm

Spezielle Hinweise. Für einige Parameterwerte a in $f(x) = ax(1-x)$ neigen die von $f(x)$ erzeugten Iterierten dazu, sich einer endlichen Anzahl periodisch wiederkehrender Punkte zu nähern. Sie dienen dem Iterationsmuster in dem Sinne als Attraktor, daß, unabhängig vom Anfangswert, die Folge schließlich nur noch die Punkte dieser attraktiven Menge durchläuft. Das Ziel in diesem Arbeitsblatt ist es, zu jedem Parameterwert a das spezifische Iterationsmuster in einem Graphen darzustellen.

[Programmierbarer Taschenrechner erforderlich; Graphik-Rechner sehr wünschenswert.]

Zu entdecken. Die Konvergenz der Bifurkationspunkte $b_1, b_2, \ldots$ springt sofort ins Auge, wenn man ihre Liste im Arbeitsblatt 2.13E anschaut. Sie ist an sich interessant, jedoch für jedes System mit Periodenverdoppelung verschieden. Noch viel bemerkenswerter ist die Konvergenz der Quotienten aufeinanderfolgender Differenzen. Sie konvergieren gegen eine universelle Konstante δ, unabhängig vom untersuchten System. Im Vorwort zu diesem Arbeitsbuch schreibt Feigenbaum selbst über seinen Weg zur Entdeckung von δ.

2.1 DAS KNETEN DES TEIGS   2.1A

Die Analyse des Chaos setzt ein Verständnis der fundamentalen Eigenschaften Sensitivität, Mischen und Periodizität vor-
aus. Als Illustration benutzen wir in diesem Arbeitsblatt das
Bild vom Teigkneten. Die drei Begriffe werden später präzi-
siert, wenn wir sie durch geometrische und numerische Iteration interpretieren.
Wie kneten wir Teig? Wir können ihn ausdehnen (strecken)
und umschlagen (falten). Das wiederholen wir, bis alle Zutaten
(z. B. Gewürze) im Teig gleichmäßig vermischt sind.

Auf ganz ähnliche Weise können Punkte in einem Intervall durch gewisse geometrische
Iterationen gemischt werden. Je mehr geknetet wird, desto besser vermischen sich Gewürze und Teig. Je größer die Anzahl der geometrischen Iterationen ist, desto besser
verteilen sich die Punkte im Intervall beim Mischen.

Es folgen zwei Knet-Transformationen. Man beachte, wie sich von Anfang bis Ende in
beiden Fällen der Schwarzanteil ändert. Vergleiche die Endresultate.

Strecken+Falten Auf doppelte Länge strecken. In der Mitte falten.
Die rechte Hälfte hochbiegen und hinüber auf die linke Hälfte falten.

Strecken+Schneiden+Kleben Auf doppelte Länge strecken. Halbieren. Rechte Hälfte
anheben und über die linke Hälfte schieben. Verkleben.

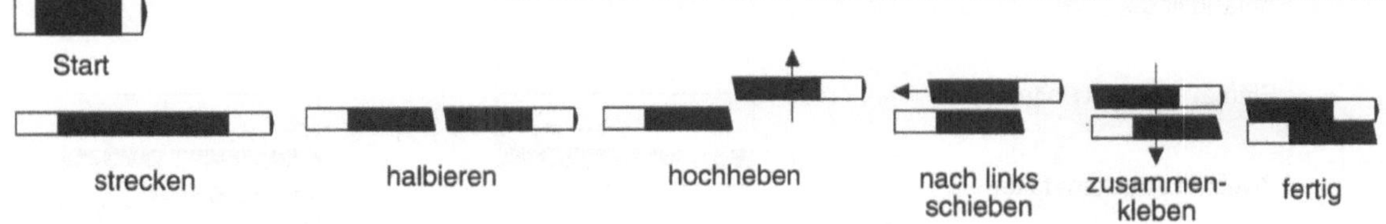

In den beiden obigen Abbildungen beginnen die Intervalle mit der gleichen Färbung.
Die Endprodukte der Transformationen sind aber verschieden: von oben gesehen ist
nach dem Strecken+Schneiden+Kleben das neue Intervall völlig schwarz.

Drei Achtel des Anfangsintervalls sind schwarz. Ist von oben gesehen im transformierten Intervall ein größerer Längenanteil undurchsichtig?

1. Strecken+Falten   2. Strecken+Schneiden+Kleben

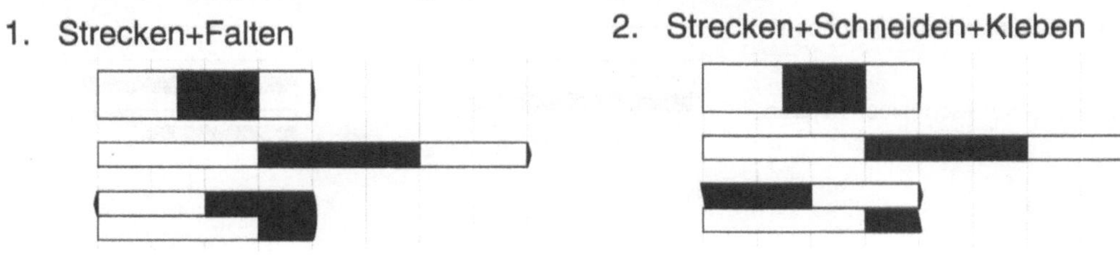

2.1B

Schwärze die entsprechenden Teile des markierten Intervalls in allen Stufen der Strecken-
+Falten-Transformationen.

3.   4.

Anfangslage

Einmal strecken+falten

Zweimal strecken+falten

5. Ist nach den beiden Strecken+Falten-Transformationen in Frage 3 und 4 das ganze
   neue Intervall undurchsichtig geworden?

Schwärze die entsprechenden Teile des markierten Intervalls in allen Stufen der Strecken-
+Schneiden+Kleben-Transformationen.

6.   7.

Anfangslage

Einmal strecken+schneiden+kleben

Zweimal strecken+schneiden+kleben

8. Ist nach den beiden Strecken+Schneiden+Kleben-Transformationen in Frage 6 und
   7 das ganze neue Intervall undurchsichtig geworden?

Arbeite rückwärts durch die beiden abgebildeten Strecken+Falten-Transformationen.
Schwärze die entsprechenden Teile im Anfangsintervall.

9.   10.

Anfangslage

Einmal strecken+falten

Zweimal strecken+falten

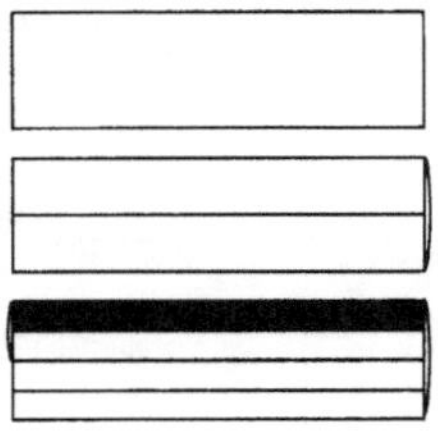

Arbeite rückwärts durch die beiden abgebildeten Strecken+Schneiden+Kleben-Trans-
formationen. Schwärze die entsprechenden Teile im Anfangsintervall.

11.   12.

Anfangslage

Einmal strecken+schneiden+kleben

Zweimal strecken+schneiden+kleben

2.1C

Trage nach jeder Transformation die Buchstaben A bis L in die entsprechenden Felder
ein.

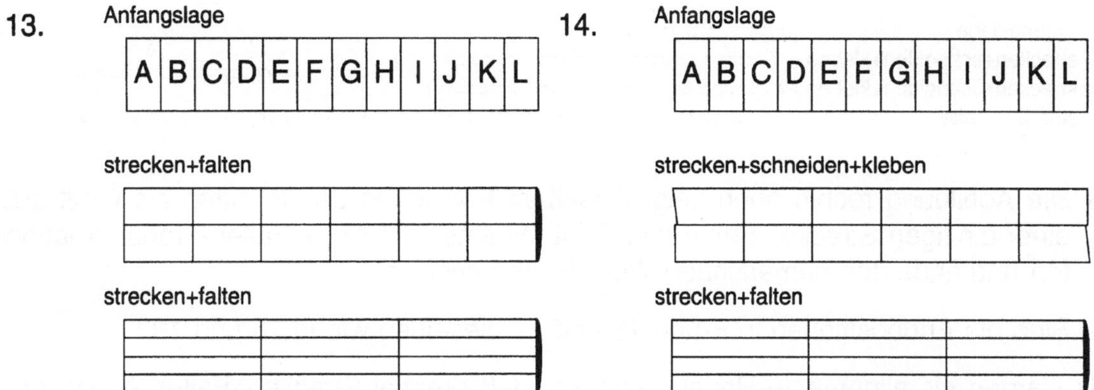

13. Anfangslage   14. Anfangslage

strecken+falten   strecken+schneiden+kleben

strecken+falten   strecken+falten

15. Vergleiche in den Fragen 13 und 14 die erreichten Durchmischungen. Was haben
    sie gemeinsam? Worin unterscheiden sie sich?

Die Fragen 13 und 14 illustrieren, daß zweimal Strecken+Falten gleichwertig ist mit
einmal Strecken+Schneiden+Kleben gefolgt von einmal Strecken+Falten. „Von oben
gesehen" erhalten wir die gleiche Gruppierung von Buchstaben.

Wir betrachten dieses Ergebnis noch einmal aus anderer Sicht, indem wir den Pfad
eines einzelnen Gewürzkorns beim Kneten verfolgen. Die Dicke des Teiges ignorieren
wir; nur die Lage des Punktes im Intervall zählt.

16. Die Abbildung links unten zeigt die Lage eines Anfangspunktes nach zweimal
    Strecken+Falten. Markiere seine Position nach der dritten Strecken+Falten-Trans-
    formation. Verwende die gestrichelte Unterteilung.

17. Die Abbildung rechts oben zeigt dieselben Positionen des Punktes als Pfad oder
    „Orbit" auf einer einzigen Strecke. Die Positionen sind als Brüche angegeben,
    damit man sie auf dem Einheitsintervall finden kann. Setze den Orbit mit einer
    dritten Strecken+Falten-Transformation fort und finde den numerischen Wert der
    Endposition.

2.1D

18. Die folgende Abbildung zeigt links die Lage eines Anfangspunktes nach zweimal Strecken+Schneiden+Kleben. Markiere seine Position nach einer weiteren
Strecken+Falten-Transformation.

Anfangslage
strecken+schneiden+kleben
strecken+schneiden+kleben
strecken+falten

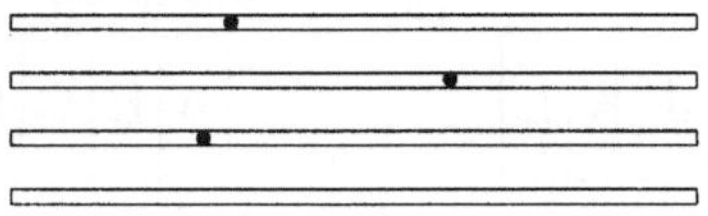

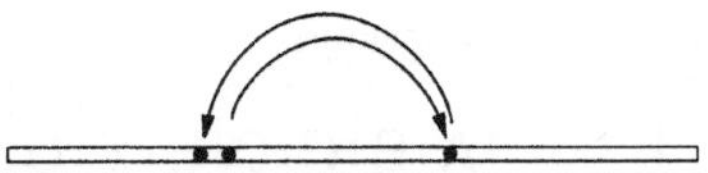

$8/25 \longrightarrow 16/25 \longrightarrow 7/25 \longrightarrow$ ___

19. Die Abbildung rechts oben zeigt dieselben Positionen des Punktes als Orbit auf
einer einzigen Strecke. Setze den Orbit mit einer Strecken+Falten-Transformation
fort und finde den numerischen Wert der Endposition.

20. Sind die Endpositionen in Frage 16 und 17 dieselben wie in 18 und 19?

Wir werden als allgemeine Regel erkennen, daß dreimal Strecken+Falten äquivalent
mit zweimal Strecken+Schneiden+Kleben ist, gefolgt von einmal Strecken+Falten.

21. Überprüfe diese Regel mit eigenen Beispielen.

Zeichne die Orbits beider Partikel über fünf Iterationen und vervollständige die Zahlen-
folgen.

22. Strecken
+Falten

$7/25 \longrightarrow 14/25 \longrightarrow$ ___ $\longrightarrow$ ___ $\longrightarrow$ ___ $\longrightarrow$ ___

7/25

$8/25 \longrightarrow 16/25 \longrightarrow$ ___ $\longrightarrow$ ___ $\longrightarrow$ ___ $\longrightarrow$ ___

8/25

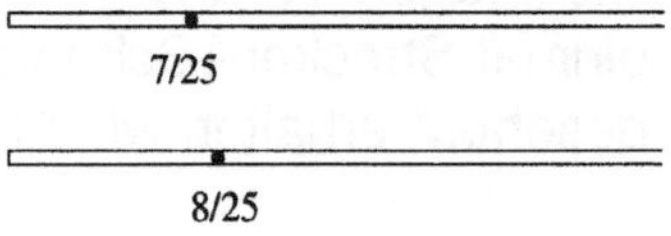

23. Strecken
+Schneiden
+Kleben

$7/25 \longrightarrow 14/25 \longrightarrow$ ___ $\longrightarrow$ ___ $\longrightarrow$ ___ $\longrightarrow$ ___

7/25

$8/25 \longrightarrow 16/25 \longrightarrow$ ___ $\longrightarrow$ ___ $\longrightarrow$ ___ $\longrightarrow$ ___

8/25

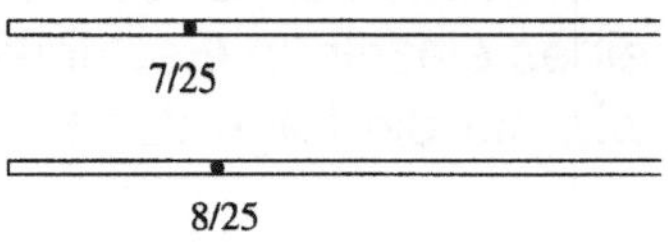

Man beachte wie mehrfaches Strecken benachbarte Partikel mehr und mehr auseinander zieht. Das ist eine Folge der ‚Sensitivität'. Andererseits kann das Falten oder
Kleben diese Partikel wieder dicht zusammenführen, wodurch manchmal Zyklen entstehen.

24. Beginne bei 1/5 und zeichne den
Orbit für wiederholtes Strecken+Fal-
ten. Beschreibe das Verhalten.

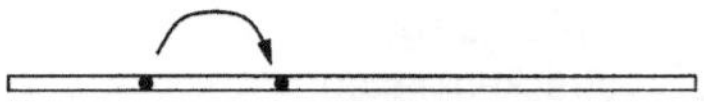

$5/25 \longrightarrow 10/25 \longrightarrow$ ___ $\longrightarrow$ ___ $\longrightarrow$ ___ $\longrightarrow$ ___

25. Beginne bei 1/5 und zeichne den
Orbit für wiederholtes Strecken-
+Schneiden+Kleben. Beschreibe
das Verhalten.

$5/25 \longrightarrow 10/25 \longrightarrow$ ___ $\longrightarrow$ ___ $\longrightarrow$ ___ $\longrightarrow$ ___

2.2 KNETEN UND GRAPHISCHE ITERATION   2.2A

Eine wichtige Aufgabe der Mathematik ist die Konstruktion abstrakter Modelle für Naturphänomene. Als Modell für den physikalischen Vorgang des Teigknetens dienen mathematische Transformationen mit denselben abstrakten Eigenschaften. Die Transformationen werden algebraisch und geometrisch auf dem Einheitsintervall [0,1] beschrieben.

Das mathematische Modell für den Knetvorgang Strecken+Falten heißt nach seiner Form *Hutfunktion*.

$$H(x) = \begin{cases} 2x & \text{falls } 0.0 \leq x < 0.5 \\ 2 - 2x & \text{falls } 0.5 \leq x \leq 1.0 \end{cases}$$

In diesem Arbeitsblatt zeigen wir die Äquivalenz von Strecken+Falten beim Kneten und der Hutfunktion.

1. Die neue Lage der Teilintervalle A,B und C des Einheitsintervalls auf der x-Achse ist nach der Transformation auf der y-Achse markiert. Ergänze die Hut-Transformation der Intervalle D, E und F. Alle Intervalle werden gestreckt. Wie groß ist der Streckfaktor?

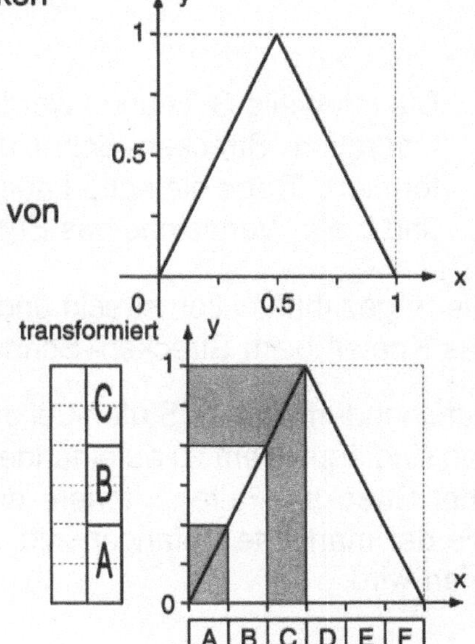

2. Die Intervalle A, B und C wurden durch die Knet-Operation Strecken+Falten transformiert. Trage die neue Lage der Intervalle D, E und F ein. Vergleiche das Ergebnis mit Frage 1.

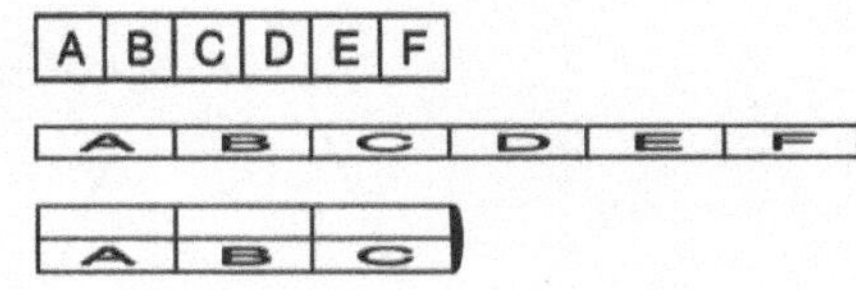

Die Hutfunktion streckt und faltet Intervalle in derselben Weise wie es das Kneten beim Strecken+Falten tut.

Das mathematische Modell für die Strecken+Schneiden+Kleben-Operation heißt wegen seiner Form die *Sägezahn-Transformation*.

$$S(x) = \begin{cases} 2x & \text{falls } 0.0 \leq x < 0.5 \\ 2x - 1 & \text{falls } 0.5 \leq x \leq 1.0 \end{cases}$$

Als nächstes zeigen wir die Äquivalenz von Strecken+Schneiden+Kleben beim Kneten und der Sägezahn-Transformation.

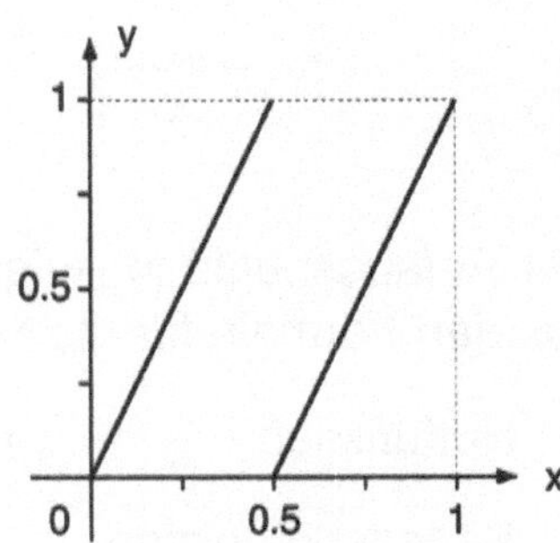

2.2B

3. Die neue Lage der Teilintervalle G,H und I des
   Einheitsintervalls auf der x-Achse ist nach der
   Transformation auf der y-Achse markiert. Ver-
   vollständige die Sägezahn-Transformation der
   Intervalle J, K und L. Alle Intervalle werden ge-
   streckt. Wie groß ist der Streckfaktor?

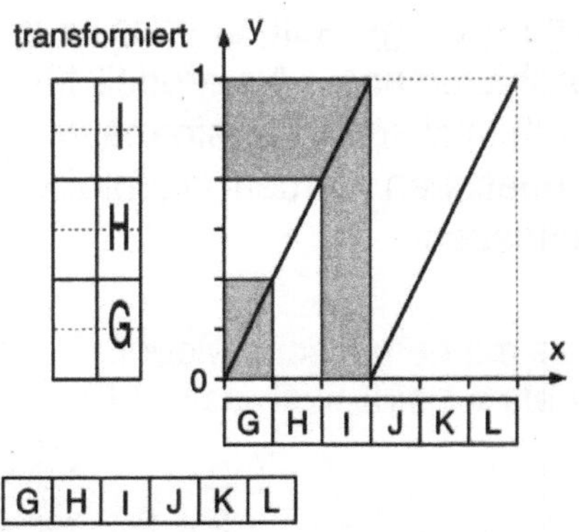

4. Die Intervalle G, H und I wurden durch die Knet-
   Operation Strecken+Schneiden+Kleben transformiert. Trage die neue Lage der Intervalle J, K
   und L ein. Vergleiche das Ergebnis mit Frage 3.

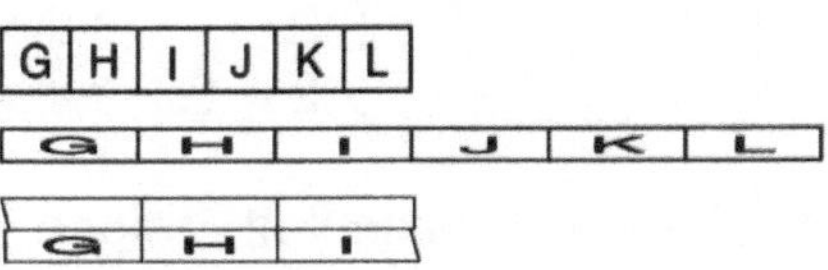

Die Sägezahnfunktion streckt und bewegt alle Teilintervalle in derselben Weise, wie es
das Kneten beim Strecken+Schneiden+Kleben tut.

Aufeinanderfolgende Stufen bei der graphischen Iteration der Sägezahn- oder Hutfunktion sind äquivalent zu aufeinanderfolgenden Stufen beim Strecken+Schneiden+Kleben
oder Strecken+Falten. Iteriere diese Funktionen graphisch sechsmal, um zu zeigen,
wie der markierte Anfangspunkt x_0 nacheinander zu x_1, x_2,x_3, x_4, x_5 und x_6 transformiert wird.

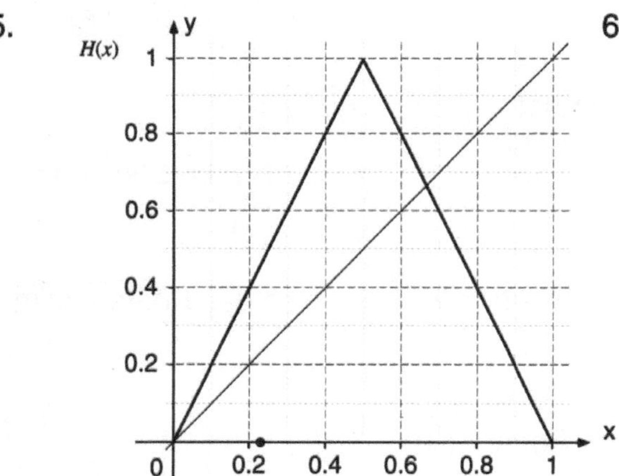

5. / 6.

Der Anfangspunkt in Aufgabe 5 und 6 sei 0.23. Berechne die ersten sechs Iterierten
aus den Formeln für die Hut- und Sägezahnfunktion.

7. Hutfunktion $0.23 \rightarrow$ ____ $\rightarrow$ ____ $\rightarrow$ ____ $\rightarrow$ ____ $\rightarrow$ ____ $\rightarrow$ ____

8. Sägezahnfunktion $0.23 \rightarrow$ ____ $\rightarrow$ ____ $\rightarrow$ ____ $\rightarrow$ ____ $\rightarrow$ ____ $\rightarrow$ ____

Vergleiche die Ergebnisse der graphischen mit der numerischen Iteration. Wahrscheinlich stimmen sie nicht überein. Vielleicht war der Anfangspunkt nicht genau 0.23! Probiere numerisch die Nachbarpunkte 0.22 und 0.24.

2.2C

9. Hutfunktion   0.22 → ____ → ____ → ____ → ____ → ____ → ____
                         0.24 → ____ → ____ → ____ → ____ → ____ → ____

10. Sägezahnfunktion   0.22 → ____ → ____ → ____ → ____ → ____ → ____
                         0.24 → ____ → ____ → ____ → ____ → ____ → ____

Beachte wie die anfänglich kleine Differenz in Frage 9 und 10 schnell wächst. Das ist die Eigenschaft der Sensitivität. Sie bewirkt, daß selbst kleinste Zeichenfehler im Verlauf der graphischen Iteration schnell vergrößert werden.

Nun betrachten wir ein kleines Intervall, wie $[0.22, 0.24]$, das 0.23 enthält. Setze die Iteration um zwei weitere Stufen fort.

11.
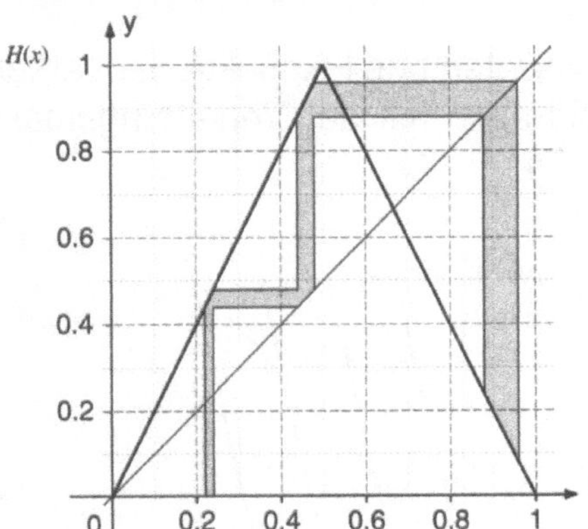

12.
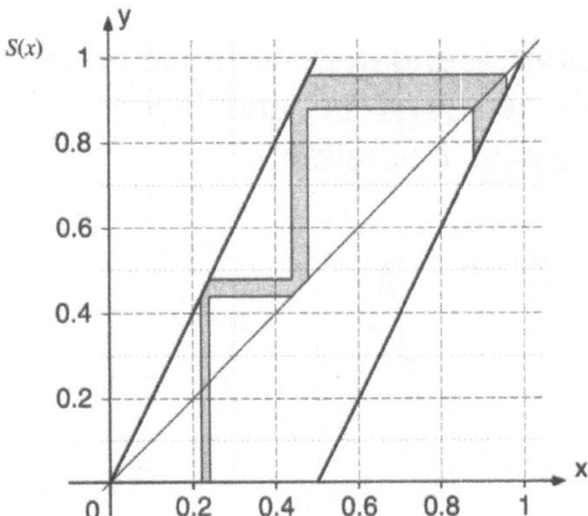

13. Nach wie vielen Iterationen wird sich das kleine Intervall völlig mit dem Einheitsintervall vermischt haben, indem es den ganzen Bereich von 0 bis 1 überdeckt?

Den gleichen Mischvorgang kann man mit jedem Intervall erhalten. Die Iterierten werden schließlich alles zwischen 0 und 1 abdecken. Das bedeutet nicht, daß alle Punkte aus dem Anfangsintervall unter Iteration schließlich alle möglichen Positionen im Einheitsintervall besuchen. Ganz in Gegenteil, es ist möglich, daß die Iterierten eines einzelnen Arguments nur eine begrenzte Zahl von Werten im Einheitsintervall annehmen.

14. Beschreibe das Verhalten der graphischen Iteration im Punkt $x = 2/3$, der Abszisse des Schnittpunktes der Diagonalen mit dem Graphen der Hutfunktion.
Beachte, daß eine abbrechende Zahl erst periodisch geschrieben werden muß. Beschreibe das Verhalten eines Gewürzkorns beim Strecken+Falten, wenn es an derselben Stelle liegt.

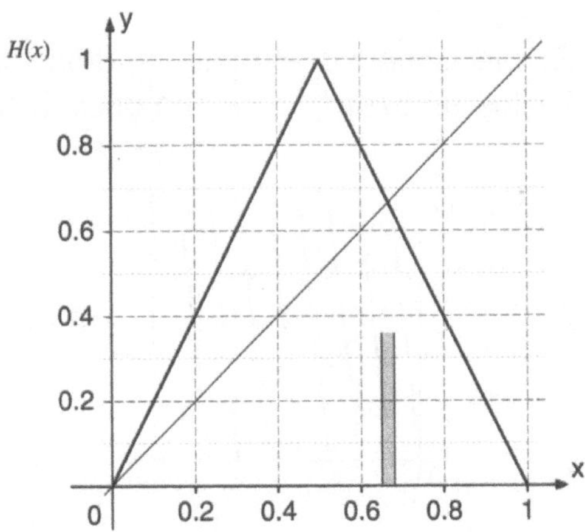

15. Was wird aus einem kleinen Intervall, wie $[0.65, 0.68]$, das den Punkt 2/3 enthält? Wie groß ist es nach drei Iterationen?

2.2D

Berechne die ersten drei Iterierten und zeichne den zugehörigen Iterationspfad.

16. Hutfunktion   17. Sägezahnfunktion

$2/5 \rightarrow$ ___ $\rightarrow$ ___ $\rightarrow$ ___ $1/3 \rightarrow$ ___ $\rightarrow$ ___ $\rightarrow$ ___

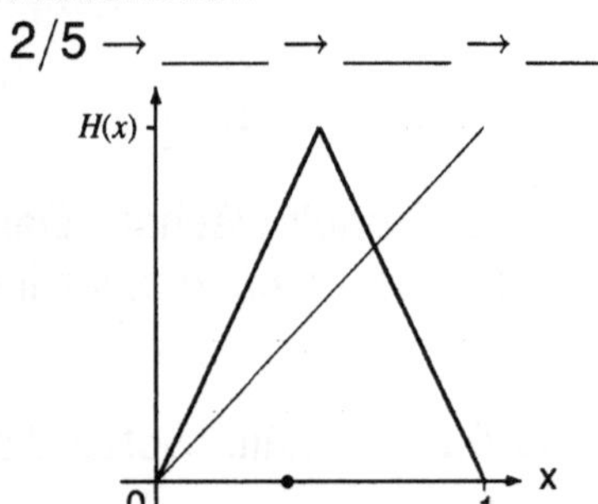 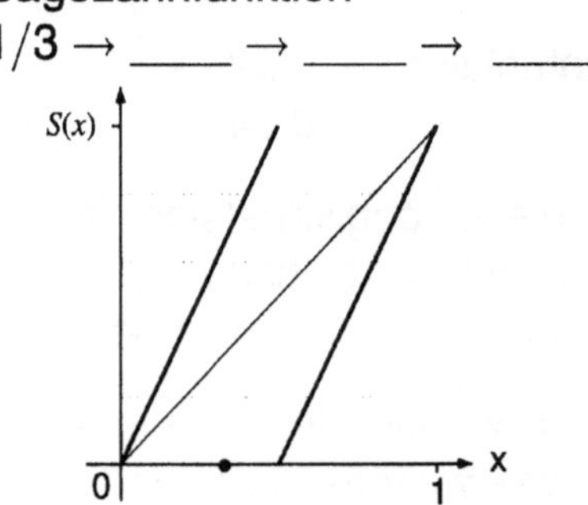

Die alternierenden Iterierten in Frage 16 und 17 verraten uns Fixpunkte der verketteten Funktionen $H(H(x))$ und $S(S(x))$. Man kann sie auch mit der Verkettungsmaschine aus Kapitel 1 erhalten.

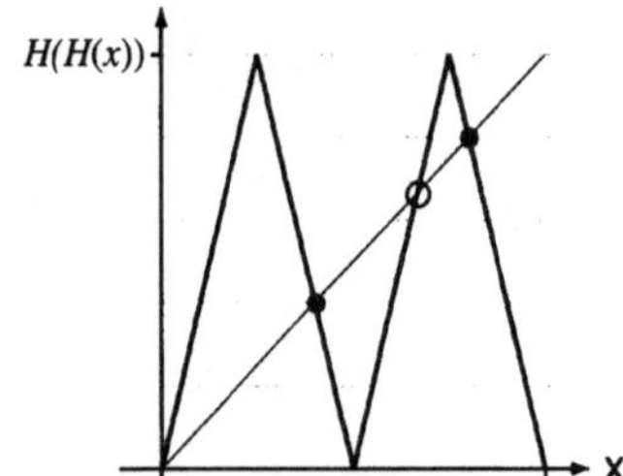 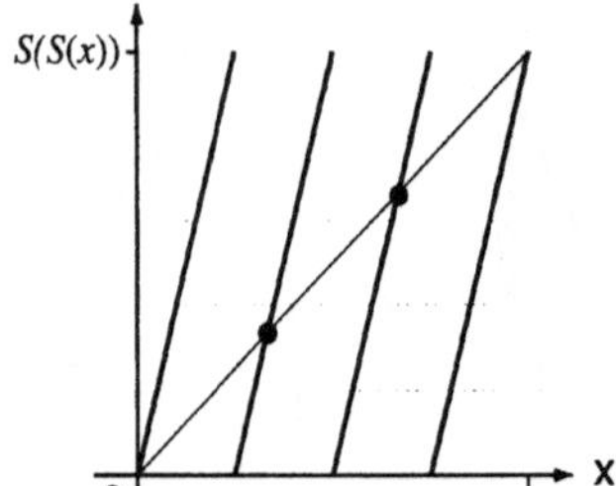

Die Schnittpunkte der Diagonalen mit dem Graphen der Verkettung zeigen die Fixpunkte. Der offene Kreis im linken Graphen ist bereits ein Fixpunkt für H. Die beiden anderen Schnittpunkte sind genau der 2-periodische Zyklus für H. Entsprechendes gilt im rechten Graphen für S.

18. Die linke Figur zeigt den Graphen von $S(S(S(x)))$. Für die Abszissen der markierten Schnittpunkte gilt $S(S(S(x))) = x$. Sie bilden den 3-periodischen Zyklus

$$3/7 \;\rightarrow\; 6/7 \;\rightarrow\; 5/7 \;\rightarrow\; 3/7 \;\rightarrow\; 6/7 \;\rightarrow\; ...$$

Rechts ist der zugehörige Iterationspfad abgebildet. Finde den zweiten 3-periodischen Zyklus und zeichne seinen geschlossenen Iterationspfad.

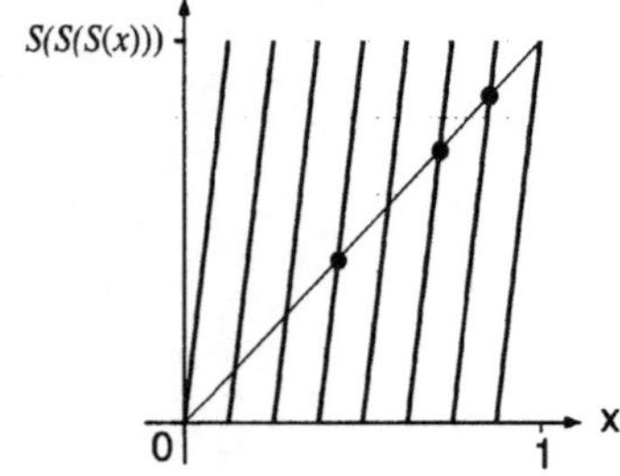 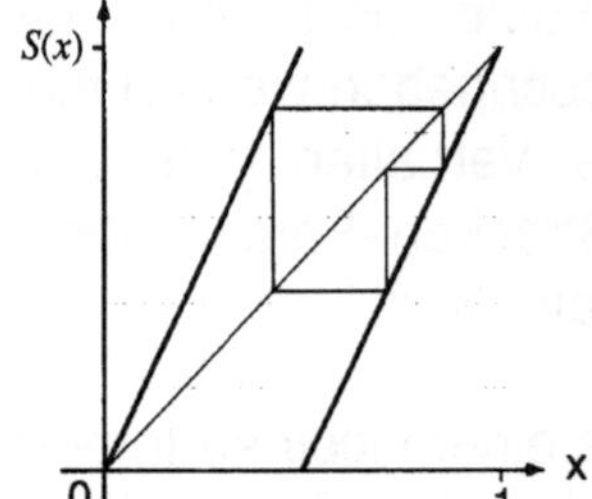

2.3 DUALZAHLEN   2.3A

Was ist für das Verhalten spezieller Punkte aus [0,1] unter Iteration mit der Hut- und Sägezahnfunktion ausschlaggebend? Die Antwort verlangt nach Dualzahlen. In diesem Arbeitsblatt befassen wir uns mit den speziellen Eigenschaften dualen Rechnens.

Um Zahlenwerte im Dezimalsysytem auszudrücken, werden die Ziffern 0, 1, 2, 3, 4, 5, 6, 7, 8 und 9 benutzt, zusammen mit ihren Stellenwerten, den aufeinanderfolgenden Zehnerpotenzen.

Stellenwert	10^2	10^1	10^0	10^{-1}
Dezimalziffer	7	3	9	5

$739.5_{zehn} = 7(100) + 3(10) + 9(1) + 5(1/10)$

Derselbe Zahlenwert 739.5 kann mit Stellenwerten ausgedrückt werden, die Potenzen einer anderen positiven Basis sind. In einem Dualsystem ist die Basis 2. Die einzigen Ziffern sind 0 und 1, die Stellenwerte sind Potenzen von 2.

Stellenwert	2^9	2^8	2^7	2^6	2^5	2^4	2^3	2^2	2^1	2^0	2^{-1}
Dualziffern	1	0	1	1	1	0	0	0	1	1	1

$1011100011.1_{zwei} = 1(512) + 0(256) + 1(128) + 1(64) + 1(32) + 0(16) + 0(8) + 0(4) + 1(2) + 1(1) + 1(1/2)$

1. Schreibe die ersten fünf Potenzen von Drei in der Basis 2.

    11   1001   11011   ________   ________

Brüche mit Potenzen von 2 im Nenner sind einfach dual zu schreiben.

$$3/4 = 1/2 + 1/4 = 0.1_{zwei} + 0.01_{zwei} = 0.11_{zwei}$$

2. Schreibe die ersten fünf Potenzen von Dreiviertel in der Basis 2.

    0.11   0.1001   0.011011   ________   ________

Die Multiplikation einer Dezimalzahl mit ihrem Basiswert 10 erfordert lediglich, den Dezimalpunkt um eine Stelle nach rechts zu schieben. Genauso multipliziert man eine Dualzahl mit ihrer Basis 2, indem man den Punkt um eine Stelle nach rechts schiebt.

Vergleiche die Resultate dieser dualen Multiplikation mit 2 und der Verdoppelung durch duale Addition.

$$10 \times 10111.001 = 101110.01 \qquad \begin{array}{r} 10111.001 \\ +10111.001 \\ \hline 101110.010 \end{array}$$

Eine Zahl mit 2 zu multiplizieren ist äquivalent damit, sie zu sich selbst zu addieren. Zur Übung im dualen Rechnen multipliziere die folgenden Dualbrüche mit 2 und addiere sie auch zu sich selbst. Es sollte dasselbe herauskommen.

3. 11.101   4. 101.1   5. 0.01101

Ziffern können sich in dualer Darstellung genauso wiederholen wie in dezimaler Schreibweise.

$$4/7 = 0.\overline{571428}_{zehn} = 0.\overline{100}_{zwei}$$

2.3B

Jede Zahl in jeder Basis, deren Ziffern sich ab irgendeiner Stelle periodisch wiederholen, kann als unendliche Reihe von Brüchen geschrieben werden. Es handelt sich dabei um unendliche geometrische Reihen mit konstantem Faktor r zwischen den Summanden.

$$0.666\overline{6}_{zehn} \quad = 6/10 + 6/100 + 6/1000 + 6/10\,000 + \cdots \quad r = 1/10$$
$$0.1010\overline{10}_{zwei} = 1/2 + 1/8 + 1/32 + 1/128 + \cdots \qquad\qquad r = 1/4$$

Ist $-1 < r < 1$, dann findet man die Summe S der unendlichen geometrischen Reihe $a + ar + ar^2 + ar^3 + \ldots$ als

$$S = a/(1 - r).$$

In den obigen Beispielen ist erst $a = 0.6_{zehn} = 6/10$ und dann $a = 0.10_{zwei} = 1/2$. Schreibe die folgenden Zahlen als geometrische Reihen. Finde den Wert von r und benutze die obige Summenformel, um den Wert der Reihe zu finden.

6. $0.\overline{25}_{zehn}$ 7. $0.00\overline{1}_{zwei}$ 8. $0.\overline{10}_{zwei}$

Eine Konsequenz aus dem obigen ist die folgende interessante Beziehung:

$$\underset{n\ \text{Nullen}}{0.0...00\overline{1}_{zwei}} = (1/2)^n = \underset{n-1\ \text{Nullen}}{0.0...01_{zwei}}$$

Teilen wir das Einheitsintervall in zwei Hälften, so beginnt in der linken Hälfte jede Dualzahl mit einer 0 nach dem Punkt, während in der rechten Hälfte alle Dualzahlen mit der Ziffer 1 nach dem Punkt beginnen.

9. In jeder Stufe schreibe die dualen Anfangspunkte über alle Teilintervalle, die durch binäre Unterteilung, d.h. durch Halbierung aller Intervalle in der vorangegangenen Stufe, entstanden sind.

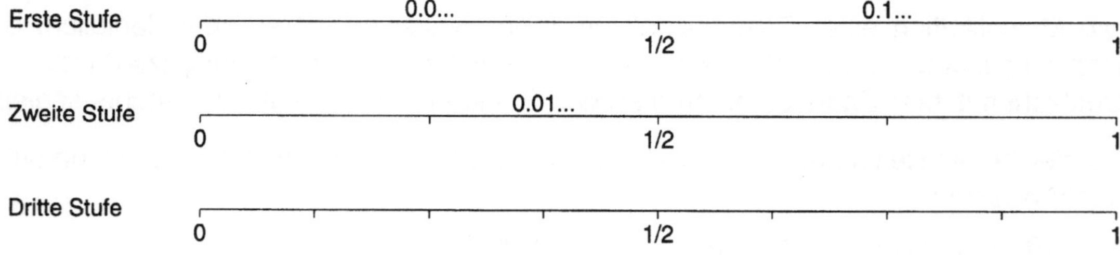

10. In allen Dualzahlen im selben Teilintervall der zweiten Stufe der Unterteilung stimmen die ersten beiden Stellen nach dem Punkt überein. Wie viele sind in der dritten Stufe gleich?

11. Wie viele Teilintervalle erhalten wir in der 4., 5. und 6. Stufe der binären Unterteilung? Wie lang ist jedes?

Wir schließen aus den Antworten, daß Dualzahlen, die in den ersten n Stellen nach dem Punkt übereinstimmen, höchstens einen Abstand von $(1/2)^n$ haben können. Der Grenzpunkt zwischen zwei Teilintervallen gehört in beide Intervalle, wie aus obiger Beziehung folgt.

2.3C

Um Brüche dezimal zu schreiben, benutzen wir einen kurzen Algorithmus, der die Ziffern nacheinander aufdeckt. Den Dezimalbruch einer Zahl a erhalten wir, wenn wir die folgenden Schritte wiederholen und das Resultat jeweils wieder a nennen:

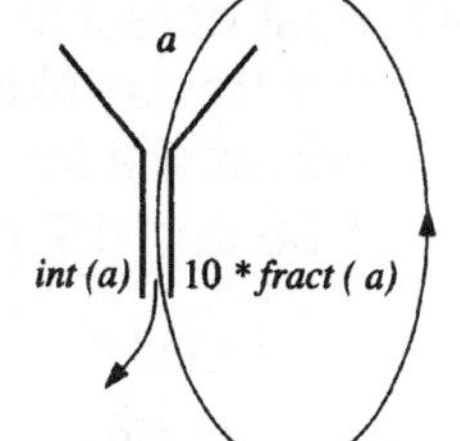

- den ganzzahligen (*int*eger) Anteil, int(a), abziehen
- den verbleibenden Rest (*fract*ion) nach dem Punkt, fract(a), mit 10 multiplizieren.

Wenn wir den ganzzahligen Anteil jedesmal aufschreiben, liefert der Algorithmus nacheinander alle Dezimalziffern einer gegebenen Zahl. Probieren wir das an 4/7 aus.

12. Der ganzzahlige Anteil von 4/7 ist 0, und der Rest ist wieder 4/7. Wir multiplizieren ihn mit 10 und erhalten 40/7. Nun ist der ganzzahlige Anteil 5, und es bleiben $5/7 = (40/7) - 5$, usw.
Vervollständige die Tabelle und verifiziere, daß

$$4/7 = 0.\overline{571428} .$$

input a	fract (a)	int (a)
4 / 7	4 / 7	0
×10 → 40 / 7	5 / 7	5
×10 → 50 / 7	___	___
×10 → 10 / 7	___	___
×10 → ___	___	___
×10 → ___	___	___
×10 → ___	4 / 7	8

Sobald sich der nicht-ganzzahlige Anteil wiederholt, tut das auch der ganzzahlige. Benutze den Algorithmus, um jeden der Brüche als Dezimalbruch zu schreiben.

13. 6/7　　　　　　14. 3/11　　　　　　15. 5/13

Die meisten Taschenrechner verwenden zum Rechnen mehr Stellen als sie anzeigen. Wird z.B. π als 3.141592654 angezeigt, wie können wir dann die versteckten Stellen aufdecken? Der Trick geht so: Erst ziehen wir den ganzzahligen Anteil 3 ab, dann multiplizieren wir was übrigbleibt mit 10. Das Resultat, 1.415926536, deckt eine zusätzliche Stelle auf. Die Wiederholung dieser einfachen Prozedur ist nichts anderes als unser Algorithmus zur Konvertierung von Brüchen in Dezimalform.

16. Wendet man den Algorithmus auf den periodischen Dezimalbruch von 4/7 selbst an, dann sieht man, warum er funktioniert. Beobachte wie die Stellen nach links geschoben werden bis sie alle als ganzzahliger Anteil sichtbar geworden sind.
Vervollständige die Tabelle und vergleiche mit Aufgabe 12.

input a	fract (a)	int (a)
$0.\overline{571428}$	$0.\overline{571428}$	0
×10 → $5.\overline{714285}$	$0.\overline{714285}$	5
×10 → $7.\overline{142857}$	___	___
×10 → $1.\overline{428571}$	___	___
×10 → $4.\overline{285714}$	___	___
×10 → $2.\overline{857142}$	___	___
×10 → $8.\overline{571428}$	$0.\overline{571428}$	8

2.3D

17. Fast derselbe Algorithmus konvertiert Brüche in Darstellungen bezüglich irgendeiner Basis. Nur multipliziert man mit der neuen Basis (statt wie bisher mit 10) und notiert wieder den ganzzahligen Anteil. Vervollständige die folgenden Tabellen, um $1.8\overline{6}$ und 4/7 periodisch in dualer Form zu schreiben.

input a	fract (a)	int (a)
$1.866\overline{6}$	$0.866\overline{6}$	1
x2 → $1.733\overline{3}$	$0.733\overline{3}$	1
x2 → $1.466\overline{6}$	___	___
x2 → $0.933\overline{3}$	___	___
x2 → $1.866\overline{6}$	___	___

input a	fract (a)	int (a)
4 / 7	4 / 7	0
x2 → 8 / 7	1 / 7	1
x2 → 2 / 7	___	___
x2 → 4 / 7	___	___
x2 →	___	___

Verwende den Algorithmus, um jeden der Brüche in periodischer dualer Form auszudrücken.

18. 3/5   19. 4/9   20. 2/13

Überprüfe mit dem Algorithmus die folgenden Konvertierungen von dezimaler zu dualer Schreibweise.

21. $0.4_{zehn} = 0.\overline{0110}_{zwei}$ 22. $0.375_{zehn} = 0.011_{zwei}$

Die Dartellung des Zahlenwertes in Frage 22 terminiert in der Basis 10 genauso wie in der Basis 2. Sie kann aber auch in beiden Basen periodisch geschrieben werden.

$$0.375_{zehn} = 0.374\overline{9}_{zehn} = 0.010\overline{1}_{zwei}$$

Unabhängig von der Basis kann jeder rationale Zahlenwert periodisch geschrieben werden. Die dualen und dezimalen Darstellungen sehen natürlich sehr verschieden aus.

2.4 DIE SÄGEZAHNFUNKTION UND DUALZAHLEN   2.4A

Der Algorithmus zur Konvertierung in Dualbrüche erfordert wiederholte Multiplikation mit 2, nachdem der ganzzahlige Anteil abgezogen wurde, falls es einen gab. Aber das ist genau was die Sägezahnfunktion auf dem Einheitsintervall macht:

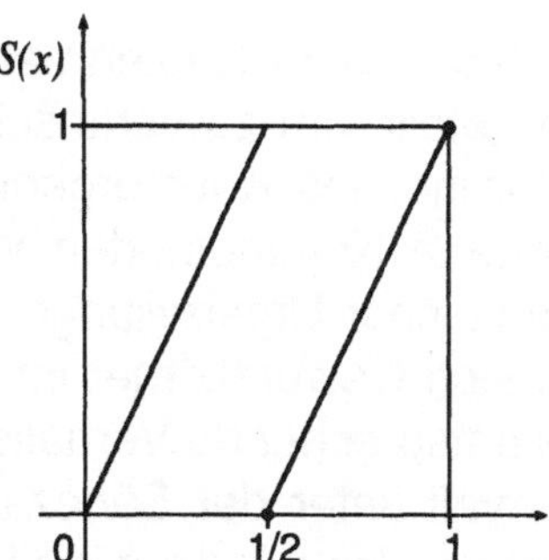

$$S(x) = \begin{cases} 2x & \text{falls } 0.0 \le x < 0.5 \\ 2x - 1 & \text{falls } 0.5 \le x \le 1.0 \end{cases}$$

In allen Dualzahlen der Form $x = 0.a_1 a_2 ..._{zwei}$ verrät die erste Stelle nach dem Punkt, auf welcher Seite im Einheitsintervall x liegt. Aus $a_1 = 0$ folgt $x \le 1/2$, während $a_1 = 1$ impliziert, daß $x \ge 1/2$. Beachte, daß $x = 1/2$ zu beiden Fällen gehört, denn $0.1_{zwei} = 0.0\overline{1}_{zwei}$. Um diese Zweideutigkeit zu vermeiden, betrachten wir im folgenden nur noch Dualzahlen, die *nicht* mit periodischer Wiederholung der Ziffer 1 enden. Also schreiben wir für 1/2 die Zahl 0.1_{zwei} und nicht $0.0\overline{1}_{zwei}$, für 3/8 die Darstellung 0.011_{zwei} und nicht $0.010\overline{1}_{zwei}$, usw.

Duale Auswertung der Sägezahnfunktion im Punkt $x = 0.a_1 a_2 a_3 ..._{zwei}$

Ist $0 \le x < 1/2$, also $a_1 = 0$, dann schiebe den Dualpunkt um eine Stelle nach rechts.

Ist $1/2 \le x \le 1$, also $a_1 = 1$, dann schiebe den Dualpunkt um eine Stelle nach rechts, und mache danach aus der 1 vor dem Punkt eine 0.

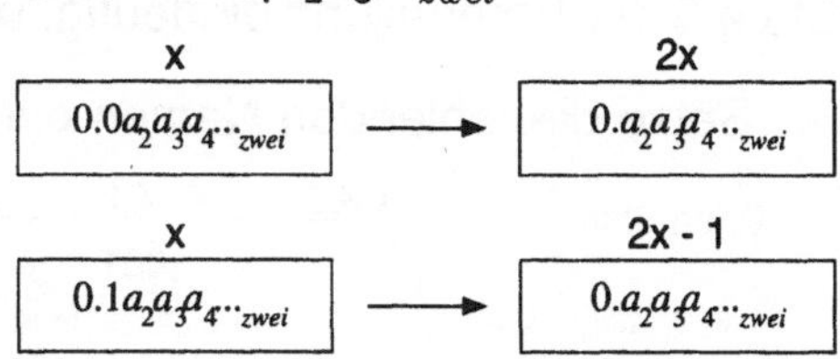

Ist $x_0 = 0.01101_{zwei}$, dann wird $S(x_0) = 2x_0 = 0.1101_{zwei}$.
Ist $x_0 = 0.1101_{zwei}$, dann wird $S(x_0) = 2x_0 - 1 = 0.101_{zwei}$.
Ist $x_0 = 0.1_{zwei}$, dann wird $S(x_0) = 2x_0 - 1 = 0$.

1. Hier ist die erste Iterierte x_1 des Anfangspunktes $x_0 = 0.1011\overline{01}$ unter der Sägezahnfunktion in dualer Form. Finde die nächsten vier Iterierten x_2, x_3, x_4 und x_5.

$$\begin{aligned} x_1 &= S(x_0) & &= 0.011\overline{01} \\ x_2 &= S^2(x_0) = S(x_1) &= \underline{\hspace{2cm}} \\ x_3 &= S^3(x_0) = S(x_2) &= \underline{\hspace{2cm}} \\ x_4 &= S^4(x_0) = S(x_3) &= \underline{\hspace{2cm}} \\ x_5 &= S^5(x_0) = S(x_4) &= \underline{\hspace{2cm}} \end{aligned}$$

Zu jedem der dualen Punkte x_0 finde die ersten drei Iterierten $x_1 = S(x_0)$, $x_2 = S(x_1) = S^2(x_0)$, und $x_3 = S(x_2) = S^3(x_0)$.

2. $0.0\overline{11}$ 3. $0.0\overline{1}$ 4. $0.0\overline{11}$
5. $0.\overline{1011}$ 6. $0.\overline{10}$ 7. $0.1\overline{110}$

2.4B

Im Arbeitsblatt über Kneten haben wir den Teig in Abschnitte geteilt, um zu veranschaulichen, wohin diese sich während des Knetvorganges bewegten und um verschiedene Knetmethoden vergleichen zu können. Mit Hilfe solcher Unterteilungen konnten wir beobachten, wie sich Gewürzkörner im ganzen Teig verteilten. Um das entsprechende Verhalten der Iterierten im Einheitsintervall unter der Sägezahnfunktion zu untersuchen, verwenden wir die günstigeren binären Unterteilungen.

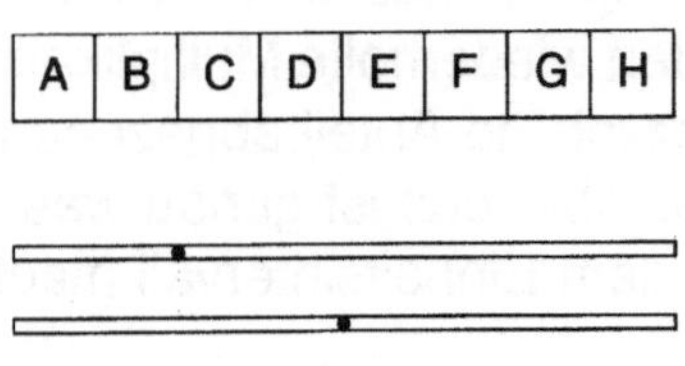

Wie man sich erinnert, besteht die dritte Stufe der binären Unterteilung aus 8 Teilintervallen.

Dritte Stufe $\quad$ 0.000... 0.001... 0.010... 0.011... 0.100... 0.101... 0.110... 0.111...

$\qquad$ 0 $\qquad\qquad\qquad\qquad\qquad$ 1/2 $\qquad\qquad\qquad\qquad\qquad$ 1

Jedes Teilintervall in Stufe 3 enthält nur Dualzahlen, die mit denselben drei Stellen nach dem Punkt beginnen. Genau diese drei Stellen identifizieren das Intervall in der Stufe 3 der Unterteilung eindeutig, und wir können sie als dreistellige Namen benutzen.

8. Setze die fehlenden Namen ein.

Dritte Stufe $\quad$ 0.000... 0.001... 0.010... 0.011... 0.100... 0.101... 0.110... 0.111...

$\qquad\qquad\qquad$ 001 $\qquad\qquad\qquad\qquad\qquad\qquad\qquad\qquad$ 110

Jedes einzelne der 2^n Teilintervalle in der Stufe n der binären Unterteilung kann mit einem n-stelligen Namen $a_1a_2a_3...a_n$ eindeutig bezeichnet werden, den man aus den ersten n Stellen nach dem Punkt gewinnt, welche alle Dualzahlen in diesem Teilintervall gemeinsam haben. Zum Beispiel liegt $x = 0.011010$ im Intervall 0110 der Stufe 4 und im Intervall 01101 der Stufe 5 der binären Unterteilung.

9. In welchem Teilintervall der Stufe 3 und in welchem der Stufe 5 findet man $x = 0.110110$?

Untersuchen wir die Iterierten des dualen Anfangspunktes $x_0 = 0.1101\overline{0011}$ unter der Sägezahnfunktion.

		Intervall der Stufe 3	Intervall der Stufe 4
$x_1 = S(x_0) =$	$0.101\overline{0011}$	101	1010
$x_2 = S(x_1) =$	_________	___	___
$x_3 = S(x_2) =$	_________	___	___
$x_4 = S(x_3) =$	_________	___	___

10. Trage die fehlenden Werte für die Iterierten von x_0 ein.

11. Der Anfangspunkt x_0 liegt im Intervall 110 der Stufe 3 und im Intervall 1101 der Stufe 4. Setze die Namen der Intervalle ein, die x_2, x_3 und x_4 enthalten.

2.5 DIE SÄGEZAHNFUNKTION UND CHAOS   2.5A

Die Sägezahnfunktion ist unser Vorbild für Chaos. Es gibt viele populärwissenschaftliche Erklärungen für Chaos. Oft wird erklärt, Chaos bedeute, daß ein Prozeß unvorhersagbar sei, daß er Sensitivität zeige oder daß Fehler exponential vergrößert würden. Die Wahrheit über Chaos scheint vielschichtig zu sein. In der Mathematik ist Chaos durch die drei miteinander verwobenen Eigenschaften *Mischen, Sensitivität und Periodizität* charakterisiert worden. Wir sahen einen ersten Schimmer dieses Konzepts beim Teigkneten und bei den entsprechenden graphischen Iterationen der Hut- und Sägezahnfunktion. Mit dualer Arithmetik und binärer Unterteilung werden wir die Situation nun besser in den Griff bekommen.

MISCHEN — Gewürze vermengen

Das Teigkneten könnte dem Vermengen kleiner Gewürzbeigaben dienen. Ähnlich können wir die Punkte eines kleinen Teilintervalls mit dem ganzen Einheitsintervall vermengen. Genauer gesagt erreichen wir bei der Iteration der Sägezahnfunktion S von jedem vorgegeben Teilintervall jedes beliebige andere Intervall.

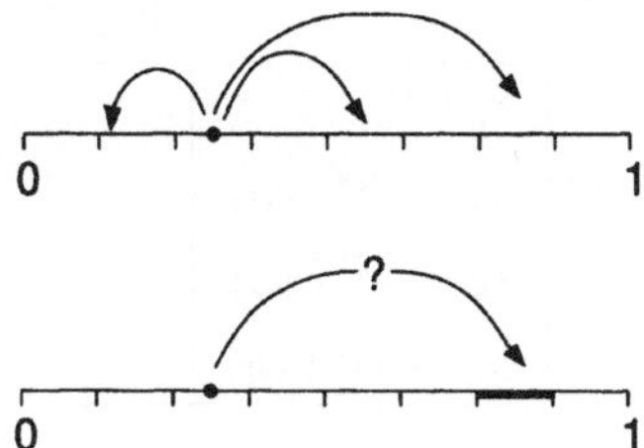

Sehen wir uns wieder die Stufe 3 der binären Unterteilung an. Wir suchen einen Punkt x_0 im Intervall 100, der nach drei Iterationen von S das Intervall 110 erreicht.

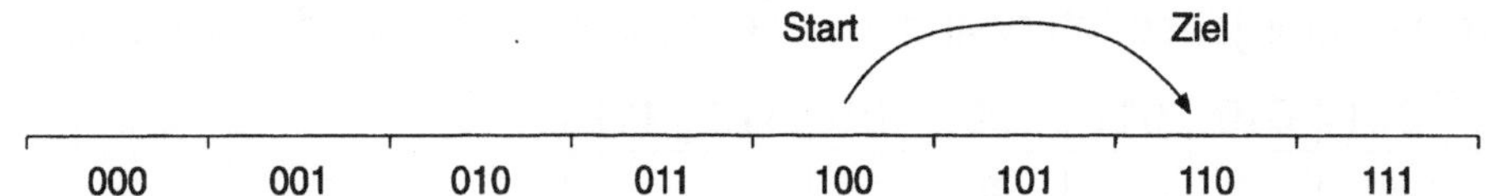

Hängen wir den Namen des Ziel-Intervalls hinter den Namen des Start-Intervalls, so können wir die Dualzahl $x_0 = 0.100110$ aus dem Start-Intervall 100 konstruieren.

1. Finde die Intervalle der Stufe 3, wohinein die ersten drei Iterierten von x_0 fallen.
    $x_0 = 0.100110$ liegt im Intervall 100.
    $x_1 = S(x_0) = $ _________ liegt im Intervall _______ .
    $x_2 = S(x_1) = S^2(x_0) = $ _________ liegt im Intervall _______ .
    $x_3 = S(x_2) = S^2(x_1) = S^3(x_0) = $ _________ liegt im Intervall _______ .

2. Finde die Intervalle der Stufe 3 für die ersten sechs Iterierten von $x_0 = 0.010100111$.

3. Finde einen Anfangspunkt, der im Intervall 111 der Stufe 3 beginnt und das Intervall 010 nach drei Iterationen von S erreicht. Finde vier Anfangspunkte, die im Intervall 010 beginnen und nach fünf Iterationen im Intervall 111 ankommen.

Ein Teilintervall der Stufe 4 entspricht den Dualzahlen, die mit denselben 4 Ziffern nach dem Punkt beginnen. 4 aufeinanderfolgende Ziffern in der Dualdarstellung eines Anfangspunktes bestimmen das Intervall der Stufe 4, in dem die zugehörigen Iterierten unter S zu finden sind.

4. Nach der wievielten Iteration von S erreicht der Anfangspunkt
    $x_0 = 0.111111001100111...$ zum ersten Mal das Teilintervall 0011?

2.5B

5. Finde zwei Anfangspunkte, die im Intervall 0101 der Stufe 4 beginnen und das Intervall 1100 nach fünf Iterationen von S erreichen.

Wir können in jedem Teilintervall von [0,1] einen Anfangspunkt x_0 finden, der unter Iteration der Sägezahnfunktion S jedes beliebige Ziel-Intervall in [0,1] erreicht. Formal geben wir zuerst jedem Intervall in der Stufe n einen Namen, $a_1 a_2 a_3 ... a_n$. Um das Intervall $t_1 t_2 t_3 ... t_n$ vom Intervall $s_1 s_2 s_3 ... s_n$ zu erreichen, beginnen wir mit $x_0 = 0.s_1 s_2 s_3 ... s_n t_1 t_2 t_3 ... t_n$. Nach n Iterationsschritten von S erreichen wir $x_n = 0.t_1 t_2 t_3 ... t_n$.

6. Sei $n \geq 10$ und $x_0 = 0.b_1 b_2 b_3 b_4 b_5 ... b_n c_1 c_2 c_3 c_4 c_5 ... c_n$. Finde die Teilintervalle, die zu x_0 und den Iterierten x_2, x_5 und x_n gehören.

	Intervall Stufe 2	Intervall Stufe 5	Intervall Stufe n
x_0			
$x_2 = S^2(x_0)$			
$x_5 = S^5(x_0)$			
$x_n = S^n(x_0)$			

Wir können sogar Anfangspunkte konstruieren, die eine bestimmte Auswahl von Intervallen oder sogar alle Teilintervalle einer Unterteilung besuchen. Beginne mit $x_0 = 0.100110101001010000$.

7. Schreibe unter jedes Intervall der Stufe 3 die Iterierte, die dort als erste ankommt.

000	001	010	011	100	101	110	111
	x_1			x_0			

8. Verlängere x_0 noch um ein paar Ziffern, um einen leicht verschobenen Anfangspunkt zu finden, der das von x_0 nicht erreichte Intervall der Stufe 3 besucht. Nach der wievielten Iteration von S wird das passieren?

9. Wie viele Teilintervalle der Stufe 4 können von x_0 erreicht werden?

PERIODIZITÄT — periodische Punkte liegen dicht

Nicht alle Punkte aus einem gegebenen Intervall werden mit dem ganzen Einheitsintervall vermischt. Einige besuchen nur eine sehr begrenzte Auswahl von Plätzen und kommen wieder zum Anfang zurück. Diese Eigenschaft heißt Periodizität.

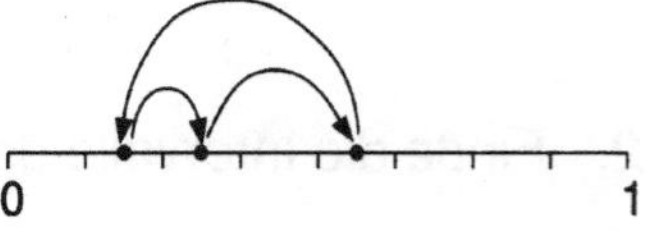

Als Beispiel iteriere die Sägezahnfunktion, beginnend mit $x_0 = 4/7$.

$$x_0 \rightarrow x_1 \rightarrow x_2 \rightarrow x_3 \rightarrow x_4 \rightarrow x_5 \rightarrow x_6 \rightarrow \cdots$$
$$4/7 \quad\; 1/7 \quad\; 2/7 \quad\; 4/7 \quad\; 1/7 \quad\; 2/7 \quad\; 4/7$$

Die Zahl 4/7 wiederholt sich alle 3 Schritte. Es ist also $x_0 = x_3 = x_6 = x_9 = ...$
Wir nennen x_0 einen *periodischen Punkt mit Periode 3*. Offensichtlich gilt

$$x_0 = x_6 = x_{12} = ... \quad \text{und} \quad x_0 = x_9 = x_{18} = ...$$

2.5C

Deshalb ist x_0 gleichzeitig auch ein Punkt mit Periode 6, 9, usw. Weil sich x_0 zum ersten Mal in x_3 wiederholt, hat x_0 die *minimale* Periode 3. Würden wir die Iteration mit x_1 oder x_2 beginnen, würden wir auch nach genau drei Iterationen wieder in x_1 bzw. x_2 sein. Zusammen nennen wir x_0, x_1 und x_2 einen Zyklus der Periode 3. Der Pfad veranschaulicht den Zyklus. Er ist ein Rundweg.

Iteriere die folgenden Anfangspunkte und finde die minimale Periode.

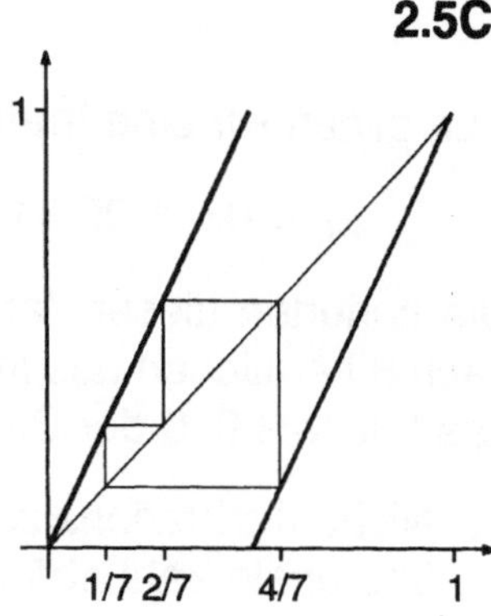

10. $x_0 = 1/3$

11. $x_0 = 0.2_{zehn}$

12. $x_0 = 2/9$

13. $x_0 = 0.\overline{011}_{zwei}$

14. $x_0 = 0.\overline{0011}_{zwei}$

15. $x_0 = 0.\overline{11010}_{zwei}$

Im Einheitsintervall ist jede periodische Dualzahl ohne Vorperiode, $x_0 = 0.\overline{a_1 a_2 a_3 ... a_n}$, ein periodischer Punkt mit Periode n. Sein periodisches Verhalten unter der Iteration der Sägezahnfunktion ist bereits aus der Wiederholung der Dualziffern ersichtlich.

16. Iteriere $x_0 = 0.\overline{a_1 a_2 a_3 a_4}$ viermal. Wie groß ist die Periode?

$x_1 = 0.\overline{a_2 a_3 a_4 a_1}$ $x_2 = 0.\underline{\hspace{2cm}}$ $x_3 = 0.\underline{\hspace{2cm}}$ $x_4 = 0.\underline{\hspace{2cm}}$

Wo in [0,1] findet man periodische Punkte? Die Antwort braucht die binäre Unterteilung. Als periodischen Punkt im Intervall 101 der Stufe 3 finden wir $x_0 = 0.\overline{101}$.

17. Finde einen periodischen Punkt in den Intervallen 011, 001 und 110 der Stufe 3.

18. Finde einen periodischen Punkt im Teilintervall 1101 der Stufe 4. Finde alle Teilintervalle der Stufe 5, die er erreicht.

19. Finde einen periodischen Punkt der alle Teilintervalle der Stufe 3 erreicht.

Allgemein gilt, daß jedes Teilintervall der Stufe n Punkte enthält, die unter der Iteration der Sägezahnfunktion periodisch sind. Das Intervall $a_1 a_2 a_3 ... a_n$ enthält z.B. den periodischen Punkt $0.\overline{a_1 a_2 a_3 ... a_n}$. Man sagt, *periodische Punkte liegen dicht im Einheitsintervall*, denn die Länge $(1/2)^n$ des Teilintervalls kann beliebig klein werden. Es gibt also periodische Punkte in allen $2^{10} = 1024$ Teilintervallen der Stufe 10. Sie liefern zu jedem Punkt im Einheitsintervall einen periodischen Punkt, der nicht weiter als 1/1024 entfernt ist. In anderen Worten: Wir können einen periodischen Punkt beliebig dicht bei jedem Punkt des Einheitsintervalls finden.

Periodische Dualbrüche sind rational. In der Tat führen alle Rationalzahlen zu Fixpunkten oder Zyklen der Sägezahnfunktion, auch wenn manche Perioden sehr lang sein mögen. Irrationalzahlen haben nicht-periodische Dualdarstellungen. Deshalb können sie unter Iteration nicht zu Zyklen führen.

Man denke sich eine Liste aller Teilintervalle aller Stufen der binären Unterteilung.

Stufe	1	2	3	...
Name	0, 1	00, 01, 10, 11	000, 001, 010, 011, 100, 101, 110, 111	...

2.5D

Nun bilden wir eine Irrationalzahl, indem wir alle Namen aneinanderhängen:

$$x_0 = 0.0\ 1\ 00\ 01\ 10\ 11\ 000\ 001\ 010\ 011\ 100\ 101\ 110\ 111\ 0000\ 0001...$$

Die Iterierten dieser Zahl besuchen alle Teilintervalle aller Stufen. Zum Beispiel wird nach 8 Iterationen das Intervall 11 der Stufe 2 erreicht, und nach weiteren 8 Iterationen das Intervall 010 der Stufe 3. Dieses Verhalten nennt man *ergodisch*.

20. Nicht alle Irrationalzahlen zeigen ergodisches Verhalten. Wie können wir x_0 in eine irrationale Zahl abändern, die niemals das Intervall 111 besucht?

SENSITIVITÄT — auseinander streben

Selbst der kleinste Abstand zwischen Anfangspunkten kann unter Iteration mit der Sägezahnfunktion zu völlig verschiedenem Verhalten führen. Genauer gesagt: Wir zeigen nun, daß beliebig dicht an jedem vorgegebenen Anfangspunkt eine anderer Punkt liegt, der sich von ihm unter Iteration um die Hälfte des Einheitsintervalls entfernt.

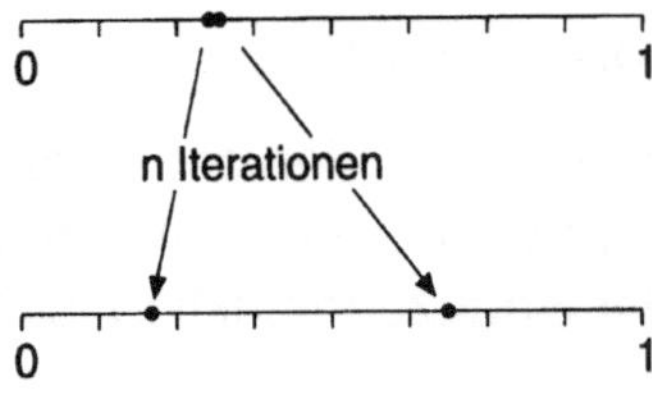

21. Man erinnere sich, daß die Länge eines Intervalls der Stufe n genau $(1/2)^n$ ist. In welcher Stufe wird die Länge erstmals kleiner als 1/50 sein?

22. Ab welcher Stufe wird der Abstand zwischen zwei Punkten im selben Teilintervall höchstens 0.00000001_{zwei} sein?

23. Der Punkt $x_0 = 0.101\overline{10}_{zwei}$ liegt im Teilintervall 101 der Stufe 3 der binären Unterteilung. Finde den kleinsten und den größten Punkt des Intervalls. Wie lang ist das Intervall? Welches Teilintervall der Stufe 5 enthält x_0? Wie lang ist es?

Der Abstand zwischen 0.0101 und 0.0111 beträgt $0.001 = (1/2)^3$. Setze $x_0 = 0.1010110$ und $z_0 = 0.1010010$. Finde den Abstand zwischen

24. x_0 and z_0 25. $S(x_0)$ and $S(z_0)$ 26. $S^2(x_0)$ and $S^2(z_0)$

Welcher Punkt im Einheitsintervall liegt genau 1/2 vom gegebenen Punkt entfernt?

27. $0.01\overline{10}$ 28. $0.\overline{100}$

29. $x_0 = 0.01\overline{10}$ und $z_0 = 0.0111\overline{10}$ liegen beide im Intervall 011 der Stufe 3. Sie sind höchstens $(1/2)^3$ auseinander. Wie groß ist der Abstand von $S^3(x_0)$ zu $S^3(z_0)$?

Allgemein suchen wir nach einem Punkt z_0, der höchstens um $(1/2)^n$ von $x_0 = 0.a_1a_2...a_na_{n+1}a_{n+2}...$ entfernt ist. Ist die Ziffer a_{n+1} eine 1, ändere sie in 0; ist sie 0, ändere sie in eine 1. Die neue Ziffer nennen wir a^*_{n+1} und setzen $z_0 = 0.a_1a_2...a_na^*_{n+1}a_{n+2}...$. Beide Punkte liegen im Intervall $a_1a_2...a_n$ der Stufe n, und unterscheiden sich um $(1/2)^n$. Nach n Iterationen ist $x_n = S^n(x_0)$ genau 1/2 Einheit entfernt von $z_n = S^n(z_0)$. Erscheint nämlich in x_0 nach der n-ten Stelle noch eine 1, dann ist $x_n = 0.a_{n+1}a_{n+2}...$ und $z_n = 0.a^*_{n+1}a_{n+2}...$. Andernfalls ist $x_n = 0$ und $z_n = 1/2$.

30. Finde zwei Punkte x_0 und z_0 im Intervall 1011 der Stufe 4 der binären Unterteilung, so daß $S^4(x_0)$ und $S^4(z_0)$ um 1/2 Einheit auseinander liegen.

2.6 DIE SÄGEZAHN- UND DIE HUTFUNKTION   **2.6A**

Für die Hutfunktion müssen $2x$ und $2 - 2x$ ausgerechnet werden.

$$H(x) = \begin{cases} 2x & \text{falls} \;\; 0.0 \le x < 0.5 \\ 2 - 2x & \text{falls} \;\; 0.5 \le x \le 1.0 \end{cases}$$

Dual ist $2 - 2x$ ein bißchen komplizierter auszurechnen als $2x$. Wir brauchen dazu den „Partner".

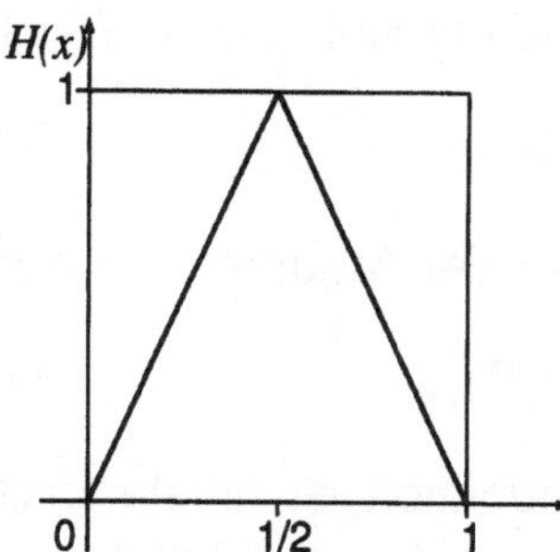

Zwei nicht-negative Dezimalzahlen, die sich zu 10_{zehn} ergänzen, nennen wir Partner bezüglich der Basis 10. Zum Beispiel, $x = 3.1247_{zehn}$ und $x^* = 6.8753_{zehn}$ sind Partner. Wie wir uns erinnern, kann 10_{zehn} auch als $9.\overline{9}_{zehn}$ geschrieben werden. Den Partner einer Dezimalzahl $x = a_1.a_2a_3...zehn$ erhält man deshalb sehr einfach als $x^* = a_1^*.a_2^*a_3^*...zehn$, wenn $a_k^* = 9 - a_k$. In anderen Worten: Man ersetze jede Dezimalziffer (auch die eventuell nachfolgenden Nullen) durch ihre Ergänzung auf 9.

Partner: 4.379563_{zehn} und 5.620436_{zehn} Probe: $4.379563_{zehn} + 5.620436_{zehn} = 9.\overline{9}_{zehn}$

Finde die Partner bezüglich der Basis 10.

1. $7.345\overline{73}$ 2. $0.\overline{3}$ 3. $0.\overline{123456}$

Nach demselben Prinzip heißen zwei nicht-negative Dualzahlen Partner bezüglich der Basis 2, wenn sie sich zu $2_{zehn} = 10_{zwei} = 1.\overline{1}_{zwei}$ ergänzen. Zu einem $x = a_1.a_2a_3...zwei$ zwischen 0 und 10_{zwei} finden wir den Partner als $x^* = a_1^*.a_2^*a_3^*...zwei$, wobei $a_k^* = 1 - a_k$. In anderen Worten, mache aus jeder 1 eine 0 und aus jeder 0 eine 1. Ein x abbrechender Dualbruch $x = a_1.a_2a_3...a_n$ hat deshalb den Partner $x^* = a_1^*.a_2^*a_3^*...a_n^*\overline{1}$.

Finde den Partner der folgenden Zahl bezüglich der Basis 2.

4. $1.0100\overline{1}$ 5. $0.101\overline{100}$ 6. 1.1011

Nun ist es einfach, den Ausdruck $2 - 2x$ für $1/2 \le x \le 1$ in der Hutfunktion auszurechnen. Erst findet man $y = 2x$, und dann den Partner $y^* = 2 - y$ bezüglich der Basis 2.

$$\begin{aligned} x &= 0.1a_2a_3...zwei \\ 2x &= 1.a_2a_3...zwei \\ 2 - 2x &= 0.a_2^*a_3^*...zwei \end{aligned} \qquad \begin{aligned} x &= 0.101101...zwei \\ 2x &= 1.01101...zwei \\ 2 - 2x &= 0.10010...zwei \end{aligned}$$

Duale Auswertung der Hutfunktion im Punkt $x = 0.a_1a_2a_3...zwei$

Ist $0 \le x < 1/2$, mit $a_1 = 0$,
schiebe den Punkt um eine Stelle nach rechts.

Ist $1/2 \le x \le 1$, mit $a_1 = 1$,
schiebe den Punkt um eine Stelle nach rechts
und nimm den Partner.

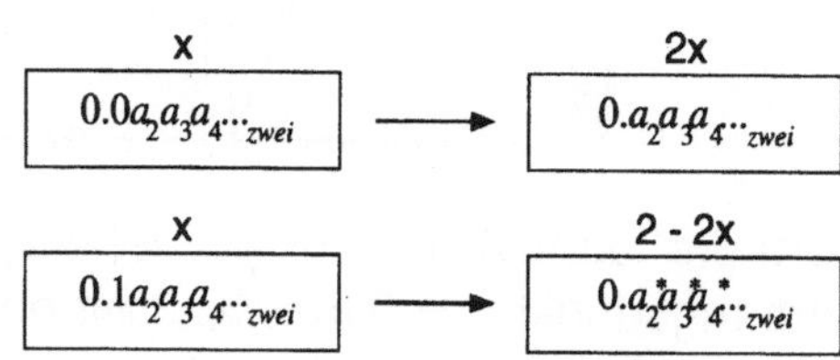

2.6B

Berechne die Hutfunktion $H(x)$ in den Punkten

7. $0.\overline{110}_{zwei}$ 　　　　　　8. $3/11$ 　　　　　　9. 0.35_{zehn}

Für jedes der Argumente x berechne $H(x)$, $H^2(x)$ und $H^3(x)$.

10. $0.1\overline{010}_{zwei}$ 　　　　11. $0.11\overline{01}_{zwei}$ 　　　　12. 0.001101_{zwei}

Die Hutfunktion ist umständlicher zu iterieren als die Sägezahnfunktion. Es gibt jedoch eine nützliche Methode, die Iteration der Hutfunktion auf die viel einfachere und durchsichtigere Iteration der Sägezahnfunktion zu reduzieren. Man erinnere sich, daß wir den Zusammenhang zwischen Strecken+Falten und Strecken+Schneiden+Kleben untersucht haben. Wir fanden, daß zweimal Strecken+Falten äquivalent ist zu einmal Strecken+Schneiden+Kleben, gefolgt von einmal Strecken+Falten. Dies korrespondiert mit der folgenden wichtigen Beziehung zwischen H und S:

$$H(H(x)) = H(S(x)), \text{ für alle } x \text{ im Intervall } [0, 1].$$

13. Um diese Beziehung an Beispielen zu erleben, werten wir die Funktionen in den gegebenen Punkten aus und vergleichen die Resultate.

$x = 0.10101$	$x = 0.10101$	$x = 0.01101$	$x = 0.01101$
$H(x) = \underline{\quad}$	$S(x) = \underline{\quad}$	$H(x) = \underline{\quad}$	$S(x) = \underline{\quad}$
$H^2(x) = \underline{\quad}$	$H(S(x)) = \underline{\quad}$	$H^2(x) = \underline{\quad}$	$H(S(x)) = \underline{\quad}$

14. In Kapitel 1 haben wir die Verkettungsmaschine eingeführt, um den Graphen der Verkettung zweier Funktionen zu finden. Zeichne den Graphen von $H(S(x))$ mit dieser Maschine. Benutze die x-Koordinaten 0.0, 0.25, 0.5, 0.75 und 1.0. Vergleiche mit dem Graphen von $H(H(x))$.

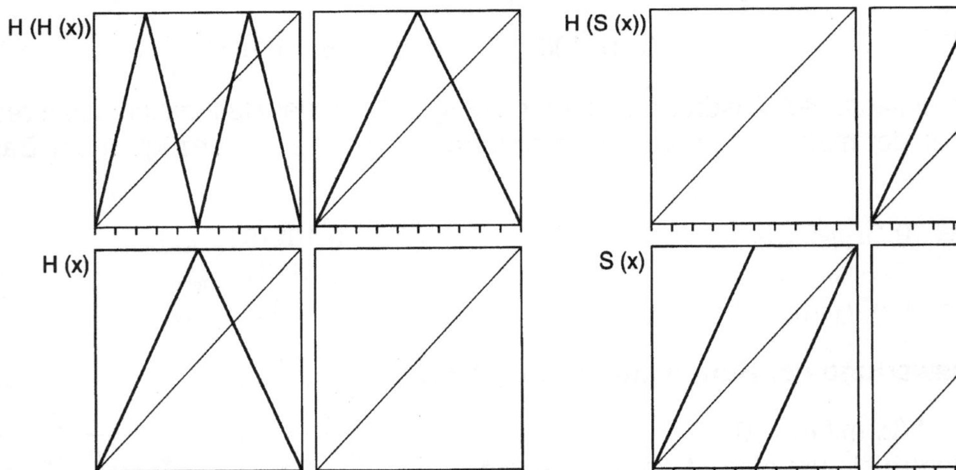

Um die Identität $H(H(x)) = H(S(x))$ allgemein nachzuweisen, wähle einen beliebigen Anfangspunkt $x = 0.a_1 a_2 a_3...$ mit den Dualziffern a_k. Dann überprüfe die Gleichheit für alle 4 möglichen Kombinationen von Werten für a_1 und a_2.

2.6C

15. Folge dem Werdegang der Verkettungen $H(H(x))$ und $H(S(x))$ und vervollständige das Diagramm. Vergleiche die Endresultate beider Verkettungen.

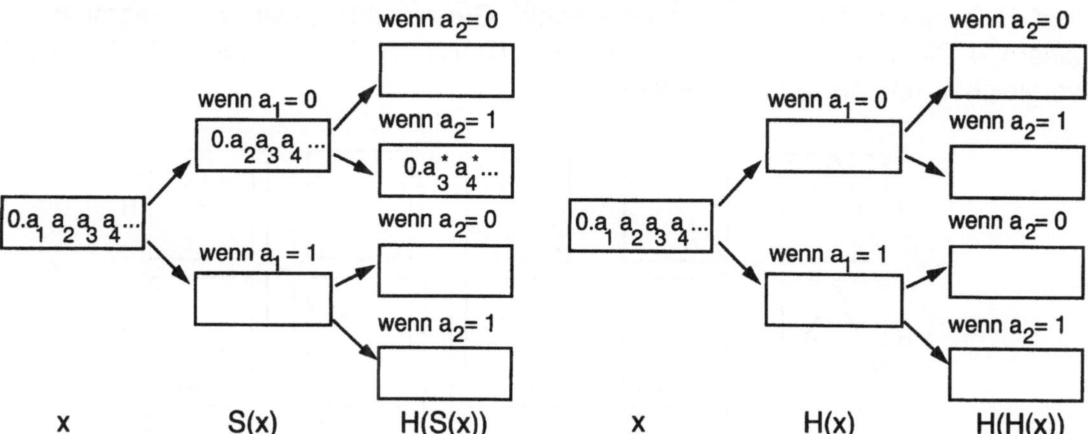

Wir wollten den komplizierten Iterationsprozeß der Hutfunktion H auf den der Sägezahnfunktion reduzieren. Es stellt sich heraus, daß n Iterationen von H äquivalent sind zu $n-1$ Iterationen von S, gefolgt von einer Anwendung von H.

Graphisch können wir diese Aussage mit den gestapelten Input-Output-Maschinen aus Kapitel 1 verifizieren. Ein Input x am unteren Rand eines Kastens wird in einen Output $y = f(x)$ am oberen Rand transformiert und ist dann Input für die nächste Funktion $g(x)$ im Kasten darüber. Rechts zeigen wir einen Stapel mit H, H und H, und einen anderen mit H, S und H. Mit ihnen finden wir $H(H(H(x)))$ und $H(S(H(x)))$ graphisch an der Stelle $x = 0.3$. Am Ende stimmen beide Outputs überein.

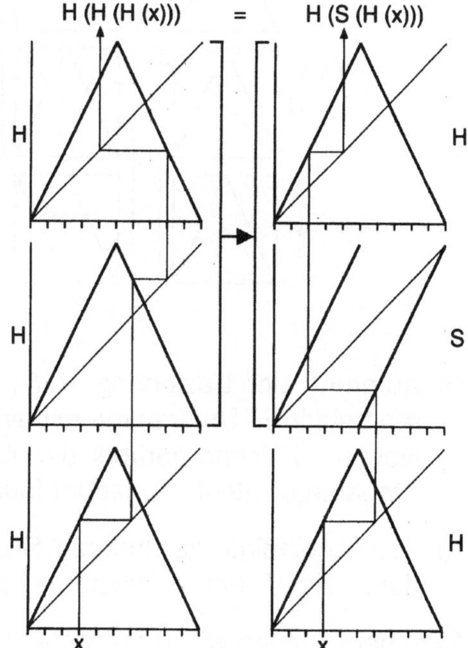

16. Zeichne die graphische Auswertung von $x = 0.4$ in die Stapel.

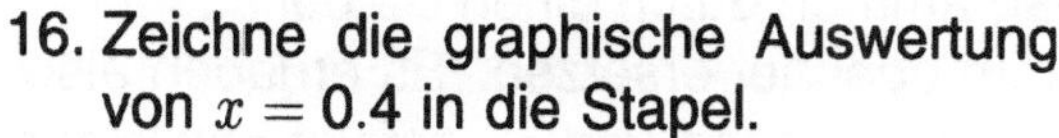

Wie wir bereits gezeigt haben ist $H(H(x)) = H(S(x))$ in allen Punkten x zwischen 0 und 1. Deshalb muß ein Stapel aus zwei H-Diagrammen dieselbe Input-Output Beziehung herstellen wie ein H-Diagramm über einem S-Diagramm. In allen Punkten werden beide Paare denselben Output liefern. In einem hohen Stapel aus H- und S-Diagrammen können wir jedes Paar aus H-Diagrammen durch ein H-Diagramm auf einem S-Diagramm ersetzen. Beide Stapel zeigen dasselbe Input-Output-Verhalten.

17. Finde graphisch den Output dreier selbstgewählter Anfangspunkte in den beiden obigen Stapeln und vergleiche jedesmal die Resultate.

2.6D

Wir wollen die Beziehung $H(H(x)) = H(S(x))$ noch gründlicher ausnutzen, indem wir uns Stapel mit mehr als zwei Transformationen anschauen. Als Beispiel haben wir fünf H-Diagramme ganz links aufgestapelt. Ganz rechts liegen 4 S-Diagramme, mit einem H-Diagramm obenauf. Wir möchten $H(H(H(H(H(x)))))$ mit $H(S(S(S(S(x)))))$ vergleichen und als identisch erkennen.

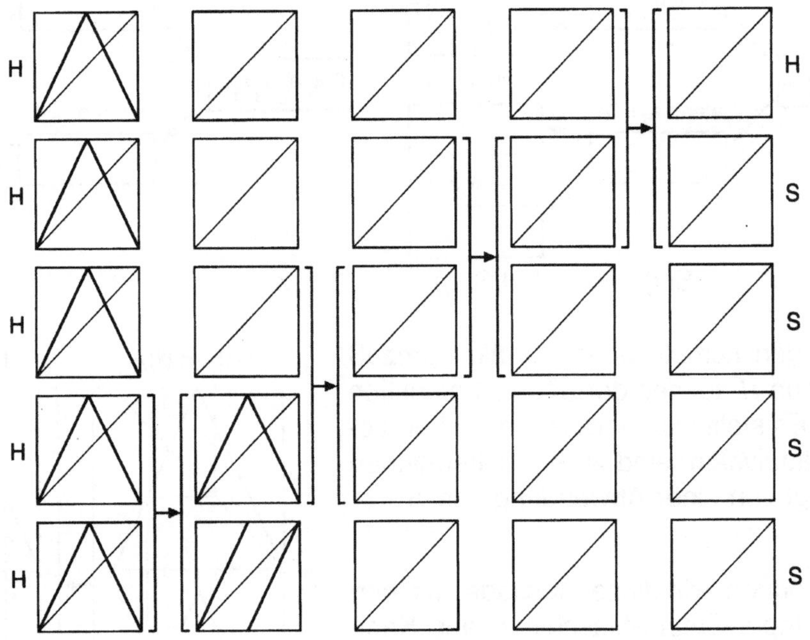

18. Aufgrund der Beziehung $H(H(x)) = H(S(x))$ sind im zweiten Stapel die unteren beiden H-Diagramme mit einem H-Diagramm über einem S-Diagramm ersetzt worden. Zeichne darüber die übrigen H-Diagramme. Nun sind die ersten beiden Stapel äquivalent. Zu jedem Input x liefern beide Stapel denselben Output.

19. Vervollständige die anderen Stapel. Nacheinander werden die markierten Paare durch ein H- und S-Diagramm ersetzt.

Allgemein können wir einen Stapel aus n H-Diagrammen durch einen Stapel aus $n-1$ S-Diagrammen mit einem einzelnen H-Diagramm obenauf ersetzen. Es ergeben also n Iterationen von H dasselbe Resultat wie $n-1$ Iterationen von S, gefolgt von einer Anwendung von H.

$$H^n(x) = H(S^{n-1}(x))$$

Weil bei jeder Anwendung von S die erste Ziffer nach dem Punkt wegfällt, erhalten wir

$$H^n(0.a_1 a_2 ... a_{n-1} a_n ..._{zwei}) = H(0.a_n a_{n+1} ..._{zwei})$$

20. Finde $H^5(x_0)$ im Punkt $x_0 = 0.110\overline{01100}_{zwei}$ direkt und auch mit Hilfe der obigen Beziehung. Vergleiche beide Ergebnisse miteinander und mit x_0.

2.7 DIE HUTFUNKTION UND CHAOS   2.7A

Die Hutfunktion ist unser zweites Chaosmodell. Wir haben gesehen, in welcher Hinsicht sie mit dem Knetvorgang Strecken+Falten übereinstimmt. Daraus werden wir später eine Brücke zur Parabel $y = 4x(1 - x)$ aus Kapitel 1 und zu den ungleichförmigen Knetvorgängen bauen. In diesem Arbeitsblatt wird der Zusammenhang zwischen Sägezahn- und Hutfunktion ausgenutzt, um noch einmal die drei Grundeigenschaften des Chaos herauszustellen. Diesesmal erleben wir *Mischen, Sensitivität und Periodizität* am Beispiel der Hutfunktion.

Um das iterative Verhalten verschiedener Anfangspunkte zu überwachen, brauchen wir wieder Dualzahlen und die binäre Unterteilung.

MISCHEN — Gewürze vermengen

Wie zuvor die Sägezahnfunktion, nimmt die Hutfunktion Punkte eines kleinen Teilintervalls der binären Unterteilung und verstreut sie über das ganze Einheitsintervall. Anders gesagt: Es gibt in jedem gegebenen Teilintervall immer Punkte, die unter Iteration der Hutfunktion H in jedes andere Teilintervall gelangen.

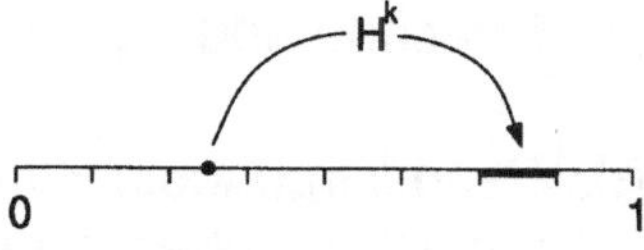

Zwei Fälle sind zu unterscheiden. Zuerst versuchen wir, vom Intervall 011 zum Intervall 010 der Stufe 3 der binären Unterteilung zu gelangen. Wir müssen einen Anfangspunkt x_0 im Intervall 011 finden, für den $H^3(x_0)$ ins Intervall 010 fällt. Wir wissen aber, daß $H^3(x_0) = H(S^2(x_0))$ gilt. Darum schauen wir uns zwei Iterationen von S gefolgt von einer Anwendung von H an.

Markiert ist der Punkt $x_0 = 0.011101$.

1. In welchem Intervall der Stufe 3 liegt x_0?

2. Berechne und markiere $S^2(x_0)$. Welches Intervall der Stufe 4 enthält diesen Punkt?

3. Welche Hälfte des Einheitsintervalls erreichen alle Punkte aus dem Intervall 011 der Stufe 3, wenn die Sägezahnfunktion S zweimal iteriert wird?

4. Berechne und markiere $H(S^2(x_0))$.

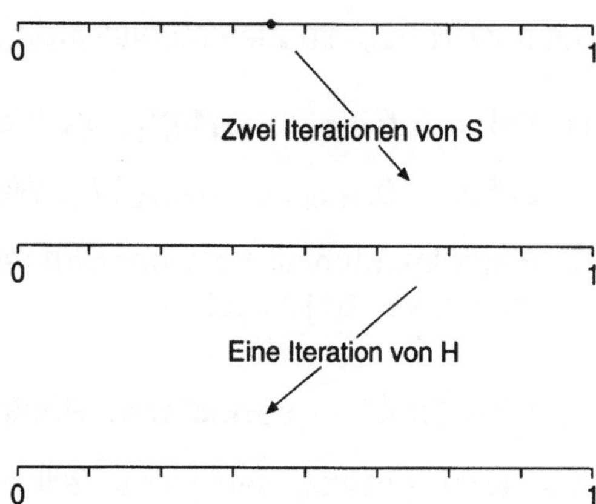

5. Wenn b irgendein Punkt im Intervall $1c_1c_2c_3$ der Stufe 4 der binären Unterteilung ist, welches Intervall der Stufe 3 enthält dann $H(b)$?

Als Beispiel für den zweiten Fall versuchen wir vom Intervall 110 zum Intervall 010 der Stufe 3 zu kommen. Wieder nutzen wir die Beziehung zwischen H und S aus, indem wir auf zwei Iterationen von S eine Iteration von H folgen lassen.

2.7B

6. Markiere $x_0 = 0.110010$ als ersten Punkt. In welchem Teilintervall der Stufe 3 liegt x_0?

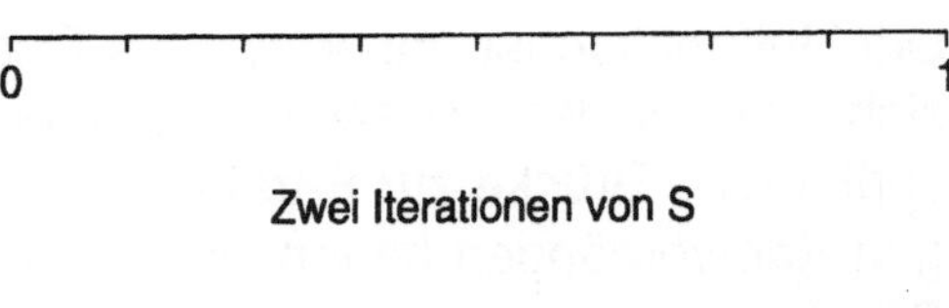

7. Berechne und markiere $S^2(x_0)$. Welches Teilintervall der Stufe 4 enthält diesen Punkt?

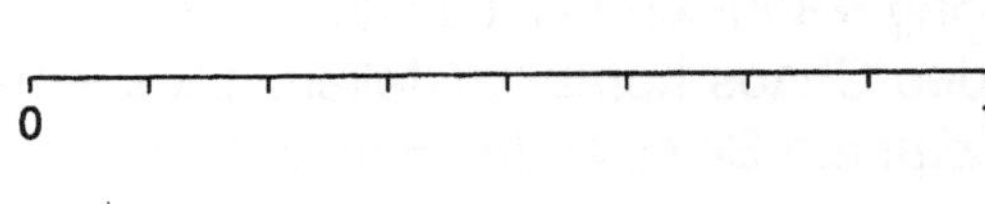

8. Welche Hälfte des Einheitsintervalls erreichen alle Punkte aus dem Teilintervall 110 der Stufe 3, wenn die Sägezahnfunktion S zweimal iteriert wird?

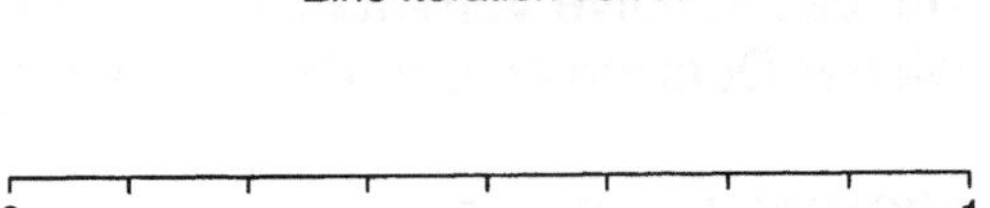

9. Berechne und markiere $H(S^2(x_0))$.

10. Wenn b irgendein Punkt aus dem Intervall $0c_1c_2c_3$ der Stufe 4 der binären Unterteilung ist, welches Intervall der Stufe 3 enthält dann $H(b)$?

Allgemein können wir in jedem Teilintervall von [0,1] einen Anfangspunkt x_0 finden, der unter Iteration der Hutfunktion H jedes gewünschte Ziel-Intervall in [0,1] erreicht. Im einzelnen geht das so: Sei $a_1a_2a_3...a_n$ das Anfangsintervall der Stufe n. Dann gibt es zwei Möglichkeiten. Wähle

$$x_0 = \begin{cases} 0.a_1a_2...a_nb_1b_2...b_n & \text{falls } a_n = 0, \text{ oder} \\ 0.a_1a_2...a_nb_1^*b_2^*...b_n^* & \text{falls } a_n = 1. \end{cases}$$

Dann ist $H^n(x_0)$ im Ziel-Intervall $b_1b_2b_3...b_n$ enthalten.

11. Sei $x_0 = 0.a_1a_2...a_{n-1}1b_1^*b_2^*...b_n^*$. Was ist $S^{n-1}(x_0)$? Was ist $H(S^{n-1}(x_0))$?

12. Sei $x_0 = 0.a_1a_2...a_{n-1}0b_1b_2...b_n$. Was ist $S^{n-1}(x_0)$? Was ist $H(S^{n-1}(x_0))$?

13. Finde im Intervall 1001 der Stufe 4 der binären Unterteilung ein x_0, so daß $H^4(x_0)$ im Intervall 0110 liegt.

PERIODIZITÄT — periodische Punkte liegen dicht

Wir haben gezeigt, daß jedes Teilintervall der binären Unterteilung periodische Punkte der Sägezahnfunktion enthält. Deshalb läßt sich beliebig dicht bei jedem Punkt im Einheitsintervall ein periodischer Punkt finden. Man sagt, die periodischen Punkte von S liegen dicht im Einheitsintervall. Dieselbe Periodizitätseigenschaft kann auch für die Hutfunktion nachgewiesen werden.

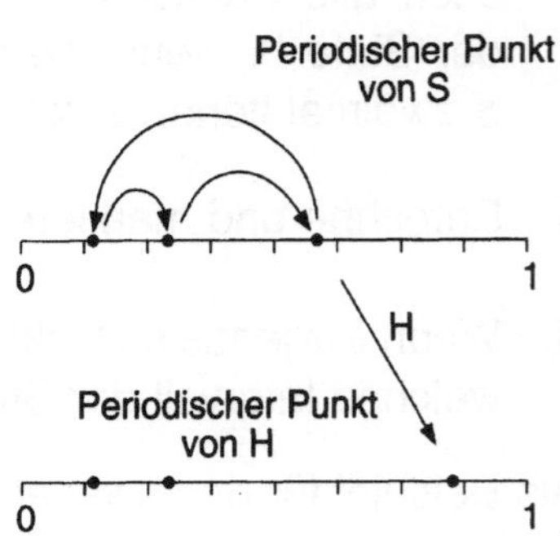

2.7C

Mit der Beziehung $H^n(x) = H(S^{n-1}(x))$ ist es leicht, periodische Punkte für H zu finden. Sei x ein periodischer Punkt für S mit der Periode n. Dann ist $S^n(x) = x$.

Zuerst wende H auf die Gleichung $S^n(x) = x$ an. $H(S^n(x)) = H(x)$
Nutze die Beziehung $H(S^n(x)) = H^{n+1}(x)$. $H^{n+1}(x) = H(x)$
Schreibe $H^{n+1}(x)$ als $H^n(H(x))$. $H^n(H(x)) = H(x)$

Wir haben also gesehen, daß der periodische Punkt x der Sägezahnfunktion einen periodischen Punkt $u = H(x)$ für die Hutfunktion liefert. Weil $H^n(u) = u$ gilt, hat u die Periode n, die aber nicht mehr unbedingt minimal sein muß.

14. $4/7 = 0.\overline{100}_{zwei}$ ist ein periodischer Punkt der Sägezahnfunktion.

$$4/7 \to 1/7 \to 2/7 \to 4/7 \to \cdots$$

$u = H(4/7) = 6/7 = 0.\overline{110}_{zwei}$ ist deshalb ein periodischer Punkt der Hutfunktion.

$$6/7 \to 2/7 \to 4/7 \to 6/7 \to \cdots$$

Was ist in beiden Fällen die minimale Periode?

15. Iteriere $x_0 = 0.2_{zehn} = 0.\overline{0011}_{zwei}$ unter S. Der zugehörige Iterationspfad ist im Diagramm der Sägezahnfunktion zu sehen. Wie groß ist die minimale Periode?

16. Finde den transformierten Anfangspunkt $u_0 = H(x_0)$ und iteriere u_0 viermal mit H. Zeichne den zugehörigen Iterationspfad oben in das Diagramm für die Hutfunktion. Wie groß ist die minimale Periode?

17. Mach aus $x = 0.\overline{1101110}_{zwei}$ einen Punkt der Periode 7 für H.

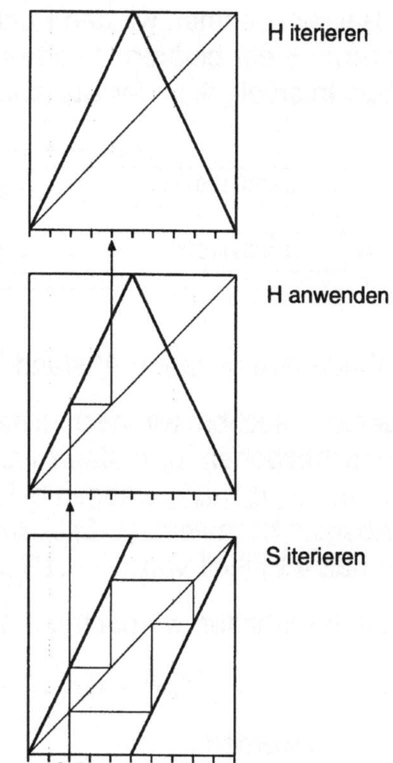

Wie finden wir in einem gegebenen Teilintervall $a_1a_2a_3...a_n$ der binären Unterteilung einen periodischen Punkt für H?

Wir wissen, daß $x_0 = 0.\overline{0a_1a_2a_3...a_n}$ die Periode $n+1$ bezüglich der Sägezahnfunktion hat, d.h. $S^{n+1}(x_0) = x_0$. Der transformierte Punkt $u_0 = H(x_0) = 0.\overline{a_1a_2a_3...a_n0}$ ist periodisch für die Hutfunktion. Weil aber u_0 in dem gegebenen Teilintervall liegt, haben wir den gesuchten Punkt damit gefunden.

18. Finde einen periodischen Punkt für H im Intervall 1101 der Stufe 4 der binären Unterteilung.

2.7D

SENSITIVITÄT — auseinander streben

Wir haben beliebig dicht an jedem gegebenen Punkt einen anderen gefunden, so daß Iteration der Sägezahnfunktion dieses Paar doch um ein halbes Einheitsintervall auseinander bringt. Wir zeigen nun denselben Effekt für die Hutfunktion. In anderen Worten: Selbst der kleinste Unterschied kann unter Iteration mit der Hutfunktion ein völlig verschiedenes Verhalten herbeiführen.

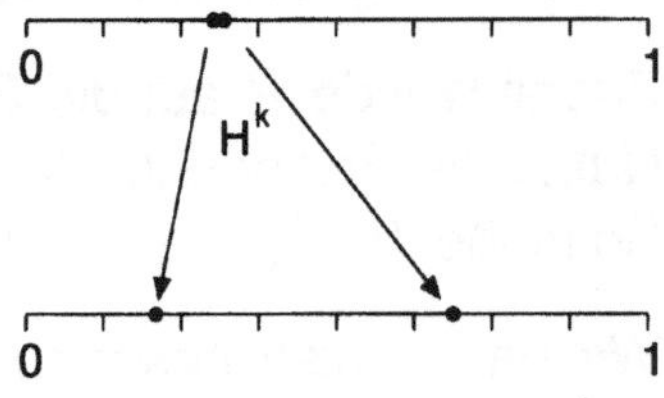

Als Beispiel nehmen wir den Punkt $x_0 = 0.10011001101$. Er liegt im Teilintervall 10011 der Stufe 5 der binären Unterteilung. Nun nehmen wir $z_0 = 0.10011101101$ aus demselben Intervall. Aus der Beziehung $H^5(x) = H(S^4(x))$ erhalten wir:

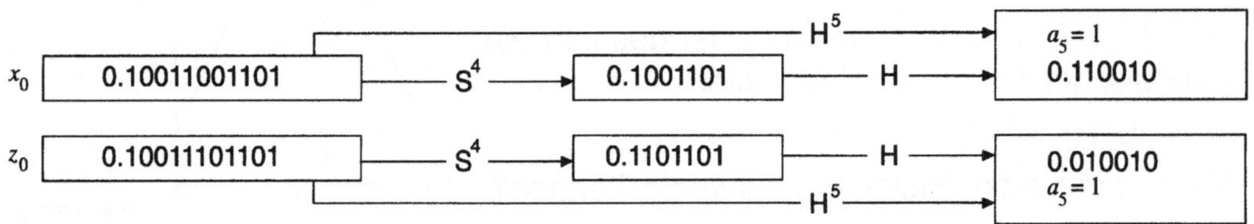

19. Finde den genauen Abstand zwischen den Punkten nach fünf Iterationen.

Allgemein suchen wir nach einem Punkt z_0, der um höchstens $(1/2)^n$ von einem vorgeschriebenen x_0 entfernt ist. Die Punkte $x_0 = 0.a_1a_2a_3...a_na_{n+1}a_{n+2}...$ und $z_0 = 0.a_1a_2a_3...a_na^*_{n+1}a_{n+2}...$ liegen beide im Teilintervall $a_1a_2a_3...a_n$ der Stufe n. Also beträgt ihr Abstand höchstens $(1/2)^n$. Nach n Iterationen ist $x_n = H^n(x_0) = H(S^{n-1}(x_0))$ genau eine halbe Einheit von $z_n = H^n(z_0) = H(S^{n-1}(z_0))$ entfernt.

In der Tat erhalten wir nach $n - 1$ Iterationen von S

$$S^{n-1}(x_0) = 0.a_na_{n+1}a_{n+2}... \text{ und } S^{n-1}(z_0) = 0.a_na^*_{n+1}a_{n+2}...$$

Ist $a_n = 0$ werden

$$x_n = H(S^{n-1}(x_0)) = 0.a_{n+1}a_{n+2}... \text{ und } z_n = H(S^{n-1}(z_0)) = 0.a^*_{n+1}a_{n+2}...$$

Die Punkte x_n und z_n sind 1/2 Einheit voneinander entfernt.

20. Berechne $x_n = H(S^{n-1}(x_0))$ und $z_n = H(S^{n-1}(z_0))$, wenn $a_n = 1$. Wie groß ist der Unterschied zwischen den beiden Resultaten?

21. Bestimme x_0 und z_0 so im Intervall 1011 der Stufe 4 der binären Unterteilung, daß $x_4 = H^4(x_0)$ und $z_4 = H^4(z_0)$ um 1/2 Einheit auseinander liegen.

## 2.8 POPULATIONSDYNAMIK						2.8A

Letztendlich geht es in diesem Kapitel um Vorhersagbarkeit. Stabile Zustände sind vorhersagbar und zuverlässig. Unstabile Zustände sind ziellos und chaotisch, und deshalb unvorhersagbar. In der Dynamik der Hut- wie auch der Sägezahnfunktion haben wir Mischen, Sensitivität und Periodizität gefunden, und damit Chaos und unvorhersagbares Verhalten. Dieselben Probleme tauchen auch in vielen wissenschaftlichen Phänomenen auf.

Bevölkerungswachstum ist ein weltweites ernstes Problem. Jede Region auf unserem Globus kann nur eine gewisse maximale Population ertragen. Nach diesem Grundsatz ist die Art und Weise, in der sich die Bevölkerung zeitlich verändert, abhängig von ihrer Größe wie auch vom Raum, von Umweltbedingungen und Verfügbarkeit notwendiger Ressourcen.

Die beiden Diagramme zeigen für zwei verschiedene Regionen über einen Zeitraum von 12 Jahrzehnten die beobachtete Bevölkerungsgröße, ausgedrückt als Anteil P an der maximal tragbaren Größe. Vervollständige die Diagramme.

1.

Jahrzehnt t	Anteil P am Maximum
0	0.100
1	0.208
2	0.406
3	0.695
4	0.949
5	1.007
6	0.999
7	1.000
8	1.000
9	1.000
10	1.000
11	1.000
12	1.000

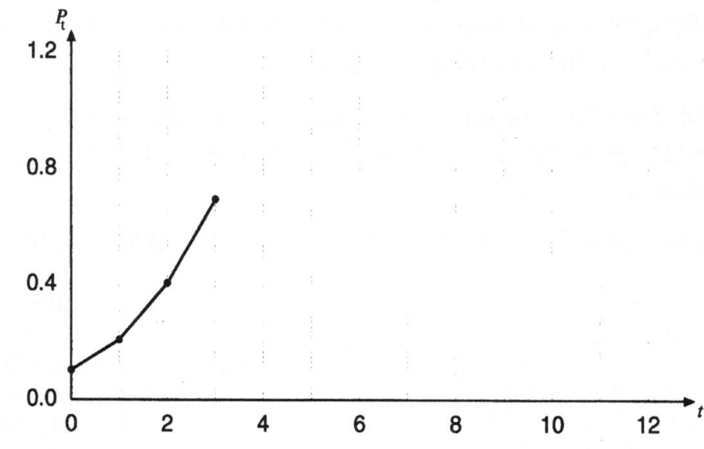

2.

Jahrzehnt t	Anteil P am Maximum
0	0.100
1	0.370
2	1.069
3	0.847
4	1.236
5	0.362
6	1.054
7	0.883
8	1.193
9	0.501
10	1.252
11	0.308
12	0.948

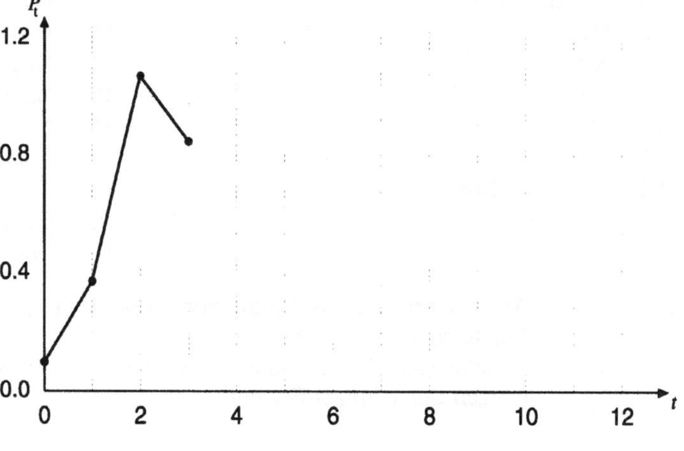

2.8B

3. Beschreibe das Langzeitverhalten der beiden Bevölkerungen. Könnte man unter der Annahme, daß sich der Trend auch in der Zukunft nicht ändert, die Bevölkerungsgröße nach tausend Jahren vorhersagen? Warum oder warum nicht?

4. Wir wollen das Verhalten der Populationen in Frage 1 und 2 noch genauer betrachten. Unter welchen Bedingungen wachsen sie? Unter welchen Bedingungen nehmen sie ab?

Der belgische Mathematiker Pièrre François Verhulst hat in der Mitte des neunzehnten Jahrhunderts eine quadratische Formel als Modell für die relative Populationsgröße vorgeschlagen, wenn ihre Entwicklung nur von den verfügbaren Ressourcen abhängt.

$$P_{t+1} = P_t + rP_t(1 - P_t) \quad \text{oder, äquivalent,} \quad P_{t+1} = (1 + r)P_t - rP_t^2$$

Auch im Verhulst-Modell steht P_t wieder für den Anteil an der maximal tragbaren Populationsgröße in einem bestimmten Gebiet zur Zeit t. Ist $P_t = 0$, dann ist die Population ausgestorben. Ist $P_t > 1$, hat die Population einen Umfang erreicht, der nicht mehr erhalten werden kann, und muß deshalb kleiner werden. P_{t+1} bezeichnet den Anteil im nächsten Zeitintervall nach dem Zeitintervall t. Der Parameter r bewegt sich zwischen 0 und 3 und wird unten erklärt.

Mit dem Taschenrechnerprogramm wird die Verhulst-Formel implementiert. Der Benutzer wird zuerst nach dem Parameter r und dann nach dem Anfangsanteil $P = P_0$ gefragt.

Zeile	CASIO		Zeile	TEXAS INSTRUMENTS
1			1	:ClrHome
2	Fix 3		2	:Fix 3
3			3	:Disp "R="
4	"R="? → R		4	:Input R
5			5	:Disp "P="
6	"P="? → P		6	:Input P
7	0 → N		7	:0 → N
8	Lbl 1		8	:Lbl 1
9	(1+R)P−RP² → P		9	:(1+R)P−RP² → P
10	N+1 → N		10	:N+1 → N
11	NΔ		11	:Disp N
12	PΔ		12	:Disp P
13	" "		13	:" "
14			14	:Pause
15	N<12 => Goto 1		15	:If N<12
16			16	:Goto 1
17			17	:End

Zeile		
1–6	Anzeige vorbereiten, Parameter R und Anfangswert P eingeben.
7	Iterationszähler N auf 0 setzen.
8–15	Iterationsschleife zur Berechnung und Anzeige von N und dem aktuellen Anteil P nach der Verhulst-Formel.

2.8C

Wie in der Tabelle auf Blatt 2.8A setze in den folgenden Aufgaben 0.1 als Anfangswert $P = P_0$.

5. Überprüfe mit dem Programm, daß für die Populationsdaten in Frage 1 der Parameter $r = 1.2$ verwendet wurde.

6. Überprüfe mit dem Programm, daß in Frage 2 der Parameter $r = 3$ verwendet wurde.

7. Benutze das Programm mit $r = 2.3$, um die Dynamik einer dritten Populationsentwicklung über 12 Jahrzehnte hinweg zu simulieren. Trage die Daten in das Diagramm ein.

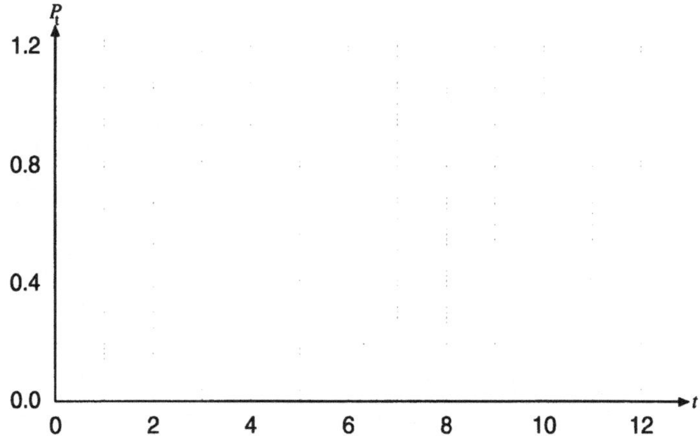

8. In welcher Hinsicht unterscheidet sich das Diagramm in Frage 7 von denen in Frage 1 und 2? Ist das Langzeitverhalten voraussagbar? Welche Umweltbedingungen könnten solch ein Verhalten verursachen?

Die Wachstumsrate zur Zeit t ist die Veränderung im Populationsanteil relativ zu seiner augenblicklichen Größe.

$$\text{Wachtumsrate zur Zeit } t: \quad \frac{P_{t+1} - P_t}{P_t}$$

Verhulst nahm an, daß diese Wachstumsrate zur Zeit t proportional zu $1 - P_t$ ist, dem verbleibenden Anteil an der maximal ertragbaren Populationsgröße.

$$\text{Wachstumsgleichung:} \quad \frac{P_{t+1} - P_t}{P_t} = r(1 - P_t) \,.$$

Der Proportionalitätsfaktor r kann als Fruchtbarkeitsrate interpretiert werden. Je größer der Parameter r, desto schneller reagiert eine Population auf einen Überschuß an Ressourcen durch ansteigende Wachstumsraten.

Ist die Population klein, dann ist die Wachstumsrate positiv und groß. Nähert sich der Populationsanteil 100%, wird die Wachstumsrate klein. Überschreitet er 100%, erhalten wir eine negative Wachstumsrate und die Population nimmt ab.

9. Leite die Verhulst-Gleichung aus der Wachstumsgleichung her.

2.9 DIE PARABEL

Das Verhulst-Modell für die Populationsdynamik basiert auf der quadratischen Funktion

$$g_r(x) = x + rx(1 - x) \; .$$

Es besagt, daß $P_{t+1} = g_r(P_t)$. Rechts ist der Graph dieser Parabel mit $r = 2$ als Parameter.

1. Prüfe nach, daß die Parabel die x-Achse in $x = (r+1)/r$ schneidet. Dort ist also $g_r(x) = 0$.

2. Wo liegt der Schnittpunkt, wenn $r = 2$?

Im Kapitel 1 haben wir das Verhalten der Parabel

$$f_a(x) = ax(1 - x)$$

unter graphischer Iteration für verschiedene Werte von a zwischen 1 und 4 untersucht. Rechts steht der Graph dieser Funktion für $a = 3$.

3. Wo schneidet diese Parabel die x-Achse? Schneiden alle solchen Parabeln mit Parametern zwischen 1 und 4 die x-Achse in denselben beiden Punkten?

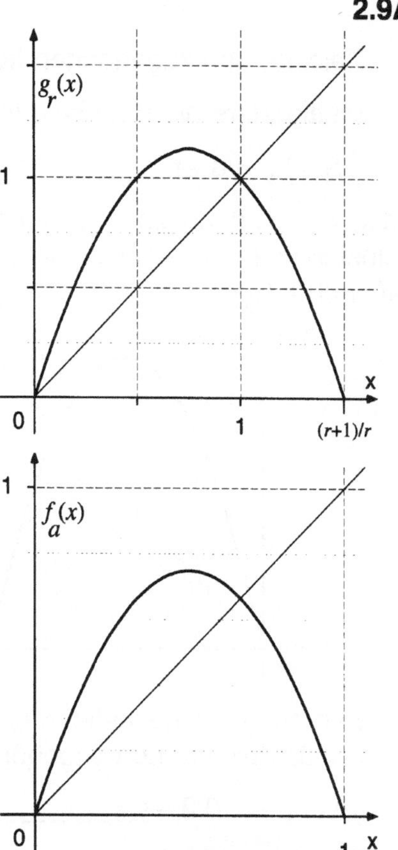

Wählen wir $a = r + 1$, dann haben die Parabeln $g_r(x)$ und $f_a(x)$ dieselbe Form. Sie unterscheiden sich nur in der Größe. Verkleinert man die Parabel $g_r(x)$ so, daß sie die x-Achse im Punkt 1 schneidet, dann stimmt sie mit der Parabel $f_a(x)$ überein.

Für die folgenden Aufgaben verwende man das Programm aus dem Arbeitsblatt 2.8, um die Verhulst-Funktion $g_r(x)$ und die Funktion $f_a(x)$ für verschiedene Parameterwerte und Anfangspunkte zu iterieren. Zur Iteration von $f_a(x)$ ändere man Zeile 9 im Programm:

Zeile	CASIO	Zeile	TEXAS INSTRUMENTS
9	$(0+R)P-RP^2 \rightarrow P$	9	$:(0+R)P-RP^2 \rightarrow P$

Dann entsprechen x und a den Variablen P und R im Programm.

4. Berechne die nächsten vier Iterierten des Anfangspunktes $x_0 = 3/8$ für $g_r(x)$ und $r = 2$. Ist $r = 2$, so schneidet die Parabel die x-Achse an der Stelle// $x = (2+1)/2 = 3/2$.

$$g_2(x): \quad 3/8 \rightarrow \underline{\qquad} \rightarrow \underline{\qquad} \rightarrow \underline{\qquad} \rightarrow \underline{\qquad}$$

5. Zeichne den zugehörigen Iterationspfad in das obige Diagramm von $g_r(x)$.

6. Berechne die nächsten vier Iterierten des Anfangspunktes $x_0 = 1/4$ für $f_a(x)$ und $a = 3$.

$$f_3(x): \quad 1/4 \rightarrow \underline{\qquad} \rightarrow \underline{\qquad} \rightarrow \underline{\qquad} \rightarrow \underline{\qquad}$$

7. Zeichne den zugehörigen Iterationspfad in das obige Diagramm von $f_a(x)$.

8. Multipliziere die Resultate in Frage 6 mit 3/2, den Wert von $(r+1)/r$ für $r = 2$.

$\frac{3}{2}f_3(x)$: 3/8 $\rightarrow$ _____________ $\rightarrow$ _____________ $\rightarrow$ _____________ $\rightarrow$ _____________

Ist $a = r+1$, dann sind die Iteration von $f_a(x)$ im Punkt x_0 und die Iteration von $g_r(x)$ im Punkt $x_0(r+1)/r$ äquivalent. Das untersuchen wir näher am Beispiel der Funktionen $g_3(x)$ und $f_4(x)$.

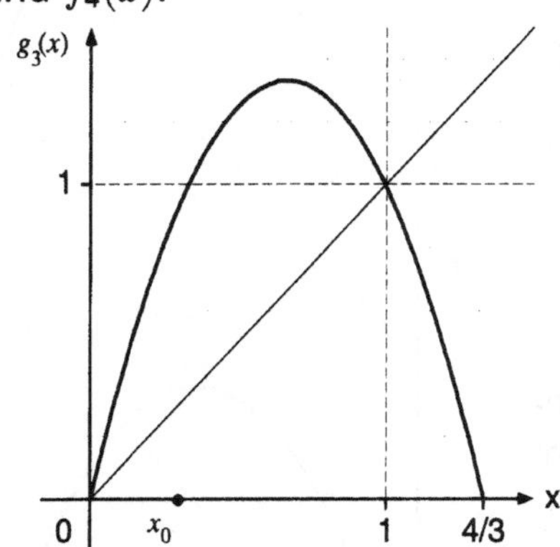

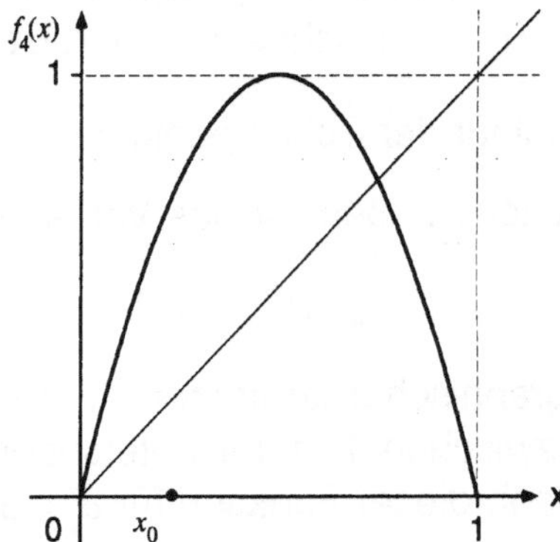

9. Berechne die nächsten vier Iterierten des Anfangspunktes $x_0 = 0.3$ für $g_r(x)$ und $r = 3$. Zeichne den zugehörigen Iterationspfad in das Diagramm von $g_3(x)$.

$g_3(x)$:   0.3 $\rightarrow$ _____________ $\rightarrow$ _____________ $\rightarrow$ _____________ $\rightarrow$ _____________

10. Berechne die nächsten vier Iterierten des Anfangspunktes $x_0 = 0.225$ für $f_a(x)$ und $a = 4$. Zeichne den zugehörigen Iterationspfad in das Diagramm von $f_4(x)$.

$f_4(x)$:   0.225 $\rightarrow$ _____________ $\rightarrow$ _____________ $\rightarrow$ _____________ $\rightarrow$ _____________

Alle Iterierten unter $g_3(x)$ sollten um den Skalenfaktor 4/3 größer sein als die Iterierten unter $f_4(x)$. Wir wollen ausprobieren was passiert, wenn wir die Iteration fortsetzen (Ändere die 12 in Zeile 15 des Programms in eine 50.).

11. Berechne die folgenden Iterierten des Anfangspunktes 0.3 für $g_r(x)$ und $r = 3$.

x_0	x_{10}	x_{20}	x_{30}	x_{40}	x_{50}
0.3					

12. Berechne die folgenden Iterierten des Anfangspunktes 0.225 für $f_a(x)$ und $a = 4$.

x_0	x_{10}	x_{20}	x_{30}	x_{40}	x_{50}
0.225					

Theoretisch sollten alle Iterierten von $g_3(x)$ genau $\frac{4}{3}$-mal so groß sein wie die Iterierten von $f_4(x)$. Die Berechnung der beiden Werte für x_{50} scheint dieser Regel jedoch zu widersprechen. Irgend etwas muß falsch sein! Die Antwort ist erstaunlich: Der Rechner ist ein Opfer der Sensitivität geworden! Winzige Rundungsfehler sind dermaßen aufgebläht worden, daß weder die höheren Iterierten von $g_3(x)$ noch die von $f_4(x)$ als korrekt angesehen werden dürfen.

2.10 DIE PARABEL UND CHAOS

2.10A

Was wir heute über Chaos wissen stammt größtenteils aus neuen Entwicklungen. Computer helfen uns zu sehen, daß sich dasselbe System sowohl stabil wie auch chaotisch und unvorhersagbar verhalten kann. Und sie können uns dabei helfen, die Übergangsstelle zu lokalisieren. Ist ein iterativer Prozeß chaotisch, dann zeigt er drei Grundeigenschaften.

Die Kennzeichen des Chaos

Sensitivität — Sensitive Abhängikeit von Anfangsbedingungen bedeutet, daß noch so kleine Änderungen des Anfangszustandes dramatische Veränderungen der Iteriertenfolge nach sich ziehen können.

Mischen — Mischen bedeutet, daß es in jedem beliebig kleinen Teilintervall noch Punkte gibt, die durch Iteration schließlich über den ganzen Definitionsbereich verteilt werden.

Periodische Punkte — Die Allgegenwart periodischer Punkte bedeutet, daß selbst im kleinsten Intervall sowohl unendlich viele periodische als auch nicht-periodische Punkte zu finden sind.

Graphik-Rechner können uns helfen, chaotisches Verhalten zu untersuchen. Dieses Iterationsprogramm zeigt verwandte Erscheinungen an Parabeln.

Zeile	CASIO	Zeile	TEXAS INSTRUMENTS
1		1	:ClrDraw
2	$0 \rightarrow R$	2	$:0 \rightarrow R$
3	Range 0, 1, 1, 0, 1, 1	3	$:0 \rightarrow$ Xmin
4		4	$:1 \rightarrow$ Xmax
5		5	$:0 \rightarrow$ Ymin
6		6	$:1 \rightarrow$ Ymax
7	"A="? $\rightarrow$ A	7	:Disp "A="
8		8	:Input A
9	"I="? $\rightarrow$ I	9	:Disp "I="
10		10	:Input I
11	Graph Y=AX(1−X)	11	:DrawF AX(1−X)
12	Graph Y=X	12	:DrawF X
13		13	:AI−AII $\rightarrow$ J
14	Plot I,0	14	:Line(I, 0, I, J)
15		15	:Goto 2
16	Lbl 1	16	:Lbl 1
17	AI−AII $\rightarrow$ J	17	:AI−AII $\rightarrow$ J
18	Plot I,J	18	:Line(I, I, I, J)
19		19	:Lbl 2
20	Plot J,J	20	:Line(I, J, J, J)
21	Line △	21	:Pause
22	J △	22	:Disp J
23		23	:Pause
24	$R+1 \rightarrow R$	24	$:R+1 \rightarrow R$
25	$J \rightarrow I$	25	$:J \rightarrow I$
26	R<8=>Goto 1	26	:If R<8
27		27	:Goto 1
28		28	:End

2.10B

1. Setze A= 4 und finde die Iterierten von I $= x_0 = 0.08$ und 0.10 (drei Stellen).

    0.08 → _________ → _________ → _________ → _________ → _________

    0.10 → _________ → _________ → _________ → _________ → _________

2. Welche Eigenschaft des Chaos zeigen uns die Iterierten in Frage 1 ?

Wir wählen Anfangspunkte für die Iteration von $f(x) = 4x(1-x)$ aus den Intervallen I im Definitionsbereich. Zu jedem Intervall I bestimme das vollständige Bildintervall B, das aus I entstünde, würde $f(x)$ in jedem Punkt von I einmal iteriert. Schattiere in jedem der Graphen die Pfade von I nach B.

Iteration 0, $I = [0.08, 0.10]$

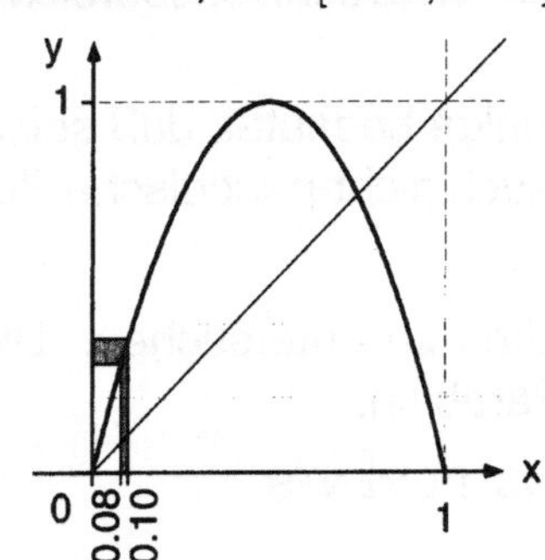

3. Iteration 1, $I = [0.29, 0.36]$

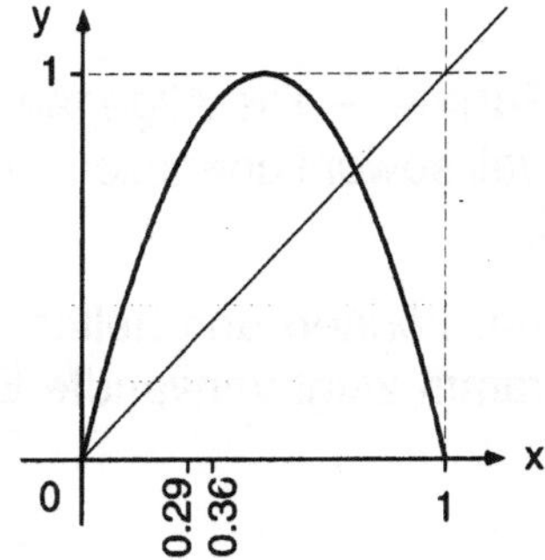

4. Iteration 2, $I = [0.83, 0.92]$

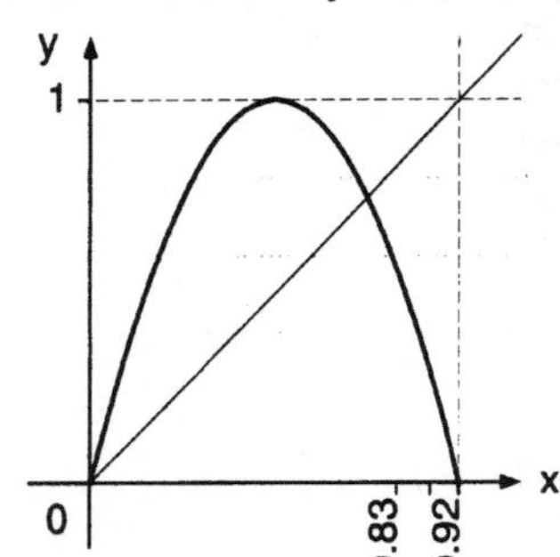

5. Iteration 3, $I = [0.56, 0.29]$

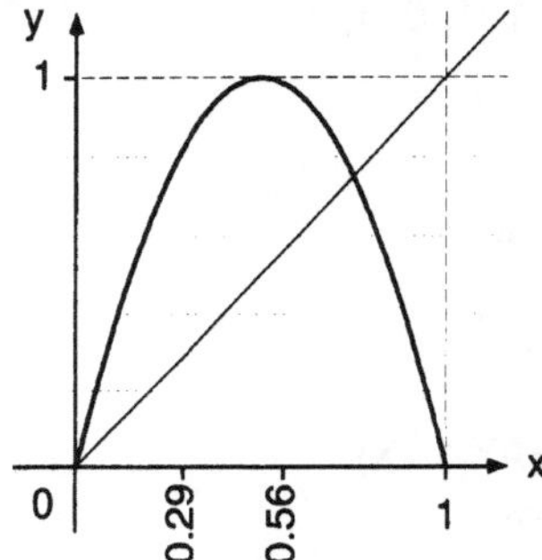

6. Iteration 4, $I = [0.82, 1.00]$

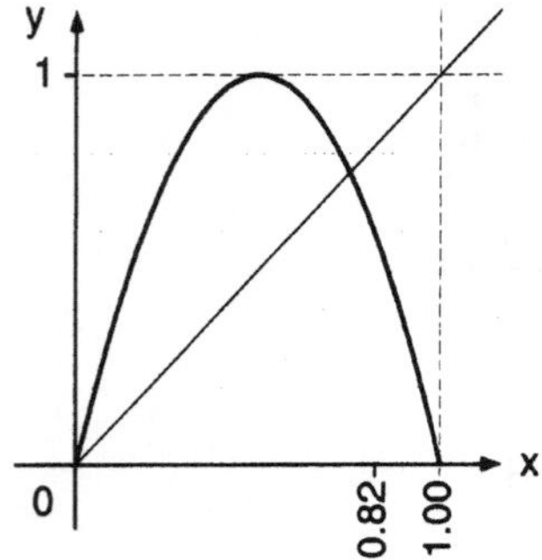

7. Iteration 5, $I = [0.00, 0.59]$

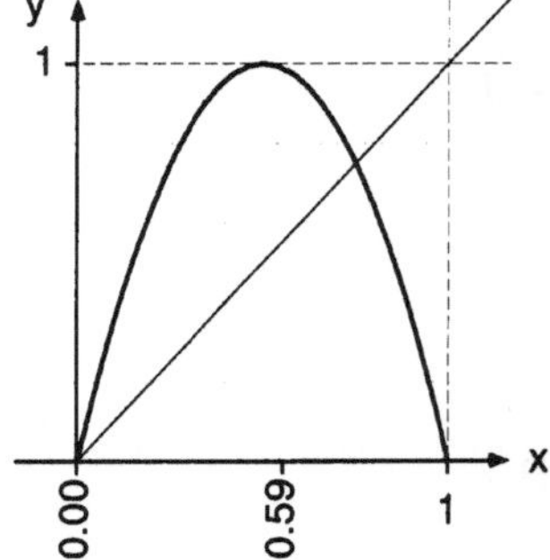

2.10C

Die voranstehenden Iterationstufen entsprechen aufeinanderfolgenden graphischen Iterationen, die auf dem kleinen Anfangsintervall $[0.08, 0.10]$ in der Stufe 0 beginnen.

8. Nach der Iteration 5 hat sich das Bild des kleinen Intervalls über den gesamten Wertebereich ausgebreitet. Welche Eigenschaft des Chaos wird damit veranschaulicht?

9. Die beiden folgenden Graphen zeigen vier verschiedene Iterationspfade beginnend an den Punkten p_0, q_0, r_0 und s_0. Finde die jeweilige Periode.

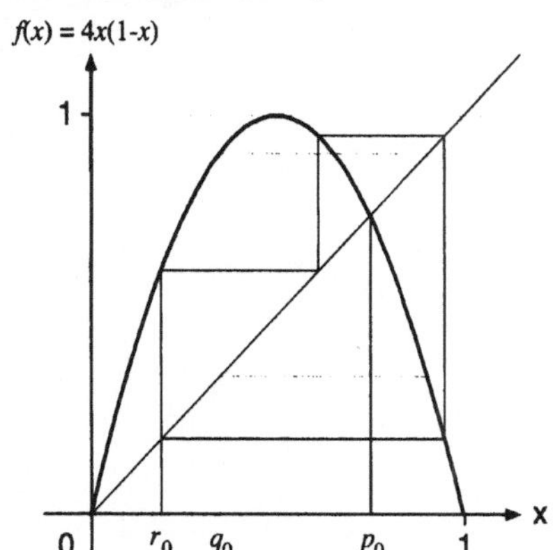

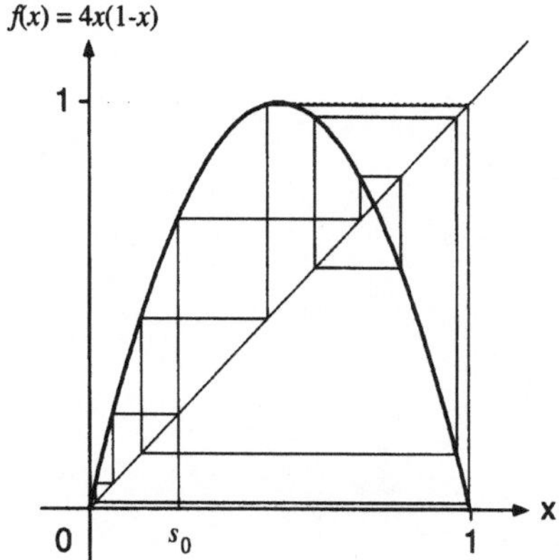

Algebraisch können wir periodische Punkte im Definitionsbereich von $f(x) = 4x(1 - x)$ finden, wenn wir ausnutzen, daß ein periodisches x_0 nach endlich vielen Anwendungen von f wieder als Wert herauskommen muß.

10. Im Fixpunkt x_0 ist $x_0 = f(x_0)$. In diesem Fall gilt $x_0 = 4x_0(1 - x_0)$. Löse die Gleichung und zeige, daß f an diesen Stellen wirklich Fixpunkte besitzt.

11. Erkläre, warum im Fixpunkt von f auch $x_0 = f(f(x_0))$ gilt.

12. Um Anfangspunkte mit der Periode 2 zu finden, müssen wir die Gleichung $x_0 = f(f(x_0))$ lösen. Setze die begonnenen Lösungsschritte fort. Verwende zur Reduktion der vierten Gleichung, daß auch an den in Frage 10 gefundenen Stellen $x_0 = f(f(x_0))$ gilt.

$$f(f(x_0)) = x_0$$
$$f(4x_0(1 - x_0)) = x_0$$
$$4(4x_0(1 - x_0))(1 - 4x_0(1 - x_0)) = x_0$$
$$-64x_0^4 + 128x_0^3 - 80x_0^2 + 15x_0 = 0$$

13. Welche Gleichungen müßten wir lösen, um im Einheitsintervall Punkte mit der Periode 3, 4 oder n zu finden?

Obwohl es schwierig wäre, diese Gleichungen zu lösen, deuten sie doch auf das Vorhandensein unendlich vieler periodischer Punkte hin. Aber müssen deshalb auch in jedem kleinen Teilintervall von $[0,1]$ periodische Punkte liegen? Die Antwort dazu folgt im nächsten Arbeitsblatt.

2.11 TRANSFORMATION VOM HUT ZUR PARABEL   2.11A

Wir haben einige Hinweise dafür gesehen, daß die quadratische Funktion $f(x) = 4x(1 - x)$ dieselben Kennzeichen des Chaos haben kann wie die Hut- und die Sägezahnfunktion. Könnten wir sicher sein, daß die quadratische Funktion Mischen, Sensitivität und dichte periodische Punkte aufweist, dann wäre es praktisch unmöglich ihr Langzeitverhalten vorherzusagen. Weil viele iterative Phänomene am besten mit Funktionen wie Parabeln beschrieben werden, ist es möglich, daß die Langzeitvorhersage solcher Phänomene auf dieselben Schwierigkeiten stößt. Viele glauben, dies sei bei den meisten natürlichen Systemen der Fall. Ein vertrautes Beispiel ist die Unzuverlässigkeit der Wettervorhersage.

Die Hutfunktion ist ein mathematisches Modell für das Strecken und Falten beim Kneten. Unterteilen wir das Einheitsintervall in 8 gleiche Teilintervalle, so sind die transformierten Bildintervalle genau zweimal so groß wie die Originale, und sie liegen genau dort, wohin sie das Strecken+Falten gebracht hätte. Wir transformieren nun dieselben Intervalle mit der Parabel $f(x) = 4x(1 - x)$.

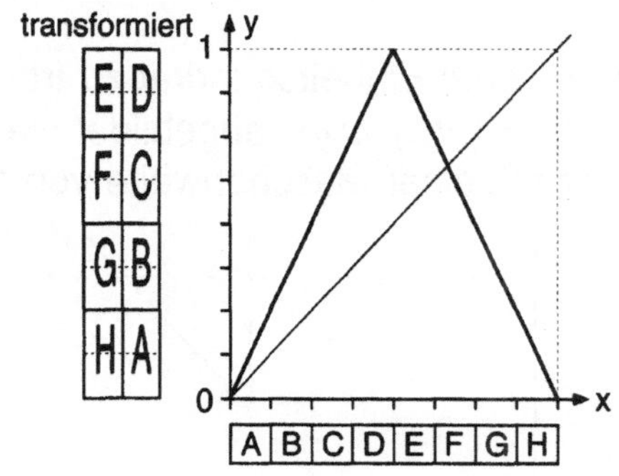

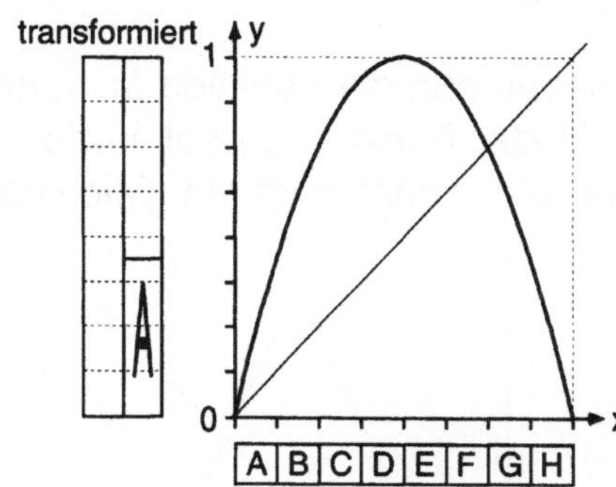

1. Zeichne die Bildintervalle für die Parabel und trage die Markierungen A – H ein.

2. Welche Intervalle haben die kleinsten Bilder? Welche haben die größten?

Die Transformation mit der Parabel deformiert die Bildintervalle. Wir können versuchen, diesem Effekt durch eine ungleichmäßige Unterteilung entgegen zu wirken. Die Abbildung zeigt dieselbe Unterteilung in 8 Teilintervalle auf beiden Achsen.

3. Zeichne und beschrifte die Bilder der
    Intervalle A – H dieser ungleichmäßigen Unterteilung auf der x-Achse.

4. Wie viele Abschnitte der Unterteilung auf der
    y-Achse werden von jedem Bildintervall überdeckt? Bedecken alle Bilder dieselbe Anzahl
    von Abschnitten?

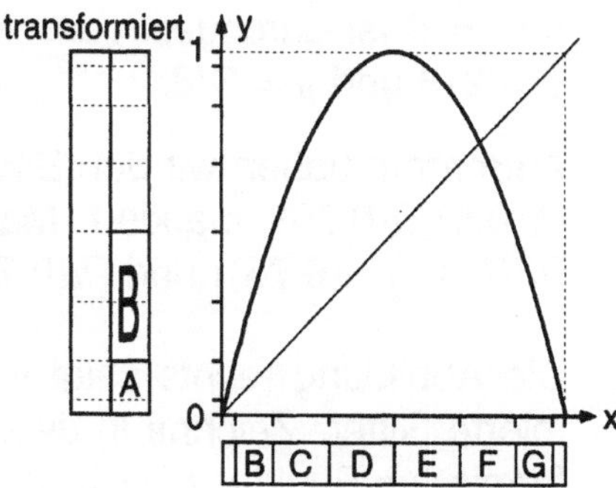

2.11B

Die ungleichmäßige Unterteilung in Frage 3 und 4 stammt von der trigonometrischen Funktion

$$h(x) = \left(\sin(\frac{\pi}{2}x)\right)^2.$$

Einen Teil des Graphen von $h(x)$ zeigt die nebenstehende Abbildung. Auf dem Einheitsintervall ist $h(x)$ umkehrbar. Eine gleichförmige Unterteilung wird von $h(x)$ in eine ungleichförmige wie in Frage 3 und 4 transformiert.

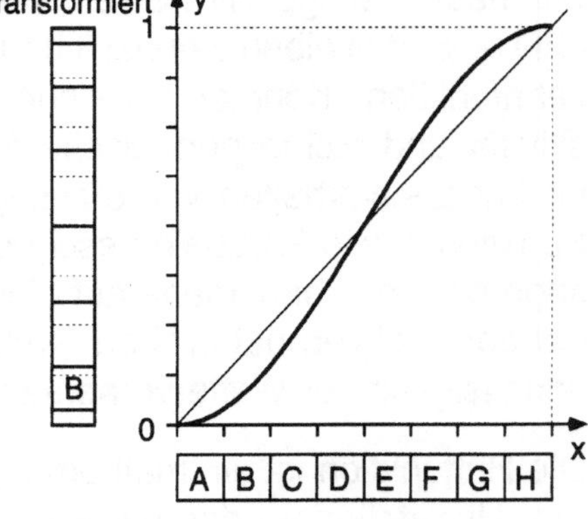

5. Zeichne die transformierten Bilder der gleichförmigen Teilintervalle A – H. Vergleiche sie mit den Teilintervallen auf der x-Achse in Frage 3.

Wir benutzen nun die Funktion $h(x)$, um Punkte aus dem Einheitsquadrat zu transformieren. Jeder Punkt (x, y) soll in den Punkt $(x', y') = (h(x), h(y))$ abgebildet werden. Das linke Diagramm zeigt ein gleichmäßiges Gitter mit einer Maschenweite von 1/8.

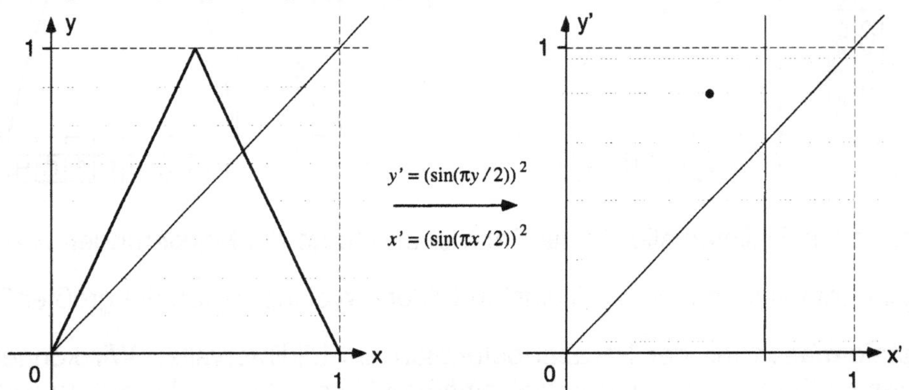

6. Das rechte Diagramm zeigt das transformierte Gitter. Das Bild der Senkrechten $x = 5/8$ ist durchgezogen. Markiere auf dieselbe Weise die Bilder der Geraden $x = 2/8$ und $y = 3/8$.

7. Außerdem haben wir den Bildpunkt $(h(0.5), h(0.75))$ markiert. Markiere $(h(0.125), h(0.75))$ und $(h(0.75), h(0.25))$.

8. Die Abbildung rechts zeigt wieder das transformierte Gitter. Zeichne in dieses Gitter die transformierten Punkte $(h(x), h(y))$ aller Schnittpunkte (x, y) des Graphen der Hutfunktion mit den senkrechten Gitterlinien im obigen Diagramm. Verbinde die Punkte.

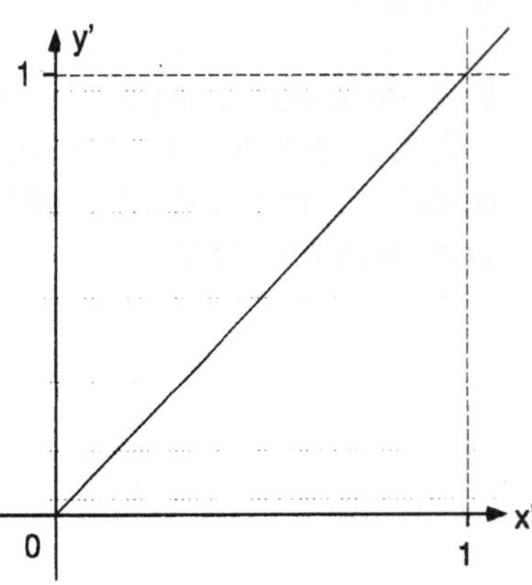

2.11C

Der Streckenzug ist eine grobe Approximation der Parabel $y = 4x(1-x)$. Ein feineres Gitter hätte eine bessere Annäherung ergeben. Würden wir alle Punkte (x, y) des Graphen der Hutfunktion transformieren, ergäben die Bildpunkte $(x', y') = (h(x), h(y))$ den Graphen der Parabel $y' = 4x'(1 - x')$.

Die linke Abbildung zeigt die Hutfunktion über einem gleichförmigen Gitter der Maschenweite 1/10 und einige Stufen der graphischen Iteration im Punkt $x_0 = 0.3$. Die rechte Abbildung zeigt das transformierte Gitter und die Parabel $y = 4x(1 - x)$.

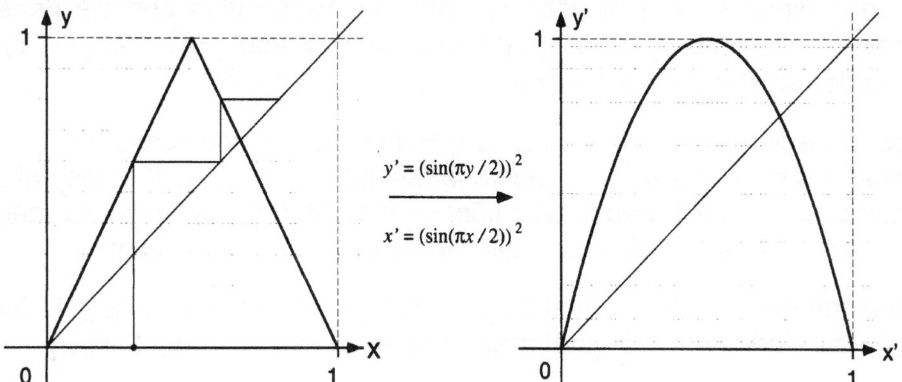

9. Zeichne das transformierte Bild des Iterationspfades.

Man beachte, daß der transformierte Pfad in Aufgabe 9 genau dem Iterationspfad unter der Parabel an der Stelle $(\sin(0.3\frac{\pi}{2}))^2 = 0.220245...$ entspricht. Das transformierte Bild eines Iterationspfades unter der Hutfunktion mit dem Anfangspunkt x_0 ist immer ein Iterationspfad unter der Parabel am transformierten Anfangspunkt x_0'. Für die folgenden Fragen brauchen wir einen Taschenrechner.

10. Sei $x_0 = 0.4$. Finde den transformierten Punkt x_0' .

11. Wir wissen, daß $x_0 = 2/7$ einen Dreierzyklus $x_0 \rightarrow x_1 \rightarrow x_2 \rightarrow x_3$ unter der Hutfunktion erzeugt. Finde die drei transformierten Punkte $x_k' = h(x_k)$. Vergleiche die Resultate.

$$
\begin{array}{lll}
x_0 = 2/7 & x_0' = h(x_0) = \underline{\qquad} & x_0' = \underline{\qquad} \\
x_1 = H(x_0) = 4/7 & x_1' = h(x_1) = \underline{\qquad} & f(x_0') = \underline{\qquad} \\
x_2 = H^2(x_0) = 6/7 & x_2' = h(x_2) = \underline{\qquad} & f^2(x_0') = \underline{\qquad} \\
x_3 = H^3(x_0) = 2/7 & x_3' = h(x_3) = \underline{\qquad} & f^3(x_0') = \underline{\qquad}
\end{array}
$$

12. Der Anfangspunkt $x_0 = 8/25$ erzeugt eine Iteriertenfolge $x_0 \rightarrow x_1 \rightarrow \cdots \rightarrow x_{10}$ der Periode 10 unter der Hutfunktion wie aus der Tabelle auf der nächsten Seite ersichtlich ist. Finde die 10 transformierten Iterierten $x_k' = h(x_k)$. Verwende alle Stellen zur Berechnung der Iterierten von x_0' unter der Parabel $f(x)$, schreibe aber nur drei Stellen in die Tabelle. Vergleiche die Ergebnisse.

2.11D

k	x_k	$x'_k = h(x_k)$	$f^k(x'_0)$		5	6/25		
0	8/25				6	12/25		
1	16/25				7	24/25		
2	18/25				8	2/25		
3	14/25				9	4/25		
4	22/25				10	8/25		

Die Iterierten eines Anfangspunktes x_0 unter der Hutfunktion und die Iterierten des transformierten Punktes $x'_0 = (\sin(\frac{\pi}{2}x_0))^2$ unter der Parabel $f(x) = 4x(1-x)$ entsprechen einander via der Transformation $x' = h(x) = (\sin(\frac{\pi}{2}x))^2$.

Zum Beweis beginnen wir mit x_0 unter der Hutfunktion H und schreiben $y_0 = x'_0$ unter der Parabel. Es sind also $x_0, x_1, \ldots$ die Iterierten unter H, und $y_0, y_1, \ldots$ die entsprechenden Iterierten unter der Parabel. Wir können mit vollständiger Induktion zeigen, daß $y_k = x'_k = h(x_k)$ für *alle* $k = 0, 1, 2, \ldots$ gilt, woraus die Äquivalenz folgt.

13. a. Beginne mit der Transformation $y_0 = (\sin(\frac{\pi}{2}x_0))^2$, wobei $0 \leq x_0 \leq 1$. Setze y_0 in die Formel für die quadratische Iteration ein, $y_1 = 4y_0(1 - y_0)$.

$$y_1 = \underline{\hspace{8cm}}$$

b. Vereinfache mit Hilfe der trigonometrischen Identität $(\cos\alpha)^2 = 1 - (\sin\alpha)^2$.

$$y_1 = \underline{\hspace{7cm}}$$

c. Vereinfache mit Hilfe des Additionstheorems $(\sin\alpha)^2 = 2\sin\alpha\cos\alpha$.

$$y_1 = \underline{\hspace{7cm}}$$

d. Zeige, daß obiges y_1 die Gleichung $y_1 = x'_1 = (\sin(\frac{\pi}{2}x_1))^2$ erfüllt, wenn $x_1 = H(x_0)$. Beginne mit dem Fall $0 \leq x_0 \leq 1/2$. Dann ist $x_1 = H(x_0) = 2x_0$.

$$(\sin(\tfrac{\pi}{2}x_1))^2 = \underline{\hspace{6cm}}$$

e. Im anderen Fall ist $1/2 < x_0 \leq 1$. Substituiere $x_1 = H(x_0) = 2 - 2x_0$.

$$(\sin(\tfrac{\pi}{2}x_1))^2 = (\sin(\underline{\hspace{2cm}}))^2 = (\sin(\underline{\hspace{2cm}}))^2$$

f. Zum Vereinfachen benutze erst, daß $(\sin(\alpha + \pi))^2 = (\sin\alpha)^2$, und dann $(\sin(-\alpha))^2 = (\sin\alpha)^2$.

$$(\sin(\tfrac{\pi}{2}x_1))^2 = (\sin(\underline{\hspace{2cm}}))^2 = (\sin(\underline{\hspace{2cm}}))^2$$

Wir haben gezeigt, daß $y_1 = x'_1$ gilt, und die Behauptung fogt nun durch vollständige Induktion. Deshalb sind die Iterierten der Hutfunktion und der Parabel völlig äquivalent. Die Iteration von $f(x) = 4x(1-x)$ hat alle Eigenschaften des Chaos.

- Punkte, die unter der Hutfunktion Sensitivität zeigen, werden in Punkte transformiert, die unter der Parabel Sensitivität aufweisen.
- Punkte, die unter der Hutfunktion Mischen zeigen, indem sie aus einem Intervall ins andere führen, werden zu Punkten mit gleichem Verhalten unter der Parabel.
- Punkte, die unter der Hutfunktion periodisch sind, werden in Punkte transformiert, die unter der Parabel periodisch sind.

2.12 LANGZEITVERHALTEN UND ZEITREIHEN

2.12A

Viele iterative Prozesse zeigen ihre wahre Natur erst sehr spät in der Folge der Iterierten. In diesem Arbeitsblatt beschreiben wir eine Technik zur Veranschaulichung solcher Situationen.

Betrachten wir zwei drastisch verschiedene Beispiele. Wir wählen die Parameterwerte 1.8 und 4.

Graphische Iteration von
$f(x) = 1.8x(1 - x)$ mit $x_0 = 0.2$

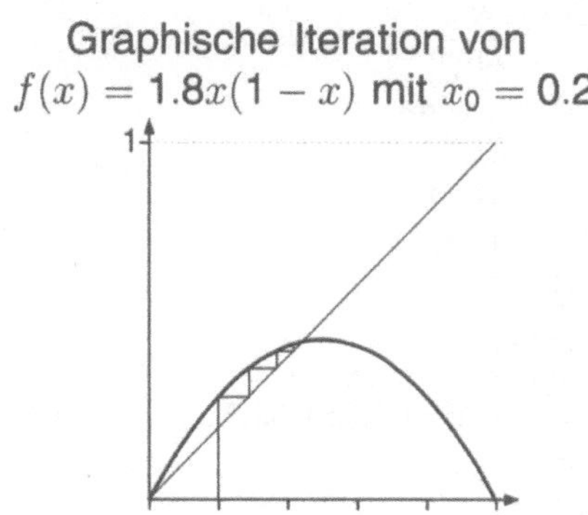

Graphische Iteration von
$f(x) = 4x(1 - x)$ mit $x_0 = 0.2$

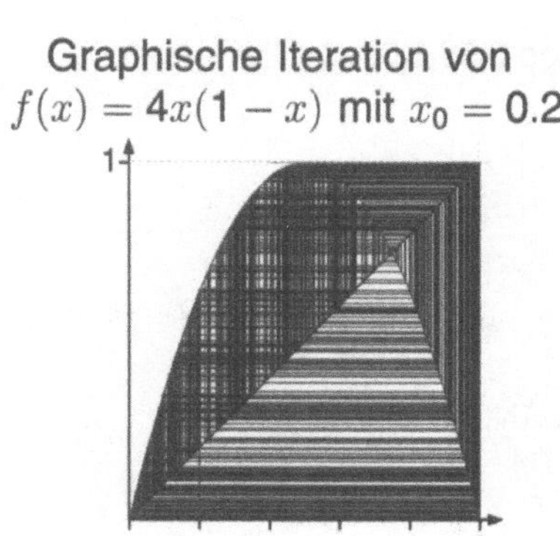

1. Beschreibe das Verhalten der beiden obigen Iterationspfade unter den ersten 50 Iterationen. Können wir erwarten, von weiteren Iterationen noch mehr zu lernen?

Wir sind hier an Iterationsmustern interessiert, die erst allmählich entstehen. Um Funktionen mit solchem Verhalten besser untersuchen zu können, stellen wir die aufeinanderfolgenden Iterierten wie eine Zeitreihe dar. Wir zeigen wieder dieselben Daten wie oben, aber diesmal als Streckenzug durch die Punkte $(0, x_0)$, $(1, x_1)$, $(2, x_2)$, $(3, x_3)$, $(4, x_4)$, ... , (n, x_n).

Zeitreihe für
$f(x) = 1.8x(1 - x)$ mit $x_0 = 0.2$

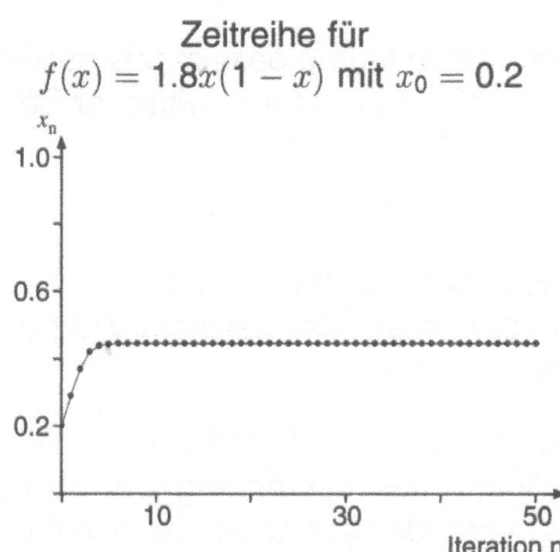

Zeitreihe für
$f(x) = 4x(1 - x)$ mit $x_0 = 0.2$

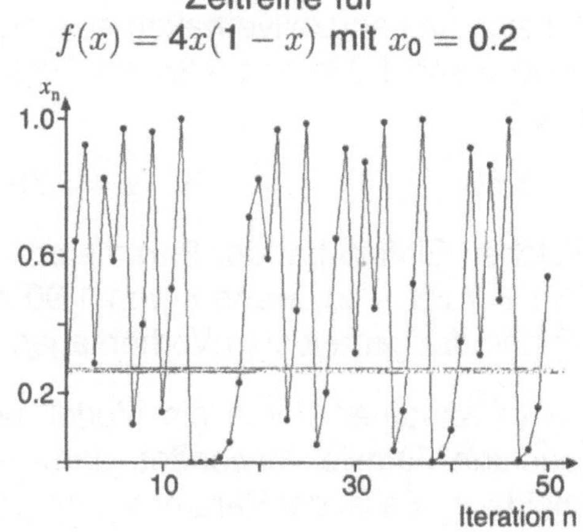

2. Mit Hilfe obiger Zeitreihen vergleiche das Langzeitverhalten von $f(x) = 1.8x(1 - x)$ mit dem von $f(x) = 4x(1 - x)$ bezüglich Vorhersagbarkeit und Chaos.

2.12B

Die Wahl des Parameters a in $f(x) = ax(1 - x)$ hat entscheidenden Einfluß auf das Langzeitverhalten der Funktion. Die folgenden Graphik-Rechnerprogramme dienen zum Plotten von Zeitreihen für solche Funktionen.

Zeile	CASIO	Zeile	TEXAS INSTRUMENTS
1		1	:ClrDraw
2	Range 0,50,5,0,1,0.1	2	:0 → Xmin
3		3	:50 → Xmax
4		4	:5 → Xscl
5		5	:0 → Ymin
6		6	:1 → Ymax
7		7	:0.1 → Yscl
8	"A="? → A	8	:Disp "A="
9		9	:Input A
10	"ANFANGSPUNKT"? → I	10	:Disp "ANFANGSPUNKT"
11	Plot 0,I	11	:Input I
12	0 → C	12	:0 → C
13	Lbl 1	13	:Lbl 1
14	AI(1−I) → J	14	:AI(1−I) → J
15	Plot C+1,J	15	:Line(C,I,C+1,J)
16	J → I	16	:J → I
17	Isz C	17	:IS>(C,50)
18	C<50=>Goto 1	18	:Goto 1
19	Line △	19	:End

Verwende das Programm für jeden der folgenden Werte des Parameters a. Beschreibe das Langzeitverhalten der Iteration an verschiedenen Anfangspunkten.

3. $a = 1.90$ 4. $a = 2.75$ 5. $a = 3.25$

6. Hat sich im Langzeitverhalten eine signifikante Veränderung gezeigt, als der Parameter a von 1.90 nach 3.25 anwuchs? Ist der Anfangspunkt von kritischer Bedeutung?

7. $a = 3.50$ 8. $a = 3.75$ 9. $a = 4.00$

10. Welchen Einfluß hat der Parameter a auf das Langzeitverhalten von
    $f(x) = ax(1 - x)$, wenn a von 1.90 nach 4.00 wächst. Bei welchem Wert von a können die genauesten Vorhersagen getroffen werden?

Wird ein Phänomen durch ein Modell beschrieben, das eine Funktion aus der hier untersuchten Familie verwendet, dann ist im allgemeinen der Anfangswert nicht so entscheidend. Es ist der Parameter, mit dem das Modell den speziellen Beobachtungen angepaßt wird. Variation des Parameters führt zu signifikanten Veränderungen.

Zum Beispiel ist in der Populationsdynamik nicht die Anfangsgröße sondern die Umwelt der entscheidende Faktor für die Wachstumsrate. Unterschiedliche Werte dieses Parameters können kontrolliertes Wachstum oder ziellose, unvorhersehbare Fluktuationen bedeuten.

2.13 DAS FEIGENBAUM-DIAGRAMM   2.13A

Im letzten Übungsblatt haben wir gesehen wie das Langzeitverhalten der quadratischen Funktion $f(x) = ax(1-x)$ unter Iteration sich dramatisch verändern kann, wenn der Parameter a variiert wird. Abhängig von seiner Größe kann das Langzeitverhalten von $f(x)$ überall zwischen stabil und unvorhersagbar liegen. In diesem Übungsblatt untersuchen wir wie und wo das Verhalten wechselt, wenn a von 1 nach 4 anwächst.

Die folgenden Diagramme zeigen die Verhaltensunterschiede von $f(x) = ax(1-x)$ an drei verschiedenen Parameterwerten von a. Es werden 50 Iterationen durchgeführt, beginnend im Punkt $x_0 = 0.2$.

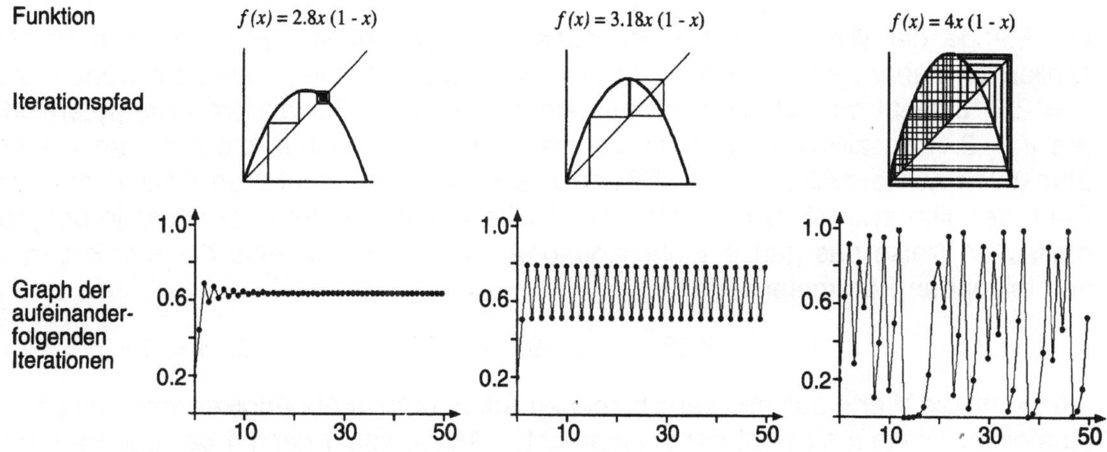

1. Im Graphen von $f(x) = 3.5x(1-x)$ links unten beginne im Punkt $x_0 = 0.125$ und iteriere graphisch viermal.

2. Zur Probe wende für Frage 1 das Graphik-Rechnerprogramm vom Arbeitsblatt 5.12 an.

3. Stelle das Langzeitverhalten von $f(x) = 3.5x(1-x)$ im Diagramm unten rechts so wie in den obigen Beispielen dar. Benutze einen Taschenrechner!

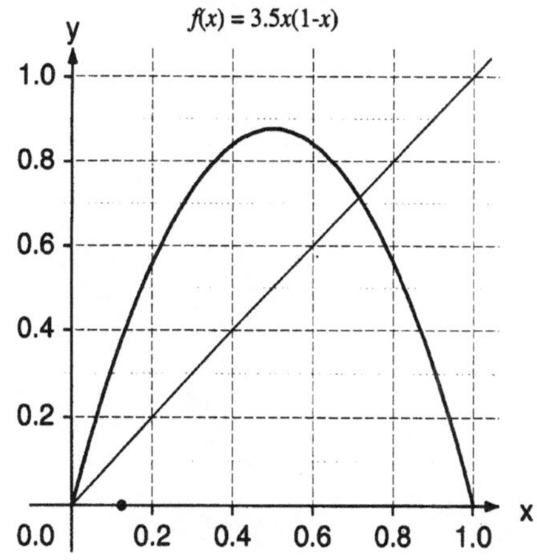

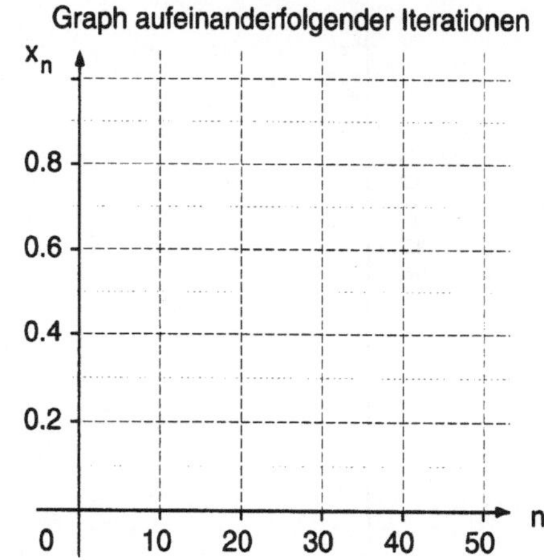

2.13B

Bisher hat jede Wahl des Parameters a ein anderes Langzeitverhalten illustriert. Für $a = 2.8$ stabilisierten sich die Iterierten bei 0.64... mit wachsendem n. Beschreibe mit Hilfe der Abbildungen und Ergebnisse auf der vorigen Seite das Langzeitverhalten, wenn a wie folgt gewählt wird.

4. $a = 3.18$

5. $a = 3.5$

6. $a = 4.0$

Die Menge der Werte, die zyklisch auftauchen und denen sich die Iteriertenfolge schließlich nähert, nennt man einen *Attraktor*. Bei manchen Parameterwerten (z.B. $a = 2.8$) besteht der Attraktor nur aus einem Fixpunkt. Für andere Parameterwerte, wie $a = 3.18$, oszillieren die Iterierten zwischen zwei Punkten, die zusammen einen attraktiven Zweierzyklus bilden. Für noch andere Werte sieht man schließlich einen Pfad, der sich zyklisch durch viele periodische Punkte windet oder sogar in unsystematischer Weise das ganze Einheitsquadrat ausfüllt. Beschreibe die Attraktoren zu den folgenden Parameterwerten.

7. $a = 2.8$ 8. $a = 3.18$ 9. $a = 3.5$ 10. $a = 4$

Man kann die Werte aus den verschiedenen Attraktoren in Abhängikeit von a graphisch darstellen. Wenn a sich auf der waagerechten Achse von 1 nach 4 bewegt, trägt man die Werte aus dem jeweiligen Attraktor als Höhen über a ein.

11. Der Fixpunkt-Attraktor an der Stelle $a = 2.8$ und der Zweierzyklus-Attraktor für $a = 3.18$ sind unten im Diagramm bereits eingetragen. Füge die Attraktoren an den Stellen $a = 3.5$ und $a = 4$ hinzu.

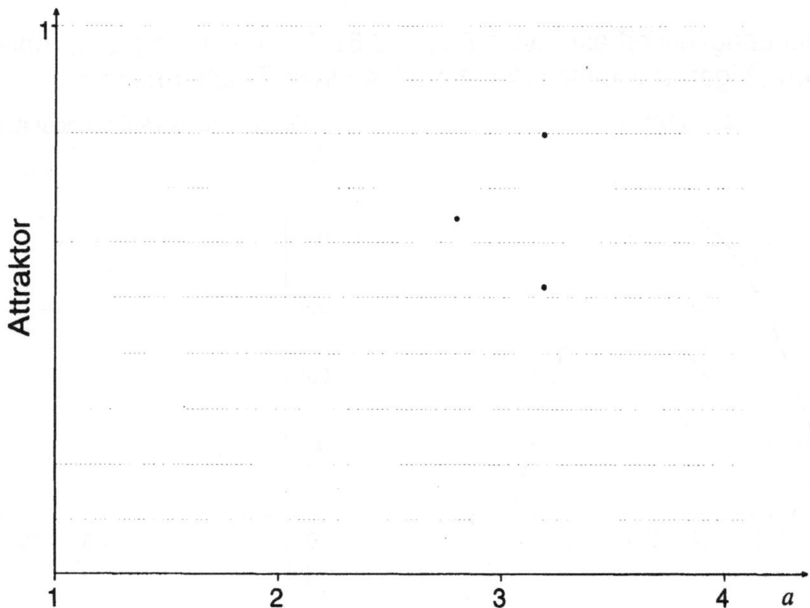

2.13C

Nach den ersten paar Iterationsschritten läßt sich über das Langzeitverhalten im allgemeinen wenig sagen. Dieses Programm iteriert $f(x) = ax(1 - x)$ im Punkt $x_0 = 0.2$ automatisch hundertmal, bevor es mit der Anzeige der nächsten Iterierten beginnt.

Line	CASIO	Line	TEXAS INSTRUMENTS
1	$0 \to C$	1	:$0 \to C$
2	$0.2 \to X$	2	:$0.2 \to X$
3	Fix 3	3	:Fix 3
4	"A="? $\to$ A	4	:Disp "A="
5		5	:Input A
6	Lbl 1	6	:Lbl 1
7	AX(1−X) $\to$ X	7	:AX(1−X) $\to$ X
8	Isz C	8	:IS>(C,100)
9	C<101=>Goto 1	9	:Goto 1
10	X $\triangle$	10	:Disp X
11		11	:Pause
12	C<115=>Goto 1	12	:If C<115
13		13	:Goto 1
14		14	:End

Zeile	
1–5	Iterationszähler C auf 0, Anfangspunkt X auf 0.2 setzen. Parameter A eingeben.
6–9	Iterationsschleife. Die ersten 100 Vor-Iterationen.
10–13	Anzeige der nächsten 15 Iterierten.

12. Untersuche mit dem Programm für jeden der Werte von a das Verhalten nach 100 Iterationen. Wenn möglich, finde die Werte im Attraktor. Trage sie in die Tabelle und im Diagramm zur Frage 11 ein.

Parameter a:	2.95	3.63	3.74	3.84	3.846
Werte im Attraktor					

13. Wo im Intervall $1 \leq a \leq 4$ scheint es Fixpunkt-Attraktoren zu geben? Wo würden wir einen attraktiven Zweierzyklus erwarten? Dreierzyklen? Viererzyklen?

14. Jetzt sollte das Diagramm in Frage 11 bereits etwas von den Schwierigkeiten enthüllen, die uns bei der Langzeitvorhersage der Iteration der quadratischen Funktion $f(x) = ax(1 - x)$ am Anfangspunkt a begegnen. Erkläre, warum es immer schwieriger wird, solche Vorhersagen zu machen, wenn a gegen 4 wächst.

2.13D

Die quadratische Funktion $f(x) = ax(1 - x)$ zeigt ein außerordentlich abwechslungsreiches Verhalten, wenn der Parameter a von 1 nach 4 anwächst. Am wichtigsten ist dabei der Zusammenhang mit der Vorhersagbarkeit des Langzeitverhaltens. Sie existiert in der Form eines Fixpunkt-Attraktors für kleine Werte von a. Mit wachsendem a werden Vorhersagen zunehmend komplizierter, wenn der Umfang der Attraktoren ansteigt. Nähert a sich 4, wechselt das Verhalten schnell in einen völlig chaotischen, unvorhersehbaren Zustand.

Die Folgen dieser Beobachtungen gehen tief und sind beunruhigend. Naturereignisse, die mit einer solchen quadratischen Beziehung beschrieben werden können, mögen lediglich wegen gewisser Beziehungen zwischen Parametern und Variablen als unter oder außer Kontrolle erscheinen. Während sie unter bestimmten Bedingungen eindeutig vorhersagbar sind, kann eine winzige Veränderung dieser Bedingungen sie völlig chaotisch und unvorhersagbar machen.

Unten zeigen wir ein vollständiges Diagramm der Attraktoren aller Funktionen der Gestalt $f(x) = ax(1 - x)$, mit a zwischen 1 und 4. Dieses Diagramm ist nach dem amerikanischen Physiker Mitchell J. Feigenbaum benannt. Seine Arbeit in Los Alamos in der Mitte der siebziger Jahre brachte wichtige Eigenschaften solcher Diagramme ans Licht.

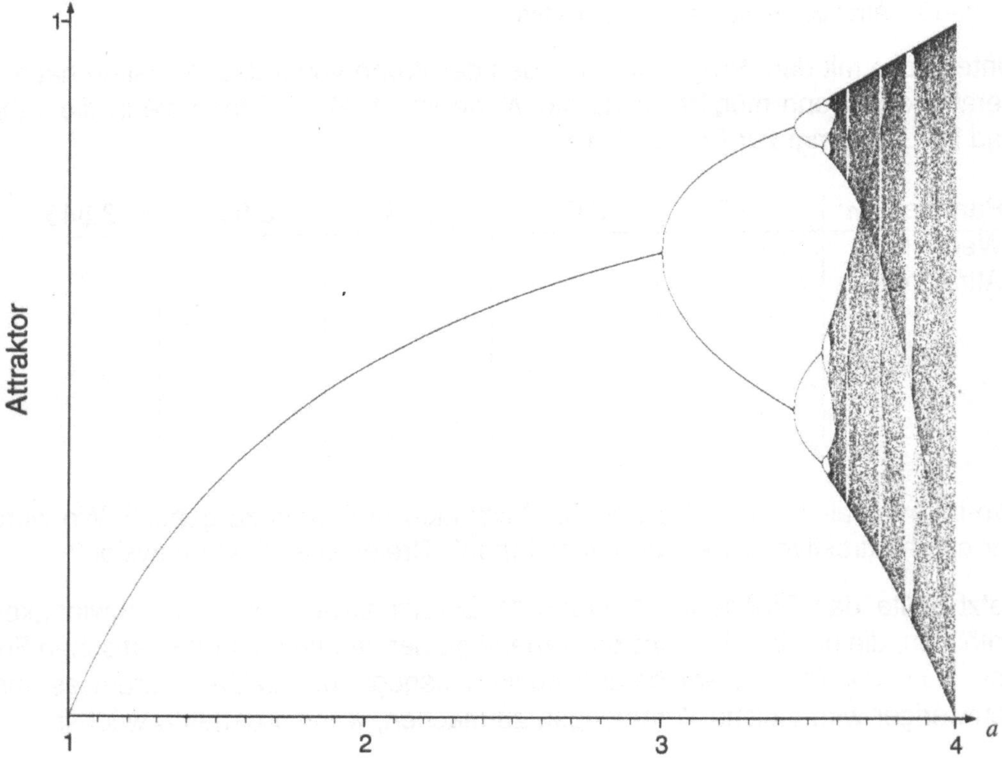

2.13E

Genau an der Stelle $a = b_1 = 3$ geht der Attraktor von einem Fixpunkt in einen Zweierzyklus über. Damit beginnt eine ganze Folge sogenannter *periodenverdoppelnder Bifurkationen*. Bei $a = b_2 = 3.4494...$ wechselt der Zweierzyklus in einen Viererzyklus, bei $a = b_3 = 3.544...$ wird aus dem Viererzyklus ein Achterzyklus, usw. Die Abbildung rechts oben zeigt das Feigenbaum-Diagramm für Parameterwerte a zwischen $b_1 = 3$ und $a = 3.569945...$. Das ist ungefähr die Stelle, wo die Folge von Periodenverdoppelungen aufhört. Wir nennen diesen Teil des Diagramms den Verdoppelungsbaum. Die untere Abbildung ist eine Ausschnittsvergrößerung des Verdoppelungsbaumes, beginnend mit $a = b_2 = 3.4494...$. Trotzdem passen die Bifurkationsstellen beider Diagramme fast genau übereinander. Formal bedeutet das

$$\frac{b_2 - b_1}{b_3 - b_2} \approx \frac{b_3 - b_2}{b_4 - b_3} \approx \frac{b_4 - b_3}{b_5 - b_4} \approx \cdots$$

Diese Eigenschaft wollen wir nun untersuchen.

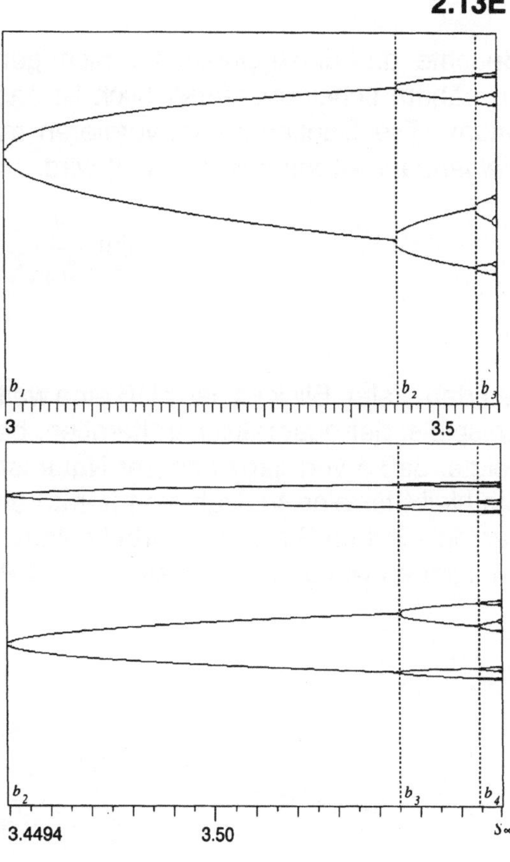

15. Hier ist eine Liste der ersten sieben Bifurkationspunkte. Berechne die Differenzen.

$b_1 = 3.0$

$b_2 = 3.449490...$ $d_1 = b_2 - b_1 = $ _____________

$b_3 = 3.544090...$ $d_2 = b_3 - b_2 = $ _____________

$b_4 = 3.564407...$ $d_3 = b_4 - b_3 = $ _____________

$b_5 = 3.568759...$ $d_4 = b_5 - b_4 = $ _____________

$b_6 = 3.569692...$ $d_5 = b_6 - b_5 = $ _____________

$b_7 = 3.569891...$ $d_6 = b_7 - b_6 = $ _____________

16. Berechne die Quotienten d_k/d_{k+1} aufeinanderfolgender Differenzen.

d_1/d_2	d_2/d_3	d_3/d_4	d_4/d_5	d_5/d_6

2.13F

Beachte, daß diese Quotienten nicht genau gleich sind, sich jedoch einem festen Wert zu nähern scheinen. Tatsächlich ist das eine der großen Entdeckungen von Feigenbaum. Die Quotienten konvergieren mit wachsendem k zum Wert 4.669202..., der *Feigenbaum-Konstante* genannt wird.

$$\lim_{k \to \infty} \frac{d_k}{d_{k+1}} = \delta = 4.669202...$$

Auf den ersten Blick ist das bloß eine weitere Zahl, die das Verhalten unseres speziellen Beispiels, der quadratischen Iteration, beschreibt. Feigenbaum ging jedoch weiter und zeigte, daß δ von ganz anderer Natur ist. Die Konstante $\delta = 4.669202...$ ist *universell*. Sie bleibt für eine Vielzahl von Iteratoren gültig. So erscheint sie z.B. bei der Iteration der logistischen Gleichung (Arbeitsblatt 2.8) wie auch bei der Iteration trigonometrischer Funktionen wie $g_a(x) = ax^2 \sin(\pi x)$ mit Parameter a.

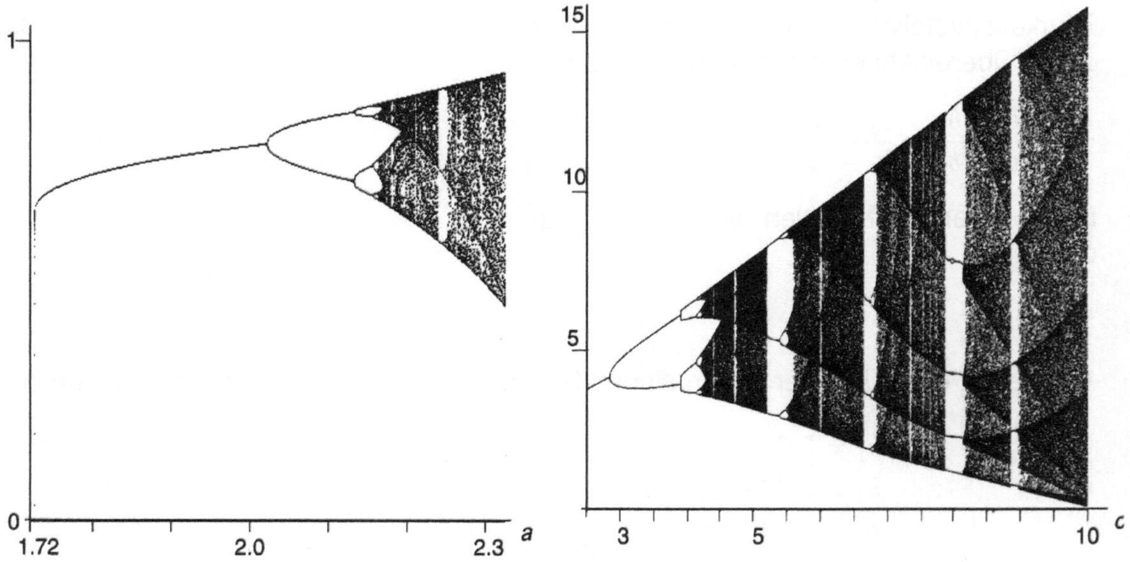

Die Konstante δ findet man bei der Untersuchung gewisser Differentialgleichungen und selbst in physikalischen Experimenten, von elektronischen Schaltungen bis zur Turbulenz. Die linke Abbildung zeigt das Feigenbaum-Diagramm zu $g_a(x)$. Es sieht dem Diagramm zum quadratischen Iterator sehr ähnlich. Das rechte Diagramm gehört zu einer Familie von Differentialgleichungen, den sogenannten Rössler-Systemen.

In all diesen Fällen können wir periodenvedoppelnde Bifurkation beobachten, und die Analyse der Bifurkationsstellen führt zur universellen Feigenbaum-Konstante δ.

Kapitel 3
Mandelbrot-Menge

HAUPTZIELE, BEGRIFFE und ZUSAMMENHÄNGE

Kartographen verwenden Farben, um Gegenden gleichen Niveaus zu kennzeichnen, wie z.B. Höhe über dem Meeresspiegel oder jährliche Niederschlagsmenge. In diesem Arbeitsblatt betrachten wir in ähnlicher Weise die verschiedenen Verhaltensweisen iterierter quadratischer Funktionen aus einer einfachen Klasse. Dadurch entsteht eine farbige Mandelbrot-Karte, welche diese Verhaltensweisen mit unglaublich komplizierten und faszinierenden Strukturen wiedergibt.

Verbindungen zum Mathematikunterricht

Das Material in diesen Arbeitsblättern steht zu vielen Themen des modernen Mathematikunterrichts in Beziehung. Wo immer es der Zusammenhang erlaubt, können sie als einzelne Unterrichtseinheit verwendet oder in das existierende Curriculum integriert werden.

DIREKTE BEZÜGE:

Auswertung von Funktionen	Quadratische Funktionen
Analytische Geometrie	Graphen
Verkettung von Funktionen	Visualisierung
Geometrische Muster	

WEITERE BEZÜGE:

Transformationen	Kegelschnitte
Komplexe Zahlen	Abbildungen
Graphik-Rechner	Grenzwertbegriff
Numerische Muster	Stückweise definierte Funktionen

Grundlegende Begriffe

Gefangenenmenge Ein Anfangspunkt x liegt in der Gefangenenmenge, wenn seine Folge von Iterierten unter Iteration von f nicht nach Unendlich entkommt.

Invariantes Intervall Ein Intervall $[a, b]$ ist invariant und damit ein Teil der Gefangenenmenge G, wenn an jeder Stelle x aus $[a, b]$ auch der Wert $f(x)$ wieder in $[a, b]$ liegt.

Barriere Man nennt einen Parameterwert eine Barriere, wenn er auf der Grenze zwischen zwei sehr verschiedenen Eigenschaften liegt.

Kritische Stelle Eine Stelle x im Definitionsbereich einer Funktion ist kritisch, wenn die Werte von f dort ein Maximum oder Minimum annehmen.

Orbit Die gesamte Folge der Iterierten von x wird auch als Orbit bezeichnet.

Julia-Menge Die Grenze zwischen der Gefangenenmenge einer gegebenen Funktion $f(z) = z^2 + c$ und jenen Punkten, die nach Unendlich entkommen, heißt Julia-Menge.

MATHEMATISCHER HINTERGRUND

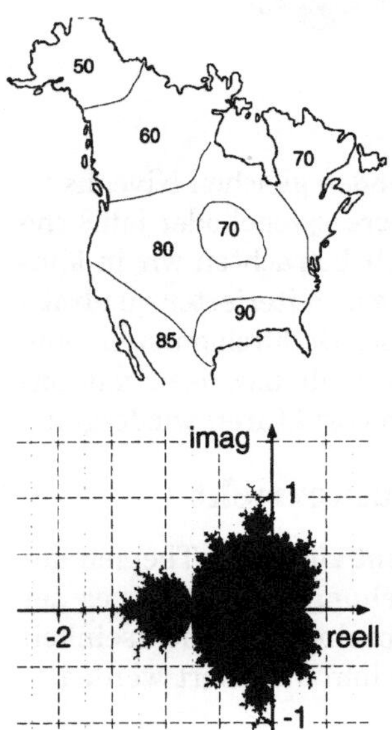

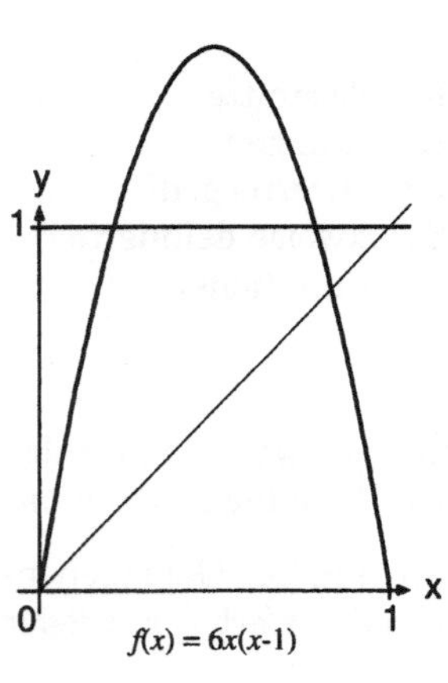

Der Zusammenhang

In vielen Anwendungen benutzt man Karten, um den Zustand eines bestimmten Merkmals an einer gegebenen Stelle anzugeben. Eine Klimakarte könnte die Temperaturen im ganzen Land zu einer bestimmten Zeit farbig darstellen. Ein Röntgenbild des Körpers zeigt Gebiete verschiedener Dichte durch Grauabstufungen.

Der numerische oder graphische Code beschreibt die Bedingungen an einem Punkt (x, y) auf der Karte bezüglich des relevanten Merkmals.

Das schwarze Gebiet in der Abbildung links repräsentiert die Mandelbrot-Menge. Aus diese Karte können wir für jeden Parameterpunkt in der komplexen Ebene das Iterationsverhalten der zugehörigen Funktion ablesen. Erzeugt ihre Iteration eine zusammenhängende Gefangenenmenge, dann liegt ihr Parameter als schwarzer Punkt in der Mandelbrot-Menge.

Gefangenenmengen

An einigen Stellen im Definitionsbereich streben die Iterierten unter graphischer Iteration nach Unendlich. An anderen Stellen bleiben sie in einem beschränkten Gebiet gefangen. Letztere bilden zusammen die Gefangenenmenge. In diesem Kapitel möchten wir die Gefangenenmengen zweier verschiedener Funktionsklassen danach einteilen, ob sie ein zusammenhängendes Gebiet oder ein total unzusammenhängender Punktestaub sind.

Die Gefangenenmenge erscheint unter graphischer Iteration quadratischer Funktionen vom Typ $f(x) = ax(1 - x)$ in einer von zwei Alternativen. Entweder ist sie ein invariantes Intervall, oder sie ist total unzusammenhängend. Genauer gesagt: Die Gefangenenmenge ist

* das invariante Intervall [0,1], wenn $1 \leq a \leq 4$, oder

* eine total unzusammenhängende Punktmenge, wenn $a > 4$.

Die Gefangenenmenge der Funktion $f(x) = ax(1 - x)$ 'zerfällt' von einem Intervall in unzusammenhängende Punkte, wenn der Parameter die Barriere $a = 4$ von unten überschreitet.

Nicht nur der Parameter a verrät, welche der beiden Alternativen vorliegt. Es reicht, daß die Iteration von $f(x) = ax(1 - x)$ an der kritischen Stelle $x = 0.5$ eine gegen (negativ) Unendlich strebende Iteriertenfolge ergibt, um sagen zu können, daß die ganze Gefangenenmenge unzusammenhängend ist. Bleibt $x = 0.5$ gefangen, ist sie das invariante Intervall $[0, 1]$. Der Wert dieses Tests im kritischen Punkt wird erst für komplexe Funktionen deutlich.

Von $y = ax(1 - x)$ nach $y = x^2 + c$

Die Mandelbrot-Menge und die zugehörigen Julia-Mengen werden von Funktionen des Typs $y = x^2 + c$ erzeugt. Glücklicherweise spiegeln sich alle Iterationseigenschaften der bisher untersuchten Funktionsklasse $y = ax(1 - x)$ getreulich in den Funktionen $y = x^2 + c$

wider. Es gibt nämlich eine eineindeutige, strukturerhaltende Abbildung zwischen diesen beiden Klassen quadratischer Funktionen. Deshalb können wir alles, was wir über die eine Klasse bereits wissen, sofort auf die andere übertragen.

Geometrisch sieht diese Transformation folgendermaßen aus. Wir beginnen mit der Parabel $y = ax(1-x)$, drehen sie um 180 Grad, verschieben sie um eine halbe Einheit nach rechts und um eine halbe Einheit nach oben, und strecken sie schließlich um den Faktor a. Das Ergebnis ist eine nach oben geöffnete Parabel, symmetrisch zur y-Achse. Diese Folge geometrischer Transformationen läßt sich algebraisch durch die Anwendung der beiden nebenstehenden Formeln ausdrücken, mit denen die Bildkoordinaten (x', y') aus dem Urbild (x, y) errechnet werden können. Unter dieser Koordinatentransformation verwandelt sich die Parabel $y = ax(1-x)$ in die Bildparabel $y = x^2 + (a/2 - a^2/4)$. Aus dem Parameter a wird der Parameter $c = a/2 - a^2/4$.

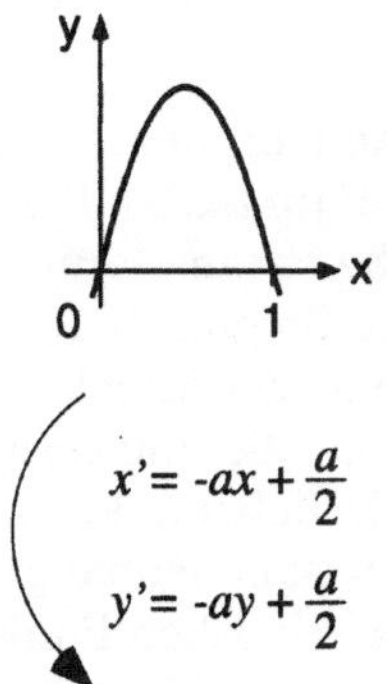

$$x' = -ax + \frac{a}{2}$$

$$y' = -ay + \frac{a}{2}$$

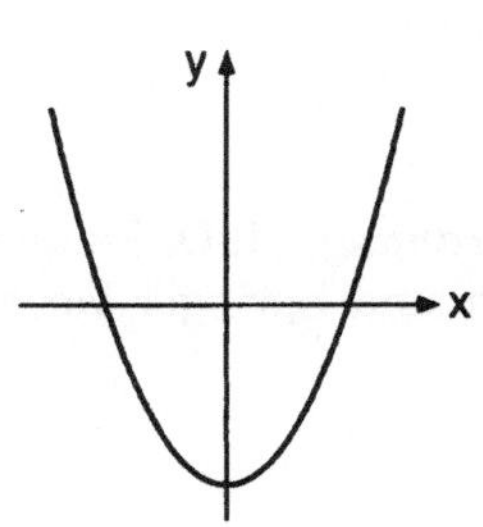

Der enge Zusammenhang zwischen diesen beiden Klassen quadratischer Funktionen macht deutlich, daß es für die Gefangenenmengen der Funktionen vom Typ $f(x) = ax(1-x)$ dieselben Alternativen geben muß wie für die vom Typ $f(x) = x^2 + c$. Auch die Gefangenenmengen der Funktionen $y = x^2 + c$ sind entweder zusammenhängend oder total unzusammenhängend. Weil $y = 4x(1-x)$ in $y = x^2 - 2$ transformiert wird, muß nun der Parameterwert $c = -2$ die Barriere bilden, die zusammenhängende von total unzusammenhängenden Gefangenenmengen trennt.

Wieder ist es auch ohne Bezug auf den Parameter möglich, zwischen den beiden Alternativen zu unterscheiden. Entfliehen die Iterierten der Funktion $y = x^2 + c$ an der kritischen Stelle $x = 0$ nach (positiv) Unendlich, dann ist die Gefangenenmenge unzusammenhängend. Andernfalls ist sie ein invariantes Intervall.

Flieht unter $y = x^2 + c$ die Folge der Iterierten des kritischen Punktes nach Unendlich, dann können wir die Fluchtziffer messen, indem wir zählen, wievieler Iterationen es bedarf, bevor eine festgelegte Größe M überschritten wird.

Iteration mit komplexen Zahlen

Wir erlauben nun, daß der Parameter c eine komplexe Zahl sein darf, und wählen als Definitionsbereich die komplexe Ebene. Die Argumente nennen wir nicht mehr x sondern z, und interessieren uns wieder hauptsächlich für das Verhalten der Gefangenenmengen.

Jeder Parameterwert c definiert eine Funktion $f(z) = z^2 + c$. Unter Iteration dieser Funktion bleiben einige Anfangspunkte gefangen, während andere (betragsmäßig) nach Unendlich entkommen. Im Reellen war die Gefangenenmenge einer solchen Funktion entweder ein zusammenhängendes invariantes Intervall oder eine total unzusammenhängende Punktmenge. In der komplexen Ebene ist die Gefangenenmenge wieder entweder ein zusammenhängendes Gebiet oder total unzusammenhängend.

Über diese beiden Alternativen entscheidet zu gegebenem Parameterwert c das Iterationsverhalten des kritischen Punktes. Wie zuvor ist die Gefangenenmenge total unzusammenhängend, wenn der kritische Punkt nach Unendlich flieht. Die Grenze zwischen Flucht- und Gefangenenmenge heißt wieder Julia-Menge. Ist die Gefangenenmenge zusammenhängend, dann ist die Julia-Menge der Rand dieses Gebietes. Ist sie aber unzusammenhängend, dann hat sie keine Punkte im Inneren. In diesem Fall ist die Julia-Menge die Gefangenenmenge selbst.

In der Mandelbrot-Menge sind diejenigen Parameterpunkte c versammelt, für welche die Iterierten des kritischen Punktes $0+0i$ unter der Funktion $f(z) = z^2+c$ gefangen bleiben. Solche Parameterpunkte werden auf der Karte schwarz wiedergegeben. Zu ihnen gehören zusammenhängende Julia-Mengen. Punkte außerhalb der Mandelbrot-Menge gehören zu Parameterwerten, bei welchen die zugehörigen Iterierten des kritischen Punktes nach Unendlich fliehen. Die Julia-Mengen zu solchen Parameterpunkten sind unzusammenhängend. Diese Punkte werden gemäß der Fluchtziffer des kritischen Punktes gefärbt. Der extrem unregelmäßige Rand der schwarzen Mandelbrot-Menge ist die Barriere zwischen den Alternativen.

Zusätzliche Lektüre

Kapitel 4 und 5 in *Chaos – Bausteine der Ordnung*, H.-O. Peitgen, H. Jürgens, D. Saupe, Klett-Cotta, Stuttgart und Springer-Verlag, Heidelberg, 1993.

BENUTZUNG DER ARBEITSBLÄTTER

3.1 Gefangenschaft oder Flucht

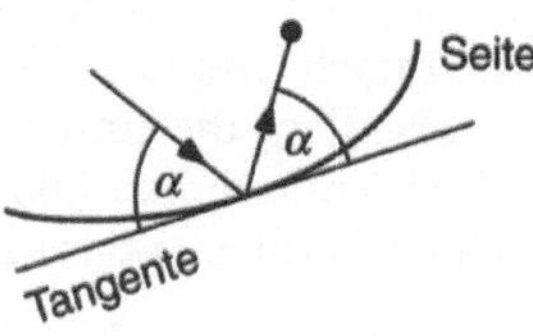

Spezielle Hinweise. Wenn ein Billardball an der Bande abprallt, dann verläßt er die Wand mit demselben Winkel wie beim Heranrollen. Genauso ist der Einfallswinkel eines Lichtstrahls gleich seinem Ausfallswinkel, wenn er an einem Spiegel reflektiert wird. In diesem Arbeitsblatt folgen wir Billardbällen und Lichtstrahlen auf ihren Pfaden kreuz und quer über verschieden geformte Tische bzw. Spiegel.

Wird der Ball von einem elliptischen Billardtisch umschlossen, darf er nur durch das Loch in einem der Brennpunkte entkommen. Einwärtsgerichtete Lichtstrahlen können einem (unendlich großen) Parabolspiegel nur auf einem Pfad durch den Brennpunkt entfliehen. In diesen Beispielen suchen wir nach Bedingungen, aus denen abzulesen ist, ob ein Pfad die Flucht ermöglicht oder ob er für immer eingeschlossen bleibt.

Zu entdecken. In beiden Beispielen gibt es kritische Punkte. Ein Ball kann der Gefangenschaft im elliptischen Billardtisch nur entfliehen, wenn er einen Pfad durch einen der Brennpunkte wählt. Zu jeder Lichtquelle in dem Parabolspiegel gibt es nur zwei Strahlen, die schließlich durch den Brennpunkt entkommen.

Ergänzungen. Man stelle sich einen rechteckigen Billardtisch mit genau einem Loch in der Mitte vor. Können wir auf solch einem Tisch einen kritischen Punkt finden, der entscheidet, welche Pfade zum Loch führen?

3.2 Gefangenenmengen und invariante Intervalle

Spezielle Hinweise. Anstatt lokaler Auswirkungen graphischer Iteration an einer Stelle, betrachten wir nun den globalen Effekt, den graphische Iteration auf den ganzen Definitionsbereich einer Funktion hat. Was unter Iteration aus dem Definitionsbereich nicht nach Unendlich strebt, liegt in der Gefangenenmenge.

Einige Gefangenenmengen können ganze Intervalle enthalten, die unter Iteration noch nicht mal aus sich selbst herauskommen. Solche invarianten Intervalle können graphisch mit dem Kasten-Test gefunden werden.

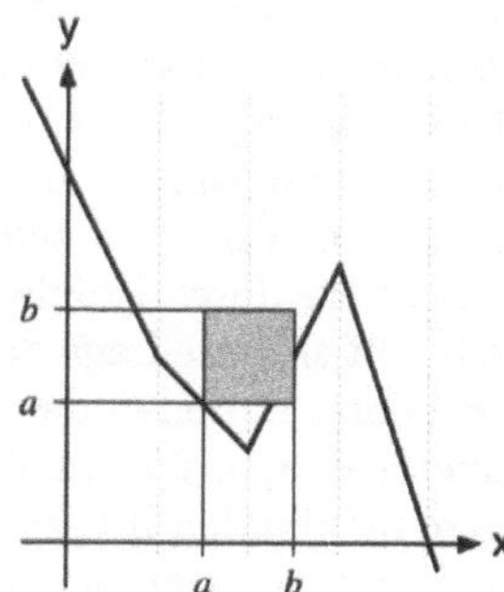

Zu entdecken. Markiert man ein Intervall $[a, b]$ auf beiden Achsen, so kann man ein Quadrat wie in der Abbildung rechts konstruieren. Liegt im Intervall $[a, b]$ der Graph von $f(x)$ weder über noch unter diesem Quadrat, dann ist $[a, b]$ invariant. Das Beispiel in der Abbildung ist also nicht invariant.

3.3 Die Cantor-Menge

Spezielle Hinweise. Man beginnt mit einer Strecke und entfernt das mittlere Drittel. Aus den verbleibenden beiden Strecken entfernt man wieder das mittlere Drittel. Entfernt man immer wieder das mittlere Drittel aus den verbleibenden Strecken, entsteht eine Grenzmenge, die als Cantor-Menge klassifiziert wird. Graphische Iteration gewisser Funktionen simuliert diese Konstruktion.

Zu entdecken. Hutfunktionen wie rechts abgebildet lassen unter graphischer Iteration ganze Teilintervalle entkommen. Nur eine Cantor-Menge bleibt schließlich gefangen zurück.

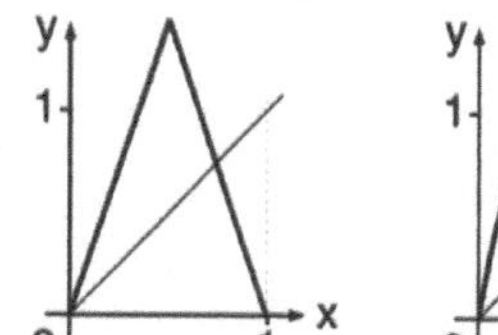

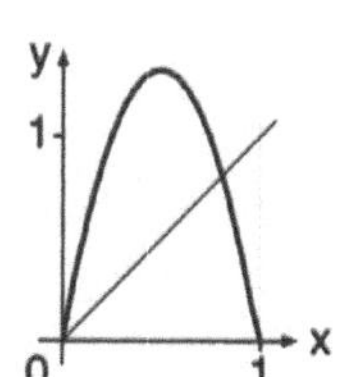

3.4 Invariante Intervalle und die Cantor-Menge

Spezielle Hinweise. Liegt der Scheitel einer nach unten offenen Parabel der Form $f(x) = ax(1-x)$, $a > 1$, unterhalb der Geraden $y = 1$, dann ist die Gefangenenmenge das volle invariante Intervall $[0, 1]$. Liegt er jedoch oberhalb dieser Geraden, kann man ganze Teilintervalle finden, die unter Iteration nach (negativ) Unendlich entkommen. Und dann gibt es dazu wieder eine ganze Familie von Intervallen, die unter Iteration in solch ein Fluchtintervall gelangen und damit selber nach Unendlich entkommen können. Die entfliehenden Intervalle lassen für die Gefangenenmenge nur noch einen Staub aus total unzusammenhängenden Punkten zurück. Man nennt ihn Cantor-Menge.

Zu entdecken. Zu jedem Teilintervall, das aus $[0, 1]$ nach N Iterationsschritten entkommt, gibt es zwei neue Teilintervalle in $[0, 1]$, die in $N + 1$ Schritten entkommen.

3.5 Kritische Punkte

Spezielle Hinweise. Ziel dieses Arbeitsblattes ist es, im Definitionsbereich einer quadratischen oder ähnlichen Funktion einen einzigen kritischen Punkt zu finden, der allein dafür entscheidend ist, ob die Gefangenenmenge ein invariantes Intervall oder eine unzusammenhängende Cantor-Menge ist. Dafür untersuchen wir, welchen Effekt eine Reduktion der Höhe des Maximums der Funktion auf die Flucht-Intervalle hat. Weil für Funktionen der Form $f(x) = ax(1 - x)$ diese Höhe nur vom Parameter a abhängt, suchen wir nach einer Barriere für a, die Funktionen mit invarianten Intervallen als Gefangenenmengen von solchen trennt, deren Gefangenenmengen völlig unzusammenhängend sind.

Zu entdecken. Nach unten geöffnete Parabeln durch die Endpunkte des Einheitsintervalls haben die kritische Stelle $x = 1/2$. Die Iteration an dieser Stelle deckt auf, ob die Gefangenenmenge das Einheitsintervall ist (die Iterierten bleiben in $[0, 1]$) oder total unzusammenhängend ist (sie entfliehen nach negativ Unendlich).

Ergänzungen. Man untersuche andere Funktionen wie z.B. $f(x) = a \sin x$ auf $[0, \pi]$ nach kritischen Punkten unter graphischer Iteration, welche die Gestalt der Gefangenenmenge bestimmen.

3.6 Maximale invariante Intervalle

Spezielle Hinweise. Haben Parabeln der Form $f(x) = ax(1-x)$ invariante Intervalle als Gefangenenmengen, dann handelt es sich immer um das Intervall $[0, 1]$. Gibt es jedoch invariante Intervalle für die Parabeln $f(x) = x^2 + c$, dann nimmt ihre Länge ab, wenn c gegen -2 fällt. Das längste Intervall erhält man, wenn c an dieser Barriere ist. Sie teilt Funktionen mit invarianten Intervallen als Gefangenenmengen von solchen mit total unzusammenhängenden Gefangenenmengen. Man kann diese Barriere durch Probieren verschiedener c-Werte graphisch mit dem Kasten-Test finden. Algebraisch läßt sich die Lage des Kastens und damit c genau bestimmen. Oder man macht numerische Experimente, in denen das Verhalten der kritischen Stelle $x = 0$ unter Iteration für verschiedene Parameterwerte erforscht wird. Wie sie auch gefunden worden sein mag, die Parabel $f(x) = x^2 + c$ mit dem maximalen invarianten Intervall legt auch die Barriere c fest, welche die beiden verschiedenen Typen von Gefangenenmengen in dieser Funktionenklasse trennt.
[Programmierbarer Taschenrechner wünschenswert.]

Zu entdecken. Schon allein die Iteration an der kritischen Stelle $x = 0$ läßt für Funktionen der Form $f(x) = x^2 + c$ erkennen, ob die Gefangenenmenge ein invariantes Intervall oder eine Cantor-Menge ist.

3.7 Eine gezielte Transformation

Spezielle Hinweise. Die Funktion der Form $f(x) = ax(1 - x)$ haben wir bereits detailliert untersucht. Zu ihnen gibt es in der Klasse der Funktionen $f(x) = x^2 + c$ genau eine mit ähnlichem Verhalten unter graphischer Iteration. Diese Klasse spielt eine Rolle für die Mandelbrot-Menge. Funktionen beider Klassen lassen sich durch geometrische Transformationen mittels einer Rotation, Verschiebung und Streckung, oder algebraisch durch Transformationsgleichungen einander zuordnen. Unabhängig von der Methode gibt es zu jedem Wert des Parameters a genau einen Wert für den Parameter c.

Zu entdecken. Als Folge der eindeutigen Zuordnung der Funktionen in der Klasse $f(x) = ax(1-x)$ zu denen der Klasse $f(x) = x^2 + c$ haben entsprechende Funktionenpaare entweder beide zusammenhängende oder beide unzusammenhängende Gefangenenmengen.

3.8 Die Fluchtziffer

Spezielle Hinweise. Für bestimmte Parameterwerte c schafft es der kritische Wert $x_0 = 0$ nicht, unter Iteration der Funktion $f(x) = x^2 + c$ nach Unendlich zu entkommen. Man könnte sagen, daß ein kritischer Wert nur langsam entflieht, wenn es eine große Anzahl N von Iterationen braucht bis der Betrag seiner Iterierten einen bestimmten vorgegebenen Wert überschreitet. Für einen anderen Parameterwert c mag diese Grenze schon nach wenigen Iterationen erreicht sein — der kritische Wert entflieht schneller.

[Programmierbarer Taschenrechner erforderlich.]

Um diesen Effekt variierender c-Werte darzustellen, verwendet man Farben gemäß der Fluchtziffer N. Zum Beispiel könnte man c eine warme Farbe geben, wenn N klein ist, um eine schnelle Auswärtsbewegung anzudeuten. Ist N groß, erhält c eine kalte Farbe. Obwohl das Farbschema willkürlich ist, zeigt die Einfärbung der Parameterwerte nicht nur wo der kritische Wert entkommen kann, sondern gibt auch einen Hinweis auf die Größe der Fluchtziffer.

Zu entdecken. Die gefärbte Parameterkarte informiert, wo zusammenhängende und wo unzusammenhängende Gefangenenmengen zu finden sind.

3.9 Iteration auf neuer Ebene: Komplexe Zahlen

Spezielle Hinweise. Komplexe Zahlen können in der Form $a + bi$ geschrieben werden. Dabei sind a und b relle Zahlen, und $i = \sqrt{-1}$. Addition und Multiplikation folgen bekanntlich den Regeln

$$(a + bi) + (c + di) = (a + c) + (b + d)i$$
$$(a + bi)(c + di) = ac + (ad + bc)i + bdi^2 = (ac - bd) + (ad + bc)i.$$

Die Produktformel basiert auf der Beziehung $i^2 = -1$. Jede komplexe Zahl $z = x + yi$ kann graphisch als Punkt (x, y) oder als Vektor vom Ursprung nach (x, y) dargestellt werden. Dadurch wird eine geometrische Interpretation der Addition und Multiplikation möglich.

Zu entdecken. Mit den eingeführten Operationen können wir nun Funktionen der Form $f(z) = z^2 + c$ komplex iterieren, denn dazu wird nur Quadrieren und Addieren verlangt. Die Iterierten eines komplexen Anfangspunktes können graphisch in der Ebene dargestellt werden.

3.10 Orbits

Spezielle Hinweise. Iteration einer Funktion wie $f(z) = z^2 + c$ erzeugt zu einem Anfangspunkt z_0 eine Iteriertenfolge, die man zusammenfassend als Orbit von z_0 bezeichnet. Stellt man den Orbit von z_0 in der komplexen Ebene graphisch dar, dann erscheint für manche Parameterwerte c eine Spirale, die sich im Unendlichen verliert. Die Iteriertenfolge anderer Anfangspunkte bleibt in einem beschränkten Gebiet der Ebene gefangen.

[Programmierbarer Taschenrechner erforderlich.]

Zu entdecken. Manche Werte von c machen es schwer, zufällig einen gefangenen Punkt (mit beschränktem Orbit) zu finden. Wir werden zeigen, daß in diesem Fall die Gefangenenmenge eine unzusammenhängende Staubwolke von Punkten ist.

3.11 Julia-Mengen

Spezielle Hinweise. Iteriert man die Funktion $f(z) = z^2 + c$ auf der komplexen Ebene, dann werden einige komplexe Zahlen dem Betrage nach gegen Unendlich streben, während andere, deren Beträge beschränkt bleiben, in der Gefangenenmenge liegen. Weil jede komplexe Zahl $x + yi$ einem Punkt (x, y) in der Ebene entspricht, können die Punkte aus der Gefangenenmenge graphisch dargestellt werden. Die Julia-Menge einer gegebenen Funktion ist die Grenze zwischen Gefangenen- und Fluchtmenge. Wir haben im Arbeitsblatt 3.9 gezeigt, wie man mit komplexen Zahlen 'von Hand' rechnet. Zum Iterieren mit komplexen Zahlen ist ein programmierbarer Rechner jedoch sehr zu empfehlen.

Zu entdecken. Julia-Mengen sind entweder zusammenhängend oder unzusammenhängend. Für eine gegebene Funktion bestimmt das Verhalten des kritischen Punktes $0 + 0i$, welche der beiden Möglichkeiten vorliegt.

Ergänzungen. Schreibe ein Programm, das prüft, ob Punkte in der Gefangenenmenge einer gegebenen Funktion $f(z) = z^2 + c$ liegen. Auf einem Graphik-Rechner sollten solche Punkte dann geplottet werden.

3.12 Die Mandelbrot-Menge

Spezielle Hinweise. Das Bild, welches im allgemeinen als Mandelbrot-Menge bezeichnet wird, ist ein Diagramm, das für jeden Parameterwert c anzeigt, ob die Julia-Menge der Funktion $f(z) = z^2 + c$ zusammenhängend ist oder nicht. Jedes $c = a + bi$ ist eine komplexe Zahl, die einem Punkt (a, b) in der Ebene entspricht. Zur graphischen Darstellung der Mandelbrot-Menge wird ein Gitter über die Ebene gelegt. Man wählt aus jedem Kästchen einen Repräsentanten c, z.B. den Mittelpunkt oder eine Ecke. Mit diesem c wird die Funktion im kritischen Punkt $0 + 0i$ iteriert. Bleibt er gefangen, wird das Kästchen schwarz gemacht. Je feiner das Gitter, desto präziser wird das Bild der Mandelbrot-Menge.

[Programmierbarer Taschenrechner erforderlich; Graphik-Rechner sehr wünschenswert.]

Zu entdecken. Die Mandelbrot-Menge ist symmetrisch zur reellen Achse. Das vereinfacht die graphische Darstellung ein wenig. Der Rand der Mandelbrot-Menge ist unendlich verästelt. Um ihn darzustellen, sind bessere Methoden als die Gitterverfeinerung erforderlich.

3.13 Insel in einem Meer von Farben

Spezielle Hinweise. Die Mandelbrot-Menge ist im wesentlichen nur eine Karte, die zeigt wo man Parameter c findet, so daß $f(z) = z^2 + c$ eine zusammenhängende Julia-Menge hat. Diese Karte bietet zusätzliche Informationen, wenn die Punkte in der Umgebung der Mandelbrot-Menge entsprechend der Fluchtziffer des kritischen Punktes gefärbt werden.

Zu entdecken. Das Farbschema in diesem Arbeitsblatt erzeugt unglaublich verwickelte Muster in der Umgebung der Mandelbrot-Menge.

Ergänzungen. Mit der Software *Zauber der Fraktale*, Klett Verlag, können zwei- und dreidimensionale Ausschnitte der gefärbten Mandelbrot-Karte unter die Lupe genommen werden. Ein Bild der Mandelbrot-Menge selbst läßt sich schon mit einem Graphik-Rechner erzeugen.

3.1 GEFANGENSCHAFT ODER FLUCHT

3.1A

Schneidet man einen Kegel mit einer Ebene, so entsteht ein *Kegelschnitt*. Vier Typen von Schrägbildern sind möglich.

Ein Kegelschnitt senkrecht zur Achse ergibt einen Kreis. Andernfalls können wir Hyperbeln, Parabeln oder Ellipsen als Schrägbilder erhalten.

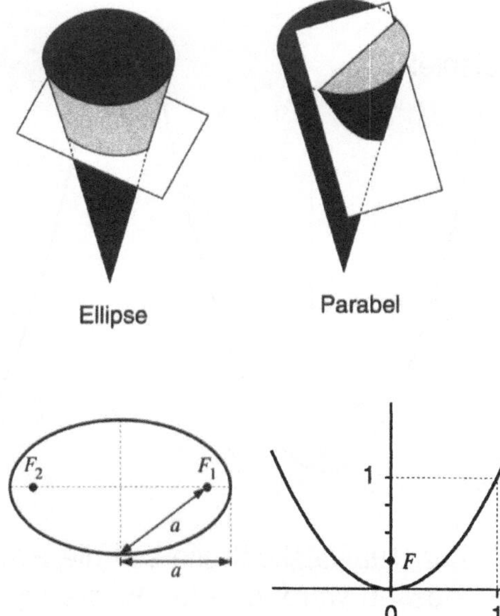

Kegelschnitte sind seit mehr als 2500 Jahren bekannt. Man kann sie geometrisch oder algebraisch beschreiben. Ihre Formen wie auch ihre Gleichungen haben spezielle Eigenschaften. Sie können zum Beispiel durch ihre Brennpunkte (Fokusse) unterschieden werden.

Man stelle sich einen Spiegel vor mit einem Kegelschnitt als Längsschnitt (z.B. Parabolspiegel). Ein Iterationsprozeß kann als Modell für die kreuz und quer reflektierten Lichtstrahlen dienen. Die spiegelnde Oberfläche bestimmt den Pfad der Lichtstrahlen und macht ihn berechenbar.

Reflexionsgesetz   Einfallswinkel und Ausfallswinkel sind gleich.

Bei gekrümmten Oberflächen mißt man Einfalls- und Ausfallswinkel von der Tangentenebene im Reflexionspunkt.

Die links gezeigten Spiegel haben unbeschränkte parabolische Formen. Folge den Pfaden der dargestellten Lichtstrahlen.

Obwohl der Brennpunkt im eigentlichen Sinn kein repulsiver Punkt ist, werden alle eintreffenden Strahlen nach Außen reflektiert und entfliehen aus der Umgebung des Brennpunktes. Einfallende Strahlen durch den Brennpunkt entkommen als parallele Strahlen, wie gezeigt.

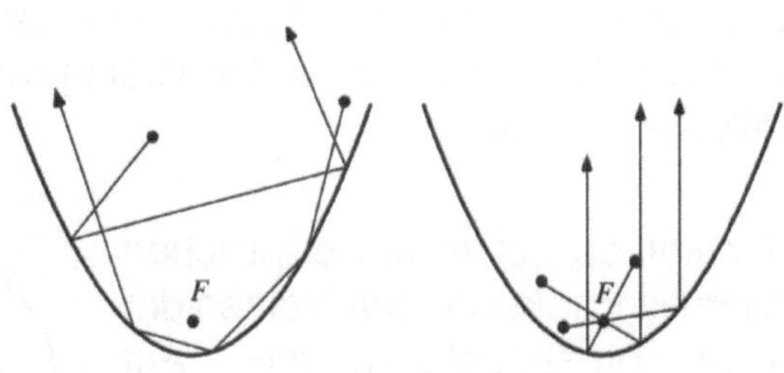

3.1B

Es folgen drei Längsschnitte durch einen Parabolspiegel mit Brennpunkt (Fokus) F.
Man denke sich eine Lichtquelle am Punkt P. Von jedem P gehen zwei Lichtstrahlen
aus. Wenn möglich, zeichne ihre Pfade durch zwei Reflexions- oder Iterationsstufen.

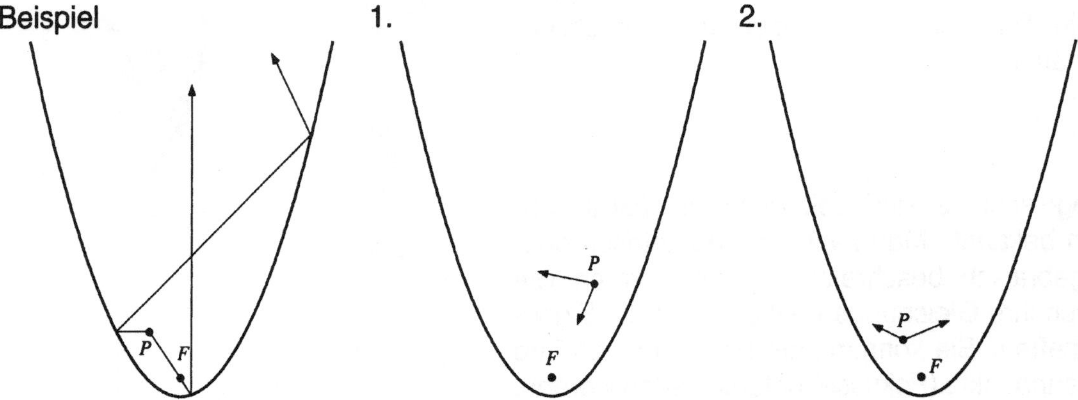

3. Zur Qualitätskontrolle soll die Präzision der Oberfläche eines Parabolspiegels gemessen werden. Wo müsste die Lichtquelle stehen, damit die Richtung der aus-
gesandten Teststrahlen theoretisch keine Rolle spielt? Wie kann dadurch das Re-
flexionsverhalten des Spiegels leicht gemessen werden?

Nun stellen wir uns einen elliptischen Billardtisch vor. Hier ist der Iterationsprozeß
ein Modell für den Pfad des an der Bande abprallenden Balls. Er folgt demselben
Reflexionsgesetz wie die Lichtstrahlen.

Ein elliptischer Billardtisch hat keine Ecken für die Löcher wie ein normaler rechteckiger
Billardtisch. Stattdessen bohren wir ein einziges Loch in einen der beiden Brennpunkte
und markieren den anderen. Ein genauer Stoß sendet den Ball direkt in das Loch.
Überraschenderweise kann man vom markierten Brennpunkt aus den Ball in jede beliebige Richtung stoßen — nach einer Reflexion an den Banden wird er ins Loch fallen.
Dies ist eine einzigartige Eigenschaft der Ellipse. Es folgt, daß von jedem Punkt aus
ein Stoß durch den markierten Brennpunkt den Billardball schließlich durch das Loch
entkommen läßt.

Fluchtpfade auf einem elliptischen
Billardtisch müssen durch einen der
beiden Brennpunkte führen. Auf
Pfaden, die durch keinen Brennpunkt führen, bleibt der Ball für immer zwischen den Banden eingeschlossen. Wir nennen sie einge-
schlossene Pfade.

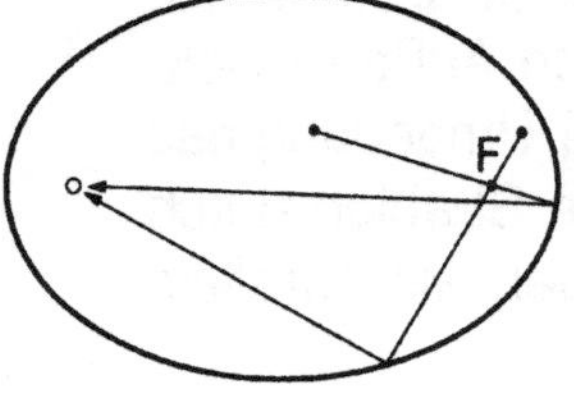

Fluchtpfad

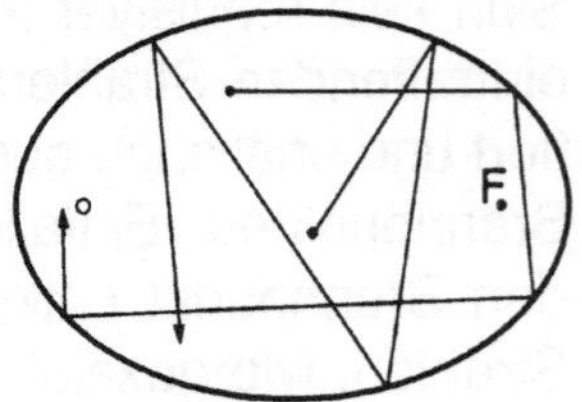

Eingeschlossener Pfad

3.1C

Auf jedem der drei Billardtische ist ein Brennpunkt (Fokus) mit F markiert, der andere als 'Loch' dargestellt. Von jedem der eingezeichneten Bälle ziehe eine Linie durch F zum Rand des Tisches. Setze von dort den Pfad des abprallenden Balls fort.

Beispiel   4.   5.

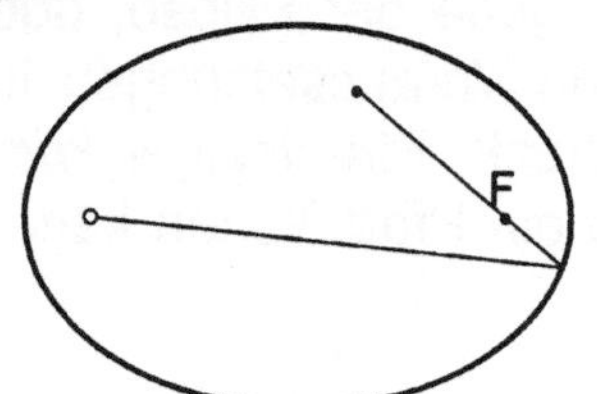 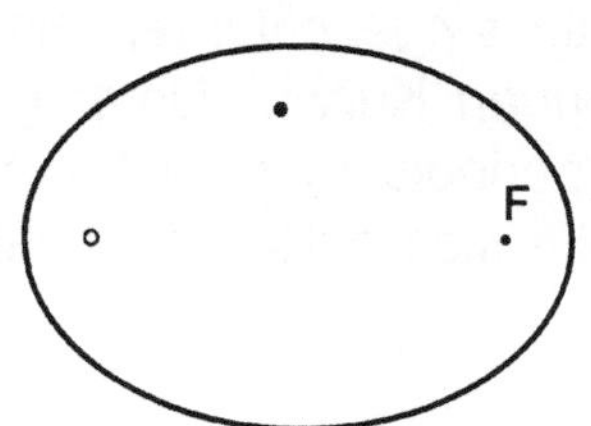 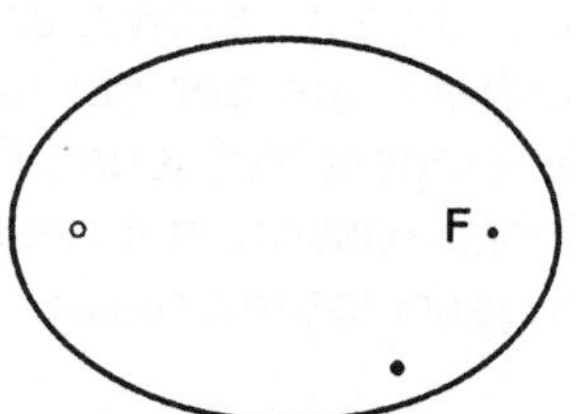

6. Der Ball wird irgendwo auf den Tisch gelegt. Welche Stoßrichtungen garantieren, daß er im Loch landet?

7. Wie könnte man die Qualität dieses Billardtisches prüfen?

Wir denken uns zu unserem elliptischen Billardtisch einen Ball mit der ungewöhnlichen Eigenschaft, daß er, einmal angestoßen, unendlich viele Reflexionen (Iterationen) durchläuft, es sei denn, er entkommt durch das Loch. Zeige, daß auf den beiden unteren Tischen der angefangene Pfad niemals entkommt.

8.   9.

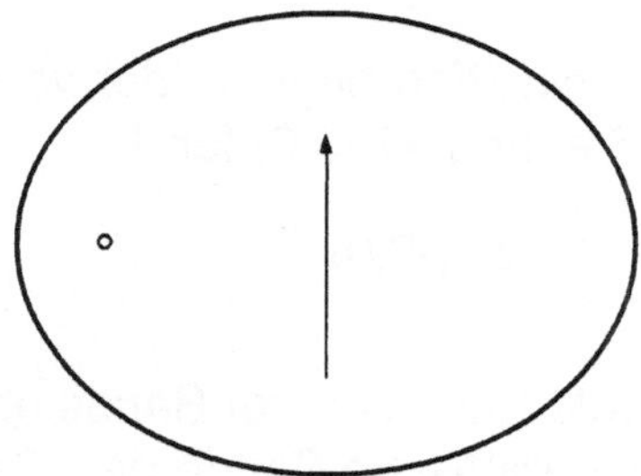 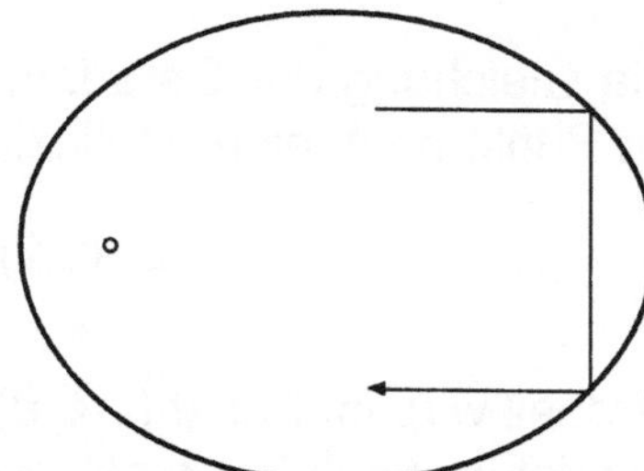

10. Nimm an, daß der Pfad eines Balls auf dem elliptischen Billardtisch sich schließt. In dem Fall kehrt der Ball immer wieder zu denselben Punkten an den Banden zurück. Wenn wir die Anzahl der verschiedenen Punkte in einem solchen Wiederholungsmuster als Periode bezeichnen, wie groß sind dann die Perioden in Frage 8 und 9?

3.1D

11. Kann ein Fluchtpfad auf dem elliptischen Billardtisch mehr als eine Reflexion (Iteration) zeigen? Mehr als zwei?

Auf dem elliptischen Billardtisch haben alle Iterationspfade eine von zwei Eigenschaften gemeinsam: Entweder sind sie *eingeschlossen* als Gefangene der Ellipse, oder sie *flüchten* aus der sie umgebenden Kurve. Unter gewissen Voraussetzungen führen die eingeschlossenen Pfade (periodisch) zu sich selbst zurück. Ein einziger *kritischer Punkt* existiert, mit dessen Hilfe sich entscheiden läßt, ob ein Pfad fliehen kann oder eingeschlossen bleibt.

Die obigen Ideen wurden geometrisch entwickelt. Vergleichbare Fragen kann man algebraisch formulieren.

Die Gleichung $\frac{x^2}{25} + \frac{y^2}{16} = 1$ beschreibt einen elliptischen Billardtisch mit den Brennpunkten $(3,0)$ und $(-3,0)$.

12. Welche der Geraden hat eine Strecke mit einem Pfad auf dem Billardtisch gemeinsam, der ins Loch im Brennpunkt $(3,0)$ führt?

   a. $x = 0$ b. $y = x + 3$ c. $y = x - 3$

13. Finde die Gleichung der Geraden, entlang welcher ein Pfad beginnt, der vom gegebenen Punkt nach einer Reflexion ins Loch im Brennpunkt $(3,0)$ führt.

   a. $(0,0)$ b. $(2,2)$ c. $(-3,0)$

14. Ein Billardball wird im Punkt $(-4,0)$ abgestoßen, prallt einmal an der Bande ab und verschwindet im Loch im Punkt $(3,0)$. Wo hat er die elliptische Bande getroffen?

Der Graph von $y = \frac{x^2}{4}$ ist der Längsschnitt durch einen Parabolspiegel mit Brennpunkt in $(0,1)$.

15. Welche der folgenden Gleichungen beschreiben Geraden, auf denen einfallende Strahlen liegen, die den Spiegel parallel zur Hauptachse verlassen?

   a. $x = 0$ b. $y = \frac{x}{2} + 1$ c. $y = -2x$

16. Aus jedem der folgenden Punkte sendet eine Lichtquelle zwei Strahlen, die den Spiegel schließlich parallel zur Hauptachse der Parabel verlassen. Finde die Gleichungen der beiden Geraden, auf denen die Anfangsstrecken der Lichtpfade liegen.

   a. $(2,4)$ b. $(-3,6)$ c. $(-0.5,1.5)$

3.2 GEFANGENENMENGEN UND INVARIANTE INTERVALLE   3.2A

Unter graphischer Iteration erzeugen einige Punkte im Definitionsbereich einer Funktion Iteriertenfolgen, die nach Unendlich entkommen. An anderen Stellen geschieht dies nicht. Die Gesamtheit der letzteren wird als Gefangenenmenge G bezeichnet.

Die Abbildung zeigt den Graphen der stückweise definierten Funktion

$$f(x) = \begin{cases} 2x & \text{wenn} & x \leq 1 \\ x+1 & \text{wenn} & 1 < x \leq 2 \\ -2x+7 & \text{wenn} & 2 < x \leq 3 \\ 3x-8 & \text{wenn} & 3 < x. \end{cases}$$

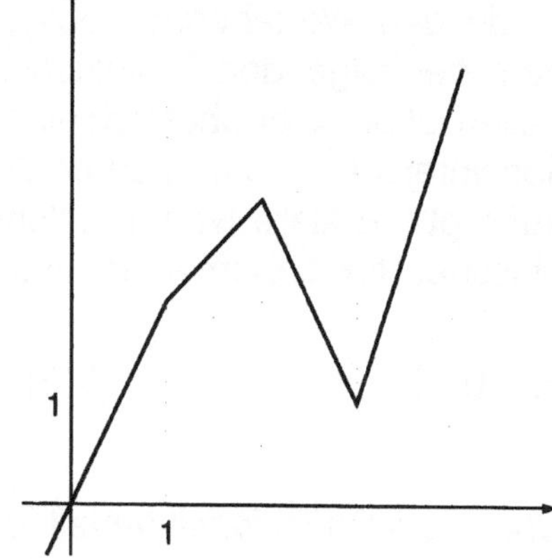

1. Finde numerisch die folgenden Iterierten.

x_0	$x_1 = f(x_0)$	$x_2 = f(x_1)$	$x_3 = f(x_2)$	$x_4 = f(x_3)$	Gefangen
−0.5	−1	−2	−4		
2.75					
3.0					
4.5	5.5	8.5			

2. Schreibe NEIN in die Gefangenen-Spalte, wenn die Iterierten nach positiv oder negativ Unendlich fliehen und deshalb nicht zur Gefangenenmenge G gehören.

Sei $c > b$. Ist die Menge $f([b,c])$ eine Teilmenge des Intervalls $[b,c]$, dann heißt das Intervall $[b,c]$ *invariant*. Man schreibt symbolisch $f([b,c]) \subset [b,c]$. Es bedeutet, daß jeder Punkt in $[b,c]$ unter graphischer Iteration wieder in einen Punkt im Intervall $[b,c]$ transformiert wird. Solche Intervalle sind Teil der Gefangenenmenge G der Funktion f, denn Punkte aus diesen Intervallen können sicher nicht nach Unendlich fliehen. In anderen Worten: Ist $c > b$, dann ist das Intervall $[b,c]$ invariant und damit Teil der Gefangenenmenge G der Funktion f, wenn $f(x) \in [b,c]$ für alle $x \in [b,c]$.

Keines der folgenden Intervalle ist invariant unter graphischer Iteration obiger Funktion f. Finde einen Punkt in jedem Intervall, dessen Bild das Intervall verläßt. Anders gesagt, finde ein x, so daß $x \in [b,c]$, aber $f(x) \notin [b,c]$.

3. $[0,1]$ 4. $[3,4]$ 5. $[2,3]$

3.2B

Der Wertebereich einer Funktion über einem gegebenen Definitionsbereich besteht aus allen Werten, welche die Funktion auf dem Definitionsbereich annimmt.

Finde den Wertebereich obiger Funktion f über jedem der folgenden Definitionsintervalle. In welchen
Fällen ist der Wertebereich eine Teilmenge des Definitionsintervalls, wenn man beide auf derselben Achse
aufträgt? Erkläre warum solche Intervalle unter graphischer Iteration invariant sind.

6. $[0,2]$ 7. $[0,3]$ 8. $[1,4]$

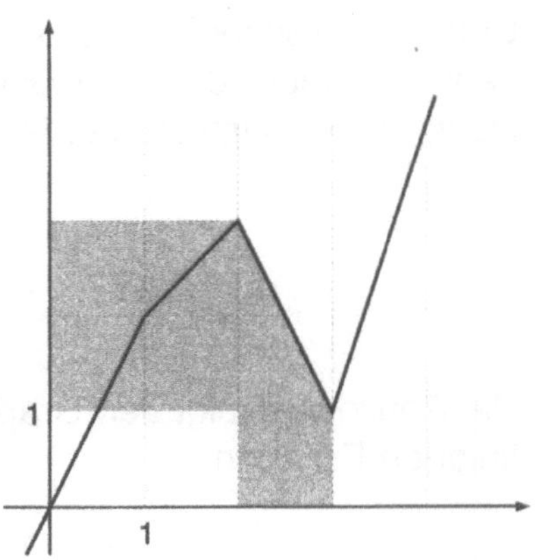

Definitionsbereich $[2,3]$
Wertebereich $[1,3]$

Über dem Definitionsintervall $[0,4]$ hat unsere Funktion f auch den Wertebereich $[0,4]$.
Folglich ist jedes der Intervalle in Frage 6–8 Teil der Gefangenenmenge G von f,
obwohl sie nicht alle invariant sind.

Die Notation $[p,q] \times [r,s]$ steht für das Rechteck, das
von den senkrechten Geraden $x = p$ und $x = q$, und
von den waagerechten Geraden $y = r$ und $y = s$
begrenzt wird.

9. Zeichne das jeweilige Quadrat $[b,c] \times [b,c]$ in den
    Graphen rechts.
    a. $b = 0$ and $c = 1$

    b. $b = 0.5$ and $c = 1.5$

10. In welchem der beiden Fälle der Frage 9 enthält
    das Quadrat $[b,c] \times [b,c]$ das gesamte Rechteck
    $[b,c] \times f([b,c])$?

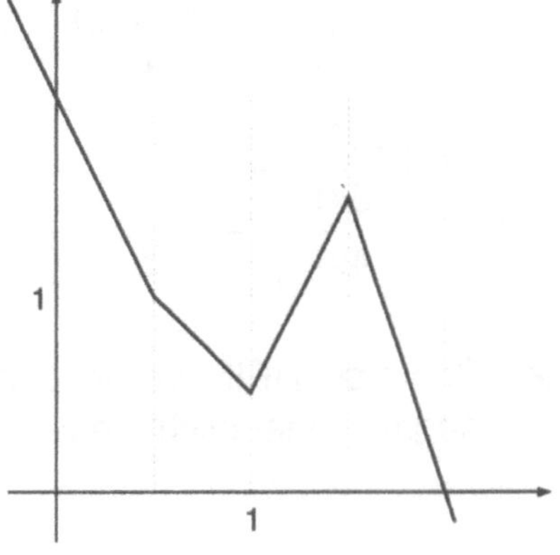

$[b,c] \times f([b,c])$ ist ein Rechteck, solange $f([b,c])$ wieder ein Intervall ist.
Gefangene Punkte können nicht nach Unendlich fliehen. Manchmal liegen sie in invarianten Intervallen. Solche Intervalle kann man mit dem Kasten-Test finden.

> *Kasten-Test* Liegt das Rechteck $[b,c] \times f([b,c])$ im Quadrat $[b,c] \times [b,c]$, dann ist
> das Intervall $[b,c]$ invariant.

11. Finde mit dem Kasten-Test das größte invariante Intervall in den beiden Graphen
    auf dieser Seite.

3.3 DIE CANTOR-MENGE   3.3A

Viele moderne Ergebnisse über Fraktale und Chaos beruhen auf Ideen, die Georg Cantor (1845–1918) in seiner Mengenlehre entwickelt hat. Einer dieser fundamentalen Begriffe ist die Cantor-Menge.

Beginnen wir mit einer Strecke der Länge 1. Wir entfernen das mittlere Drittel, wie in Stufe 1 gezeigt, und erhalten zwei Strecken der Länge 1/3. Nun entfernen wir wieder das mittlere Drittel aus diesen beiden Strecken und bekommen vier Strecken der Länge 1/9. In diesem iterativen Prozeß wird also in jeder Stufe das mittlere Drittel aus allen Strecken der vorigen Stufe entfernt. Fährt man damit ad infinitum fort, wächst die Anzahl der Teilstrecken über alle Grenzen, während ihre Länge gegen 0 strebt. Schließlich gibt es keine Intervalle mehr, nur noch Staub aus Punkten. Die unendliche Grenzmenge aus unzusammenhängenden Punkten ist die klassische Cantor-Menge.

1. Stufe 0 und 1 zur Konstruktion der Cantor-Menge sind abgebildet. Konstruiere die zweite, dritte und vierte Stufe.

Stufe 0
Stufe 1
Stufe 2
Stufe 3
Stufe 4

2. Wie viele Teilintervalle gibt es in Stufe 5? In Stufe 6? In Stufe n?

3. Wie lang ist jede Strecke in Stufe 5? In Stufe 6? In Stufe n?

Auch durch graphische Iteration kann man eine Cantor-Menge konstruieren. Wir nehmen eine Hutfunktion, in welcher das mittlere Drittel des Graphen oberhalb der Geraden $y = 1$ liegt. Wie man unten in Stufe 1 sieht, entkommen alle Punkte zwischen 1/3 und 2/3 dem Intervall $[0, 1]$ im ersten Schritt der graphischen Iteration.

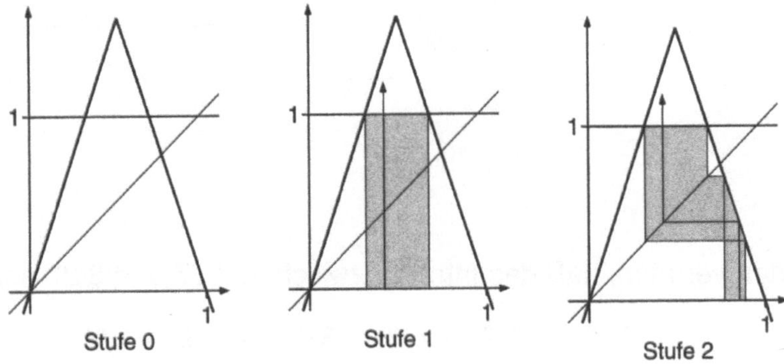

4. Der Graph zur Stufe 2 zeigt, daß alle Anfangspunkte zwischen 7/9 und 8/9 das Intervall $[0, 1]$ nach zwei Iterationsschritten verlassen. Finde ein Intervall zwischen 0 und 1/3, das ebenfalls nach zwei Schritten entkommt. Schattiere seinen Fluchtpfad (= Iterationspfad).

3.3B

5. Die Iterierten der Randpunkte 7/9 und 8/9 zeigen wie das Intervall unter Iteration
    zwischen 1/3 und 2/3 gerät und entkommt.

$$7/9 \rightarrow 2/3 \qquad 8/9 \rightarrow 1/3$$

Zeige das Gleiche für das Intervall aus Frage 4.

6. Benutze die Ergebnisse von
    Frage 1, um auf der gepunk-
    teten Linie unter dem Gra-
    phen rechts diejenigen Inter-
    valle zu zeichnen, die nach
    Stufe 3 zur Konstruktion der
    Cantor-Menge noch übrig-
    bleiben.

7. Verwende graphische Itera-
    tion, um die Fluchtpfade
    zweier entkommender Inter-
    valle in der nächsten Stufe zu
    schattieren. Wähle eines zwi-
    schen 0 und 1/9, und das an-
    dere zwischen 2/3 und 7/9.

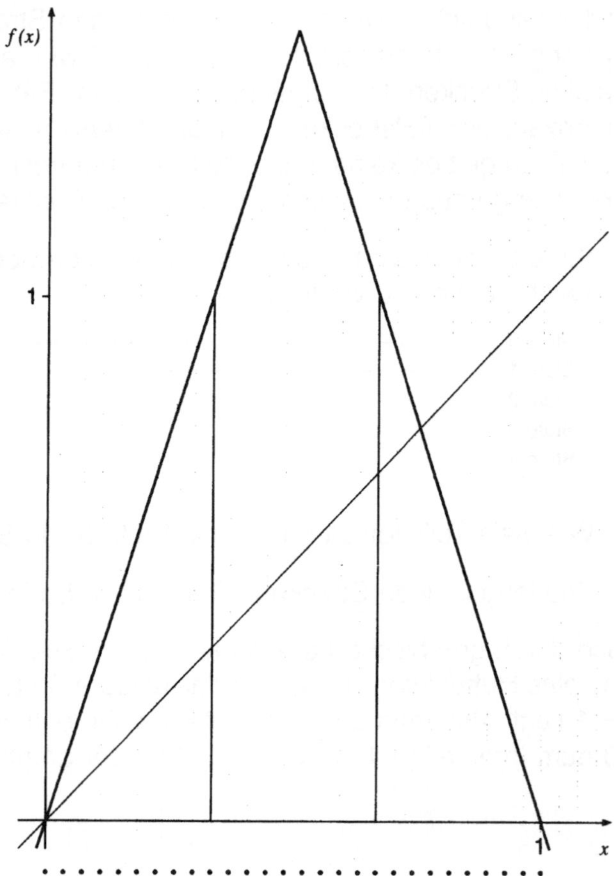

8. Die Iterierten verraten, daß das Intervall zwischen 7/27 und 8/27 entkommt:

$$7/27 \rightarrow 7/9 \rightarrow 2/3 \qquad 8/27 \rightarrow 8/9 \rightarrow 1/3$$

Zeige auf gleiche Weise, daß das Intervall zwischen 25/27 und 26/27 entkommt.

9. Nach zwei Iterationsschritten sind 3 Teilintervalle von [0, 1] entkommen. Wie viele
    Teilintervalle sind nach drei Schritten entkommen? Nach vier?

10. Finde eine Formel für die Anzahl A der Intervalle, die nach dem N-ten Iterations-
    schritt entkommen sind. Was wird aus A, wenn N gegen Unendlich wächst?

3.4 INVARIANTE INTERVALLE UND DIE CANTOR-MENGE   3.4A

Intervalle sind zusammenhängende Punktmengen, während Cantor-Mengen unzusammenhängend sind. Graphische Iteration von Parabeln der Gestalt $f(x) = ax(1 - x)$ kann Gefangenenmengen erzeugen, die abhängig vom Wert des Parameters a invariante Intervalle enthalten können oder genauso gut auch unzusammenhängende Cantor-Mengen sein mögen. Anschaulich gesprochen ist eine Menge *unzusammenhängend*, wenn sie in Teile zerlegt werden kann, die sich nicht berühren. Die ganzen und selbst die rationalen Zahlen sind unzusammenhängende Teilmengen der reellen Zahlen, denn zwischen zwei verschiedenen rationalen Zahlen kann immer eine irrationale Zahl gefunden werden. Die oben erwähnten Cantor-Mengen sind unzusammenhängend, weil während ihrer Konstruktion zuviele Teilintervalle herausgenommen wurden. Tatsächlich liegt zwischen zwei beliebig nahen Punkten einer Cantor-Menge sogar ein ganzes (kleines) Intervall, das nicht zur Cantor-Menge gehört. Deshalb nennt man Cantor-Mengen *total unzusammenhängend*. Die rationalen Zahlen sind nicht total unzusammenhängend. Die ganzen Zahlen sind es. Anschaulich kann man an 'zerfallen' und 'ganz' denken, um zwischen dem unzusammenhängenden Staub der Cantor-Mengen und den zusammenhängenden Intervallen zu unterscheiden.

Welche der drei Graphen haben Punkte x in $[0, 1]$, an welchen $f(x)$ *nicht* in $[0, 1]$ liegt? In anderen Worten, finde Punkte $x \in [0, 1]$ an welchen $f(x) \notin [0, 1]$.

1.   2.   3.

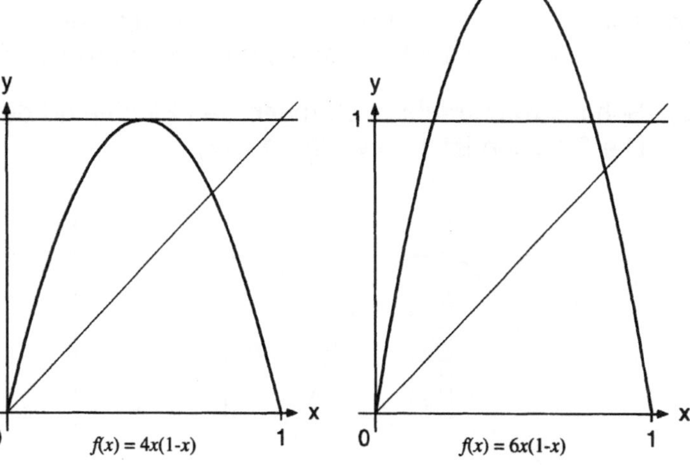

Funktion $f(x)$	x_0	$x_1 = f(x_0)$	$x_2 = f(x_1)$	$x_3 = f(x_2)$
$f(x) = 2x(1 - x)$	-0.5	-1.5	-7.5	-127.5
	1.5			
$f(x) = 4x(1 - x)$	-0.5			
	1.5	-3.0	-48.0	
$f(x) = 6x(1 - x)$	-0.5			
	1.5	-4.5	-148.5	
	0.9	0.54		

3.4B

4. Die Tabelle auf der vorigen Seite gibt die Funktionen zu den Graphen an. Ergänze
    numerisch die gewünschten Iterierten, beginnend am Anfangspunkt x_0.

5. Erkläre, warum keiner der Werte in der Tabelle zur Gefangenenmenge der Funk-
    tionen gehört.

Invariante Intervalle existieren für zwei der Funktionen in Frage 1 und 2. Die ganze
Gefangenenmenge besteht bei diesen beiden Funktionen nur aus dem maximalen invarianten Intervall.

6. Verwende den Kasten-Test, um aus den Graphen dieser beiden Funktionen das
    maximale invariante Intervall abzulesen.

7. Sind die Gefangenenmengen der beiden Funktionen in Frage 6 zusammenhängend?

Liegt der Scheitel der Parabel $f(x) = ax(1-x)$ oberhalb der Geraden $y = 1$, dann paßt
sie nicht mehr in das Quadrat $[0, 1] \times [0, 1]$. In solchen Fällen zeigt der Kasten-Test,
daß es keine invarianten Intervalle gibt. Die Funktion $f(x) = 6x(1-x)$ in Frage 3 ist
ein Beispiel dafür. Wir untersuchen nun Gefangenenmengen solcher Parabeln, wo der
Wert von a keine invarianten Intervalle zuläßt.

Ein graphischer Iterationsschritt der unten abgebildeten Funktion bringt jeden Punkt
des (offenen) Intervalls $]b, c[=]0.45, 0.55[$ hinaus aus dem Einheitsintervall $[0, 1]$. Wie
der linke Graph zeigt, wird das kleinere Intervall $]d, e[$ durch einen Iterationsschritt in
$]b, c[$ transformiert, und ist dehalb nach dem zweiten Schritt nicht mehr Teil von $[0, 1]$.

8. Schattiere im rechten Graphen den Fluchtpfad der Punkte aus dem Intervall $]f, g[$.
    Die Funktion ist $f(x) = \frac{400}{99}x(1-x)$.

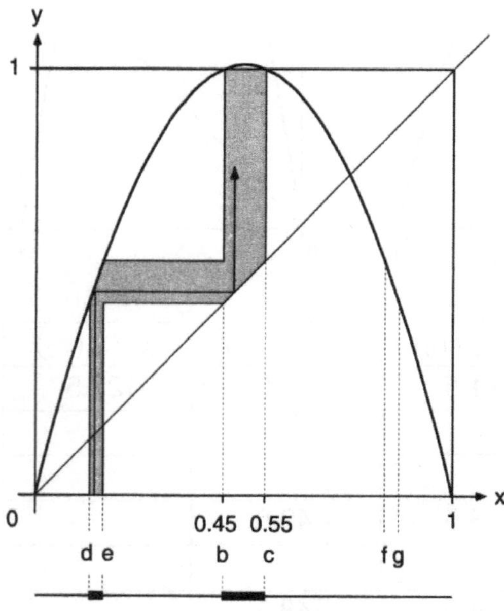

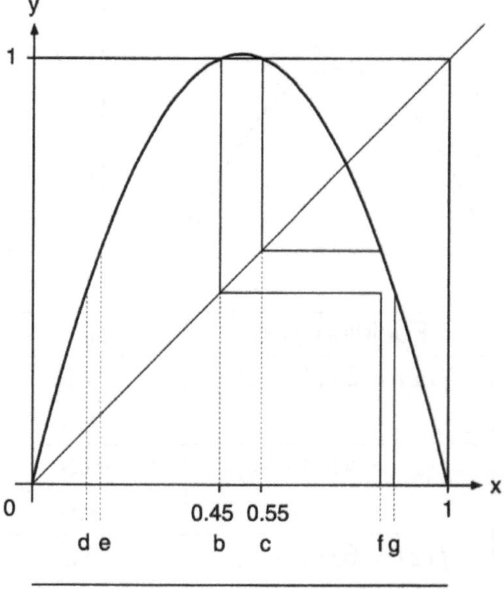

3.4C

9. Auf der Linie unter dem linken Graphen auf der vorigen Seite sind die Intervalle $]d, e[$ und $]b, c[$ markiert, weil sie unter graphischer Iteration $[0, 1]$ verlassen. Markiere entsprechend unter dem rechten Graphen die bisher gefundenen fliehenden Intervalle.

10. Benutze die Gleichungen $f(d) = b$ und $f(e) = c$, um d und e zu berechnen. Finde die Randpunkte von $]f, g[$ auf die gleiche Weise.

In den Graphen auf der vorigen Seite sind waagerechte Strecken durch die Schnittpunkte der Senkrechten $x = b$ und $x = c$ mit der Diagonalen $y = x$ gezogen. Die Schnittpunkte dieser waagerechten Strecken mit der Parabel bestimmen die Randpunkte des Intervalls $]d, e[$. Setzt man die waagerechten Strecken nach rechts fort, findet man die Randpunkte von $]f, g[$.

11. Im Graphen rechts zeichne senkrechte Linien, um zwei Intervalle abzugrenzen, die in einem Iterationsschritt auf $]d, e[$ abgebildet werden. Finde zwei weitere, die auf $]f, g[$ abgebildet werden. Weil diese neuen Intervalle in bekannte Fluchtintervalle transformiert werden, müssen auch sie unter Iteration aus $[0, 1]$ entkommen. Bei der Funktion handelt es sich wieder um $f(x) = \frac{400}{99} x(1 - x)$.

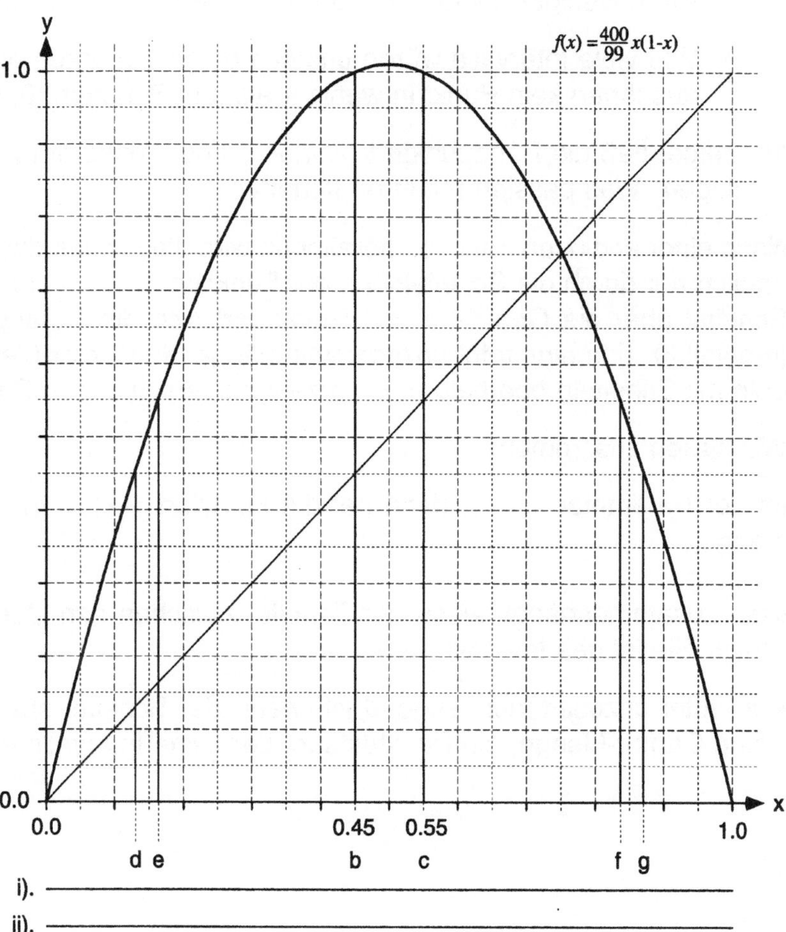

3.4D

12. Verlängere alle Senkrechten im Graphen zur Frage 11 hinunter bis zu den Linien
    (i) und (ii), einschließlich der Geraden $x = 0$ und $x = 1$. Markiere auf der Linie (i)
    die vier neuen wie auch die bekannten Intervalle $]b, c[$, $]d, e[$ und $]f, g[$.

Die Punkte innerhalb der markierten Intervalle auf Linie (i) gehören nicht zur Gefangenenmenge, denn sie verlassen unter Iteration das Intervall $[0, 1]$.

13. Markiere auf der Linie (ii) diejenigen Abschnitte, die auf (i) nicht markiert sind.

Alle gefangenenen Punkte müssen in den markierten Intervallen auf der Linie (ii) liegen.
Aber nicht alle Punkte aus diesen Intervallen liegen in der Gefangenenmenge. Mit
zusätzlichen Iterationsschritten können weitere Intervalle entkommen.

14. Auf den Linien (i) und (ii) sehen wir Intervalle, die nach drei Iterationsschritten auf
    dem Einheitsintervall $[0, 1]$ entstanden sind.

    a. Wie viele Intervalle würde uns das obige Verfahren auf Linie (i) bringen, wenn
       sie in weniger als fünf Iterationsschritten $[0, 1]$ verlassen sollen?

    b. Wie viele Intervalle würde uns das obige Verfahren auf Linie (ii) bringen, wenn
       aus ihnen kein Punkt in weniger als fünf Schritten $[0, 1]$ entkommen darf?

15. Zeige, daß die Randpunkte b, c, d, e, f und g unserer Flucht-Intervalle alle in $[0, 1]$
    liegen. Was passiert mit ihren Iterierten?

Nach einer endlosen Zahl von Iterationen wird die Gestalt der Gefangenenmenge letztendlich nur durch die Scheitelhöhe der Funktion $f(x) = ax(1 - x)$ bestimmt. Steigt der
Scheitel über die Gerade $y = 1$, verändert sich die Gefangenenmenge abrupt vom
Intervall $[0, 1]$ in eine total unzusammenhängende Cantor-Menge. Verschiedene Parabeln mit Scheiteln oberhalb $y = 1$ erzeugen verschiedene Cantor-Mengen.

Wir fassen zusammen:

Ist der Parameter $a \geq 1$, dann hat die Funktion $f(x) = ax(1 - x)$ eine Gefangenenmenge,

- die zusammenhängt, wenn der Scheitel zwischen den Geraden $y = 1/4$ und $y = 1$
  liegt. Sie ist das Intervall $[0, 1]$.

- die total unzusammenhängend ist, wenn der Scheitel oberhalb $y = 1$ liegt. Sie ist
  eine Cantor-Menge, ein Punktestaub, der keine Intervalle enthält.

3.5 KRITISCHE PUNKTE   3.5A

Wir haben Funktionen der Form $f(x) = ax(1-x)$ mit $a \geq 1$ untersucht. Die Gefangenenmenge solcher Funktionen enthält keine Punkte außerhalb des Intervalls $[0,1]$. Abhängig von a besteht sie entweder aus dem ganzen invarianten Intervall $[0,1]$ oder ist eine Menge unzusammenhängeder Punkte aus $[0,1]$. In diesem Arbeitsblatt entwickeln wir ein einfaches Kriterium, um vorhersagen zu können, welcher der beiden Fälle vorliegt.

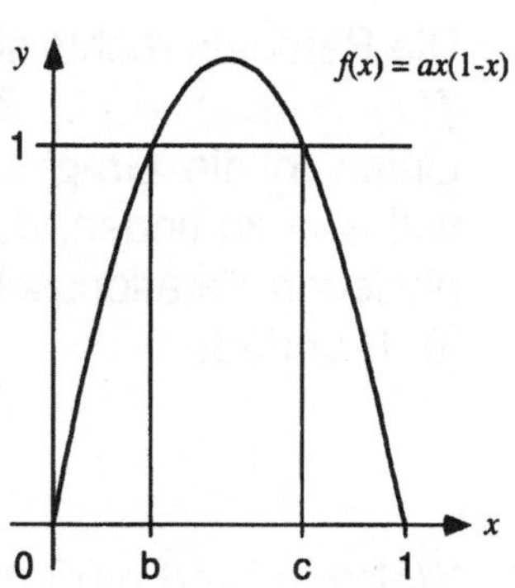

Obige Abbildung zeigt ein Intervall $]b, c[$ mit Mittelpunkt $x = 0.5$. Werte aus diesem Intervall verlassen das Intervall $[0,1]$ bereits nach dem ersten Iterationsschritt. Die Iteriertenfolge solcher Anfangspunkte strebt gegen negativ Unendlich.

1. Ziehe senkrechte Linien in die Graphen der Hutfunktionen, um ein Intervall $]b, c[$ zu finden, das im ersten graphischen Iterationsschritt das Intervall $[0,1]$ verläßt.

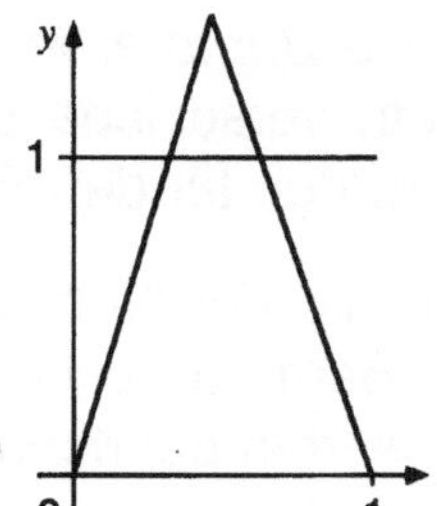

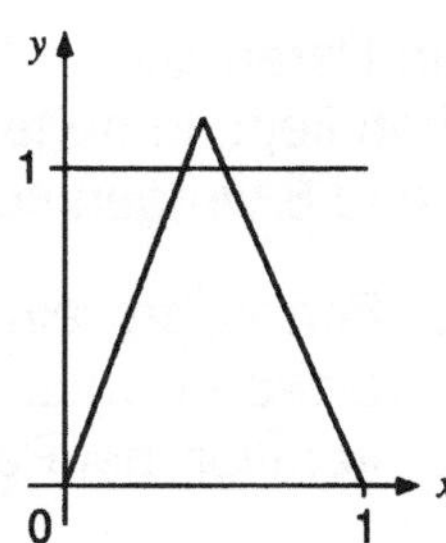

Beachte wie in Frage 1 das Maximum der Hutfunktion $H(x)$ die Breite des Intervalls $]b, c[$ beeinflußt.

2. Wie verändert sich die Breite des Flucht-Intervalls $]b, c[$, wenn das Maximum der Funktion abnimmt?

Die Hutfunktionen in Frage 1 können in der Form $H(x) = a(0.5 - |x - 0.5|)$ geschrieben werden.

3. Wie groß ist das Maximum der Funktion $H(x) = 6(0.5 - |x - 0.5|)$? Finde die Randpunkte des Flucht-Intervalls $]b, c[$ innerhalb $[0,1]$. Wie breit ist es?

4. Welchen Wert muß das Maximum überschreiten, damit $H(x) = a(0.5 - |x - 0.5|)$ überhaupt ein Flucht-Intervall in $[0,1]$ hat?

5. Finde den größtmöglichen Wert für den Parameter a, der garantiert, daß $x = 0.5$ unter Iteration von $H(x) = a(0.5 - |x - 0.5|)$ nicht nach negativ Unendlich entkommt (siehe auch Frage 4).

3.5B

6. Die Parabeln rechts sind von der Form $f(x) = ax(1 - x)$. Ziehe senkrechte Linien in die Graphen, um ein Intervall $]b, c[$ zu finden, das im ersten graphischen Iterationsschritt das Intervall $[0, 1]$ verläßt.

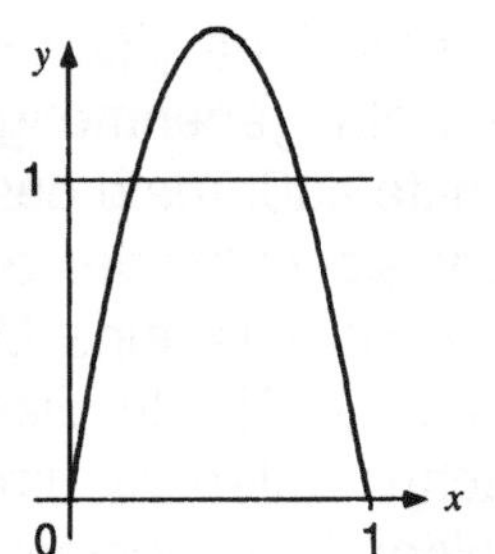 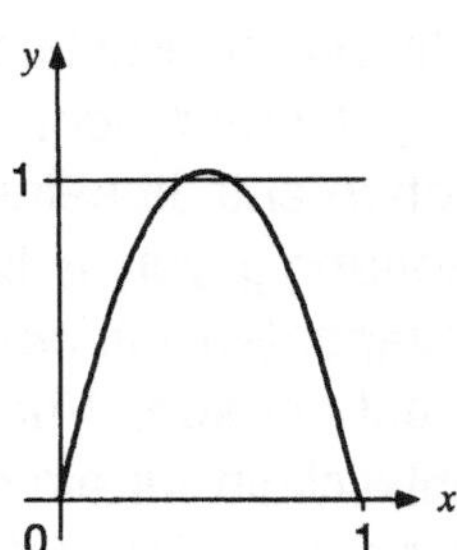

7. Welchen Wert muß das Maximum (die Scheitelhöhe) überschreiten, damit die Parabel überhaupt ein Flucht-Intervall in $[0, 1]$ hat?

8. Finde den größtmöglichen Wert für den Parameter a, der garantiert, daß $x = 0.5$ unter Iteration von $f(x) = ax(1 - x))$ nicht nach negativ Unendlich entkommt.

Ein Parameterwert heißt eine *Barriere*, wenn er auf der Grenze zwischen zwei Bereichen liegt, in denen qualitativ verschiedene Verhaltensweisen gegeben sind. In Frage 5 und 8 wurden solche Barrieren für den Parameter a gefunden.

9. Formuliere eine Regel, die das Verhalten der graphischen Iteration für Parameterwerte unterhalb der Barriere beschreibt. Welchen Effekt zeigt die graphische Iteration bei Parameterwerten oberhalb der Barriere?

Funktionen wie $f(x) = ax(1 - x)$ und $H(x) = a(0.5 - |x - 0.5|)$ haben einen einzigen *kritischen Punkt* aus dem abgelesen werden kann, ob es Punkte im Intervall $[0, 1]$ gibt, die aus diesem Intervall unter graphischer Iteration entkommen.

10. Erkläre warum $H(x) = a(0.5 - |x - 0.5|)$ den kritischen Anfangspunkt $x_0 = 0.5$ hat. Finde den kritischen Anfangspunkt für $f(x) = ax(1 - x)$.

Die graphische Iteration von Funktionen wie $f(x)$ und $H(x)$ hat ihren kritischen Anfangspunkt x_0 im x-Wert des Maximums von $f(x)$. Dieser einzige Punkt bestimmt die Gestalt der Gefangenenmenge. Liegt die Kurve im Punkt x_0 oberhalb der Geraden $y = 1$, entkommt dieser Punkt und zeigt uns, daß die Gefangenenmenge eine Cantor-Menge ist.

Die folgende Zugabe erfordert, daß man gelernt hat, Extremwerte durch Ableiten zu finden. Wir arbeiten mit Funktionen der Form $g(x) = ax(1 - x^2)$, wenn $x \geq 0$, und $g(x) = ax$, wenn $x < 0$. Solche Funktionen sehen den Parabeln etwas ähnlich. Sie sind jedoch nicht symmetrisch zu einer Senkrechten durch ihr Maximum. Daher ist es schwieriger, das Maximum zu finden.

11. Sei $g(x) = ax(1 - x^2)$, wenn $x \geq 0$, und $g(x) = ax$, wenn $x < 0$. Finde das relative Maximum von $g(x)$ im Intervall $[0, 1]$ mit Hilfe der Ableitung. Welcher kritische Punkt im Intervall $[0, 1]$ bestimmt, ob es Werte in $[0, 1]$ gibt, die unter Iteration nach negativ Unendlich entkommen?

12. Finde den Wert der Barriere für den Parameter a in der Funktion $g(x)$.

3.6 MAXIMALE INVARIANTE INTERVALLE   3.6A

Im Arbeitsblatt 3.2 wurde der Kasten-Test beschrieben, mit dessen Hilfe man Intervalle findet, die unter Iteration von f invariant bleiben.

KASTEN-TEST Liegt das Rechteck $[b, c] \times f([b, c])$ innerhalb des Quadrats $[b, c] \times [b, c]$, dann ist das Intervall $[b, c]$ invariant.

In diesem Arbeitsblatt wollen wir die Funktion der Form $f(x) = x^2 + c$ mit dem größten invarianten Intervall finden.

1. Wende den Kasten-Test mit dem Mittelpunkt im Ursprung an, um zu jedem der Graphen das größtmögliche invariante Intervall zu finden. Zeichne jedesmal den Kasten und markiere das Intervall.

a. $f(x) = x^2 - 0.25$ **b.** $f(x) = x^2 - 0.75$ **c.** $f(x) = x^2 - 2$

Nach den obigen Ergebnissen sieht es so aus, als ob Verkleinerung des Parameters c den Graphen von $f(x) = x^2 + c$ nach unten verschiebt und das invariante Intervall vergrößert.

Die in Frage 1 konstruierten Kästen sollten alle eine Ecke in einem Schnittpunkt der Diagonalen $y = x$ mit dem Graphen von $f(x) = x^2 + c$ haben. Zwei Seiten des Kastens schneiden die x-Achse und begrenzen so das invariante Intervall.

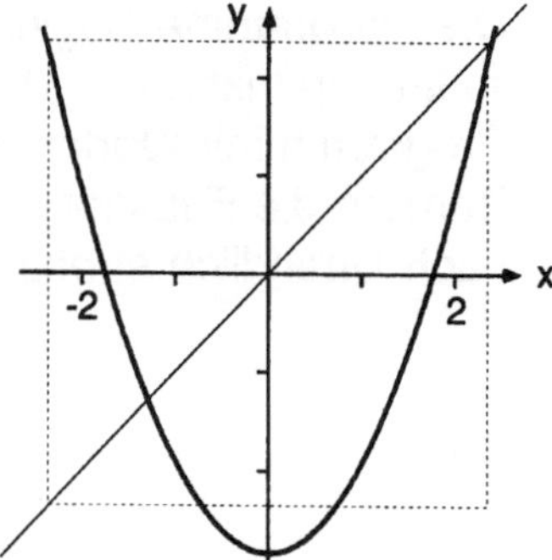

2. Der Kasten im Graphen rechts begrenzt aber ein Intervall, das gar nicht invariant ist! Erkläre, warum die Gefangenenmenge eine total unzusammenhängende Cantor-Menge ist.

Im Graphen zur Frage 2 ist c zu klein. Das längste invariante Intervall erhält man, wenn der Scheitel der Parabel auf dem Boden des zentrierten Kastens ruht, der eine Ecke mit dem rechten Schnittpunkt von Parabel und Diagonalen $y = x$ gemeinsam hat. In Frage 4 werden wir den Wert von c für diese optimale Parabel algebraisch bestimmen.

3.6B

3. Sei c negativ. Zeige, daß die Diagonale $y = x$ den Graphen von $f(x) = x^2 + c$ im ersten Quadranten an der Stelle $x = (1 + \sqrt{1 - 4c})/2$ schneidet.

4. Die Parabeln $f(x) = x^2 + c$ haben den y-Abschnitt c. Ist $c < 0$, muß deshalb die gesuchte optimale Parabel die Diagonale im Punkt $(-c, -c)$ im ersten Quadranten schneiden, d.h. $-c = f(-c)$. Finde c.

Mit den Taschenrechnerprogrammen können wird den Wert c auch experimentell bestimmen, der den Gefangenenmengen für $f(x) = x^2 + c$ als Barriere dient, um die invarianten Intervallen von den unzusammenhängenden Cantor-Mengen zu trennen.

Zeile	CASIO		Zeile	TEXAS INSTRUMENTS
1			1	:ClrHome
2	$0 \to R$		2	$:0 \to R$
3	$0 \to X$		3	$:0 \to X$
4			4	:Disp "C="
5	"C="? $\to$ C		5	:Input C
6	" "		6	:Disp " "
7	Lbl 1		7	:Lbl 1
8	X $\triangle$		8	:Disp X
9			9	:Pause
10	$X^2+C \to X$		10	$:X^2+C \to X$
11	$R+1 \to R$		11	$:R+1 \to R$
12	R<8 =>Goto 1		12	:If R<8
13			13	:Goto 1

Zeile		
1–3	Zähler R und Anfangspunkt X auf 0 setzen.	
4–6	Eingabe des Parameters c.	
7–13	Schleife für 8 Iterationsschritte.	

5. Die Programme beginnen die graphische Iteration der Parabel $f(x) = x^2 + c$ im Anfangspunkt $x_0 = 0$, dem kritischen Punkt für solche Parabeln. Probiere das Programm mit Werten für c zwischen -1 und -4 aus. Finde den Wert für c, der als Barriere die Funktionen von einander trennt, deren Iterierte des kritischen Punktes nach Unendlich streben bzw. gefangen bleiben.

3.7 EINE GEZIELTE TRANSFORMATION   3.7A

Genauso wie die Transformation $f(x) = ax(1-x)$ ist auch $g(x) = x^2 + c$ eine quadratische Funktion. Es gibt sogar zu jeder der uns von früher vertrauten Parabeln $f(x) = ax(1-x)$ eine verwandte Parabel der Form $g(x) = x^2 + c$ mit ähnlichen Eigenschaften. Man findet sie geometrisch durch Drehen, Verschieben und Strecken. Sie sind es, die zur Konstruktion der Mandelbrot-Menge benötigt werden.

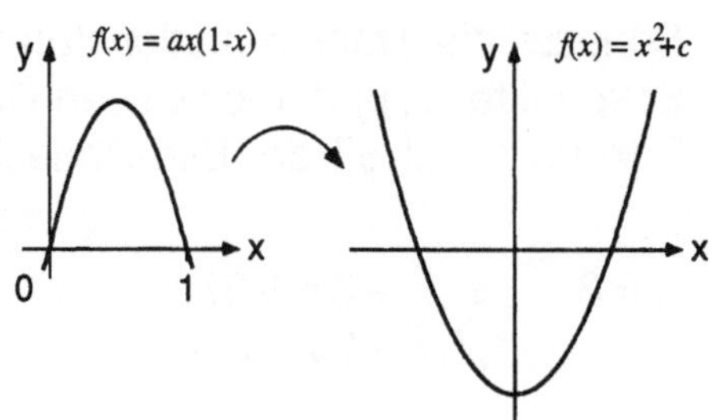

Wir wenden eine Folge von drei Transformationen auf das Dreieck P an, einschließlich einer Streckung um den Faktor $a = 2$ (mit dem Ursprung als Streckzentrum).

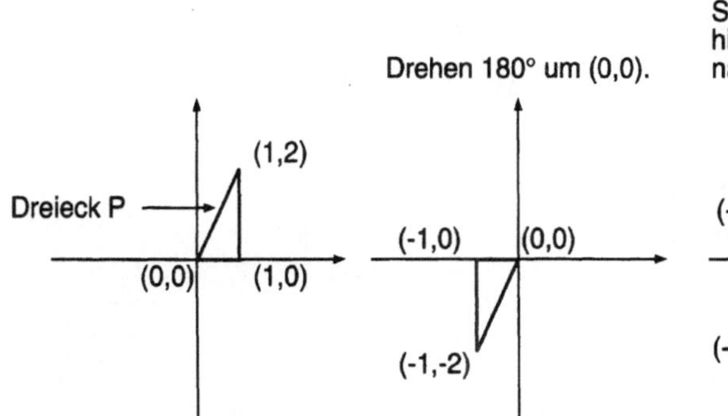

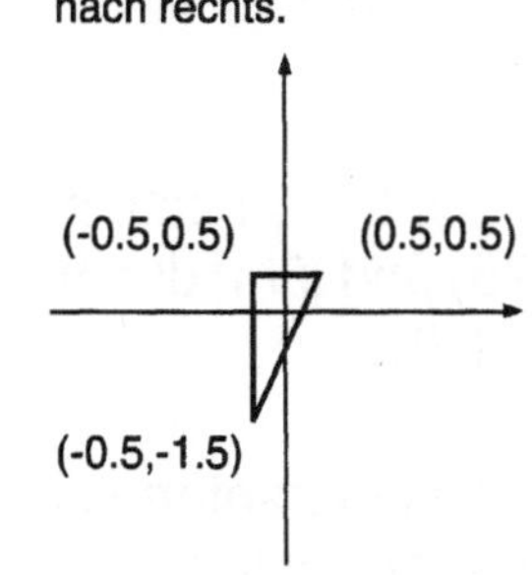

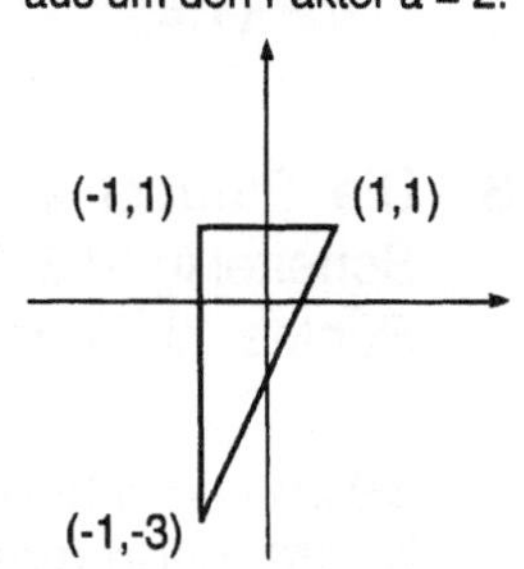

1. Wende dieselben Transformationen wie oben auf das Dreieck Q an, aber mit dem Streckfaktor $a = 4$. Bezeichne die Koordinaten der Eckpunkte nach jedem Schritt.

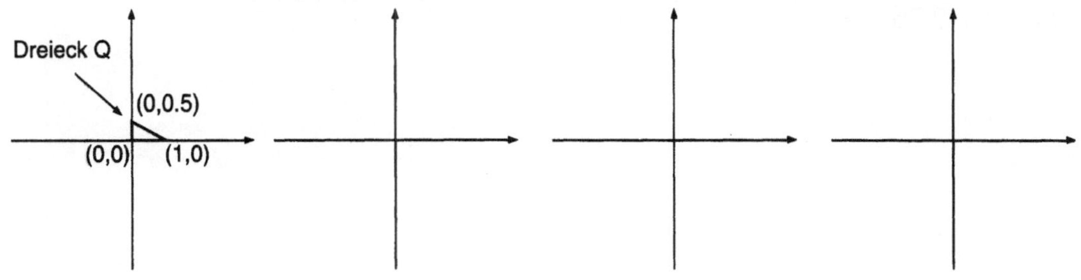

Algebraisch läßt sich die obige Folge geometrischer Transformationen durch die fogenden Formeln ausdrücken, mit denen die ursprünglichen Koordinaten (x, y) in die neuen Koordinaten (x', y') abgebildet werden:

$$x' = -ax + \frac{a}{2}, \qquad y' = -ay + \frac{a}{2}.$$

Wie man sieht, transformiert dieselbe Vorschrift x in x' und y in y'.

3.7B

2. Benutze die Transformationsformeln mit den gegebenen Werten für a. Setze die Eckpunkte (x, y) der jeweiligen Dreiecke in die Formeln ein, um die transformierten Eckpunkte (x', y') der Bild-Dreiecke zu berechnen.

$$a = 3 \qquad x' = -3x + 3/2$$
$$y' = -3y + 3/2$$

$$a = 4 \qquad x' = -4x + 2$$
$$y' = -4y + 2$$

Dreieck P mit den Ecken	Ecken des Bild-Dreiecks		Dreieck Q mit den Ecken	Ecken des Bild-Dreiecks
(0,0)	(1.5,1.5)		(0,0)	(2,2)
(1,0)			(2,0)	
(1,2)			(0,1)	

3. Die Parabel $y = 3x(1 - x)$ hat ihren Scheitel in $(0.5, 0.75)$ und führt durch die Punkte $(0, 0)$ und $(1, 0)$.

   Setze $a = 3$ und finde die tranformierten Koordinaten dieser drei Punkte.

   Zeichne die Bildparabel durch diese drei Punkte. Sie hat die Gleichung $y = x^2 + 0.75$.

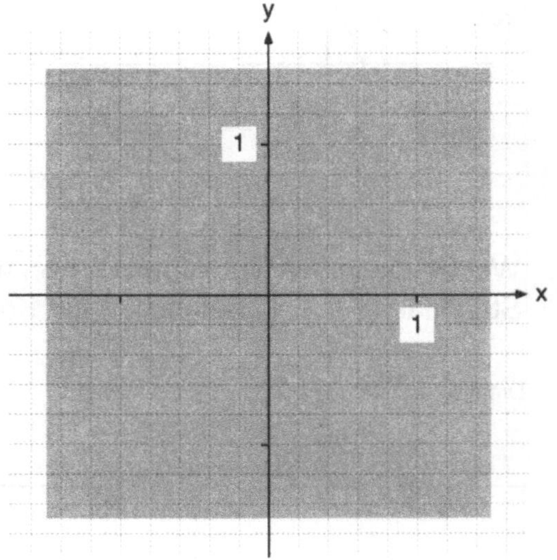

4. Wir untersuchen nun die Transformation der Parabel im einzelnen. Verwende die Graphen auf der nächsten Seite.

   a. Dies ist ein Parabelausschnitt $y = 3x(1 - x)$ für $x \in [0, 1]$. Seine Höhe ist 3/4 und seine Breite ist 1.

   b. Zeichne den Graphen nach einer Drehung um 180 Grad mit dem Zentrum im Ursprung. Höhe und Breite bleiben gleich.

   c. Verschiebe die gedrehte Parabel um eine halbe Einheit nach oben und um eine halbe Einheit nach rechts.

   d. Zeichne den Graphen der Parabel aus (c) nach einer Streckung mit dem Faktor 3 und dem Streckzentrum im Ursprung.

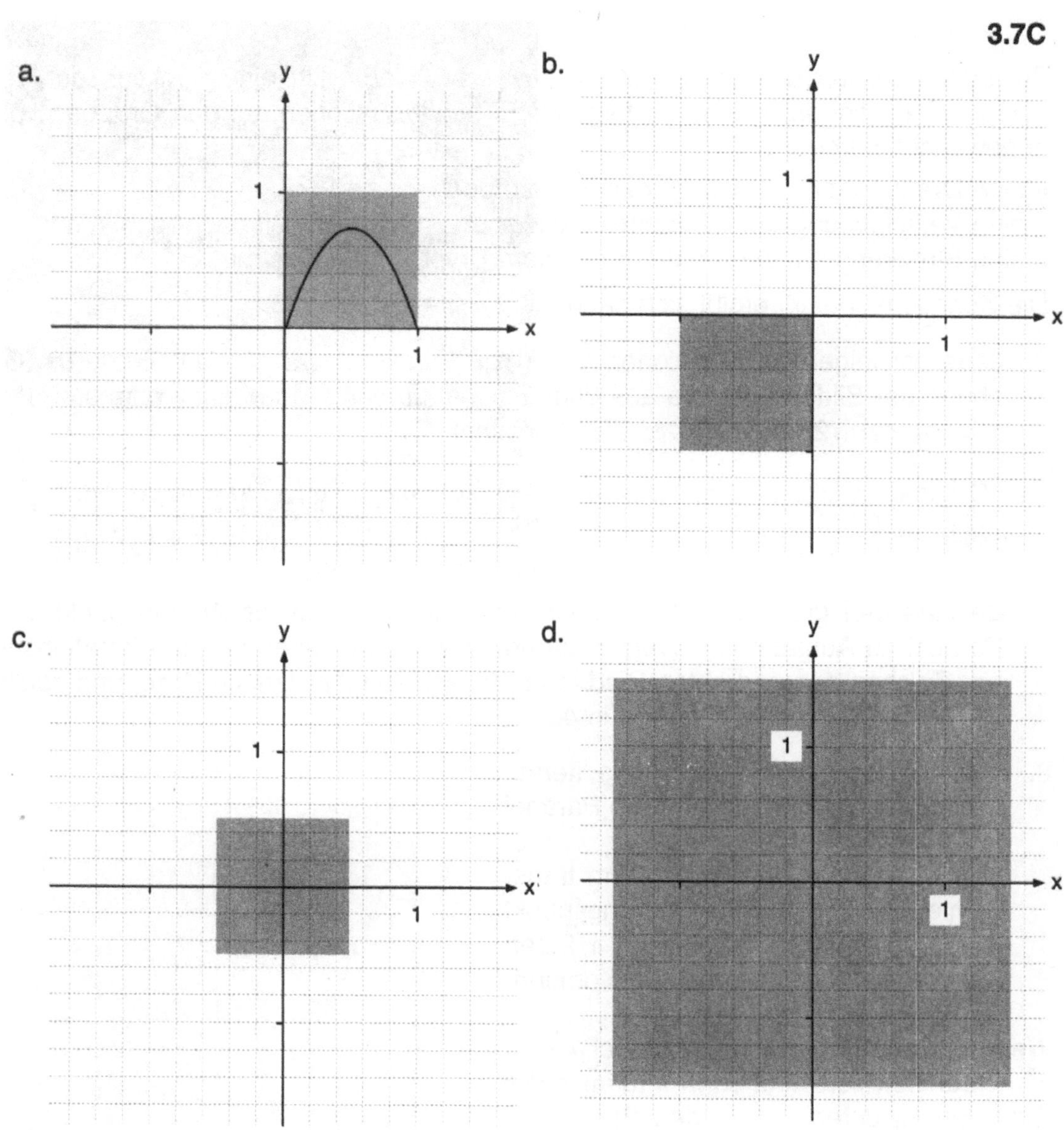

Die Drehung um 180 Grad läßt aus dem Graphen von $f(x) = ax(1 - x)$ eine nach oben geöffnete Parabel entstehen. Der betrachtete Ausschnitt hat die Höhe $a/4$ und die Breite 1. Die Verschiebung bringt den Scheitel auf die y-Achse. Schließlich wird die Parabel zum Graphen der Standardform $y = x^2 + c$ gestreckt.

5. Wie groß sind Höhe und Breite des Ausschnitts aus der transformierten Parabel in Frage 4d? Was ist der y-Wert des Scheitels? Vergleiche die Parabeln in Frage 3 und 4d.

3.7D

Zu jeder Funktion der Gestalt $f(x) = ax(1 - x)$ läßt sich eine Funktion der Form $g(x) = x^2 + c$ finden, indem die folgenden Transformationen auf den Graphen von f angewendet werden:

- eine Drehung um 180 Grad um den Ursprung,
- eine Verschiebung um 1/2 Einheit nach oben und 1/2 Einheit nach rechts, und
- eine Streckung um den Faktor a aus dem Ursprung als Zentrum.

Die Konstante in $g(x)$ ergibt sich dann als $c = \frac{a}{2} - \frac{a^2}{4}$.

6. Jede der folgenden Funktionen gehört zur Familie $y = ax(1 - x)$. Finde die Gleichung der Bildparabel, die aus dem Original durch die Koordinatentransformation $x' = -ax + a/2$ und $y' = -ay + a/2$ entsteht.

Original	$y = 1x(1 - x)$	$y = 3x(1 - x)$	$y = 4x(1 - x)$	$y = ax(1 - x)$
Bild				$y = x^2 + \left(\frac{a}{2} - \frac{a^2}{4}\right)$

7. Zeichne drei graphische Iterationsschritte mit $x_0 = 0.3$ als Anfangspunkt in die Parabel zu Aufgabe 4a. Wende die drei Transformationen auf den Iterationspfad an. Zeichne den gedrehten Pfad in 4b, verschiebe ihn danach in 4c, und zeichne den fertig transformierten Pfad in 4d.

8. Zeichne rechts drei graphische Iterationsschritte in die transformierte Parabel $y = x^2 - 0.75$. Beginne bei $x'_0 = 0.6$. Vergleiche das Resultat mit dem transformierten Pfad in 4d. Der Anfangspunkt wurde gewählt, weil $x' = -ax + a/2$ den Punkt $x_0 = 0.3$ in $x'_0 = 0.6$ transformiert.

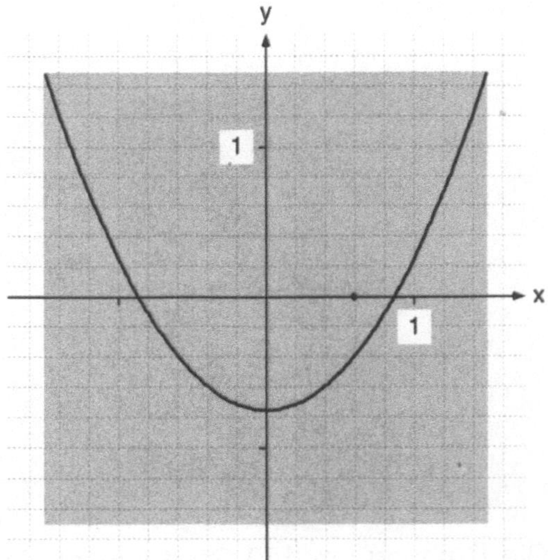

Wenn $f(x) = ax(1-x)$ in die Parabel $g(x) = x^2 + c$ transformiert wird, dann wird auch der Pfad von x_0 unter $f(x)$ in den Pfad unter $g(x)$ abgebildet, der in $x'_0 = -ax_0 + a/2$ beginnt. In diesem Sinne sind beide Parabeln äquivalent.

Die Transformation $x' = -ax + a/2$ bildet auch die Gefangenenmenge von $f(x)$ in die Gefangenenmenge von $g(x)$ ab.

9. Ist $1 \le a \le 4$, dann ist das Intervall $[0, 1]$ die Gefangenenmenge von $y = ax(1 - x)$. Zu jeder der gegebenen Funktionen finde das Bild des Intervalls $[0, 1]$ nach der Transformation $x' = -ax + a/2$.

Funktion	$y = 1x(1 - x)$	$y = 3x(1 - x)$	$y = 4x(1 - x)$	$y = ax(1 - x)$
Gefangenenmenge	$[0, 1]$	$[0, 1]$	$[0, 1]$	$[0, 1]$
Bildmenge	$\left[-\frac{1}{2}, \frac{1}{2}\right]$			

3.8 DIE FLUCHTZIFFER   3.8A

Sollte die Gefangenenmenge ein invariantes Intervall sein, dann kann die Folge der Iterierten des kritischen Punktes $x = 0$ diesem Intervall niemals entkommen. Ist jedoch die Gefangenenmenge eine Cantor-Menge aus unzusammenhängenden Punkten, dann flüchten die Iterierten des kritischen Punktes nach Unendlich. Wählt man eine feste Größe als Indikator, so läßt sich die Fluchtziffer des Anfangspunktes als Mindestanzahl von Iterationen ausdrücken, die erforderlich sind, jenseits dieser Markierung zu gelangen.

Die Programme iterieren die Parabel $f(x) = x^2 + c$. Beginnend mit dem Anfangspunkt $x = 0$ wird gezählt, wie viele Iterationen nötig sind bevor eine Iterierte zum ersten Mal den Indikator 1000 überschreitet.

Zeile	CASIO	Zeile	TEXAS INSTRUMENTS
1	$0 \to N$	1	$:0 \to N$
2	$0 \to X$	2	$:0 \to X$
3	Lbl 1	3	:Lbl 1
4		4	:ClrHome
5		5	:Disp "ENTER C<−2"
6	"C="? $\to$ C	6	:Input C
7	C>=−2 => Goto 1	7	:If C $\geq$ −2
8		8	:Goto 1
9	" "	9	:Disp " "
10	Lbl 2	10	:Lbl 2
11	$N+1 \to N$	11	$:N+1 \to N$
12	$X^2 + C \to X$	12	$:X^2 + C \to X$
13	X<1000 => Goto 2	13	:If X<1000
14		14	:Goto 2
15	N△	15	:Disp N
16		16	:End

Zeile		
1–2	Setze den Zähler N und den Anfangspunkt X auf 0.	
4–9	Input des Parameters $c < -2$.	
10–16	Iterationsschleife. Zähler wird erhöht solange Iterierte kleiner sind als 1000.	

1. Gib das Programm in den Rechner ein.

2. Vervollständige die Tabelle mit Hilfe des Programms. Zu jedem Parameterwert c wird das Programm die Anzahl N der Iterierten bestimmen, die nötig sind, um die Zahl 1000 zum ersten Mal (und damit für immer) zu überspringen.

Parameter c	−3	−2.1	−2.01	−2.001	−2.0001	−2.00001	−2.000001
Iteration N							

3.8B

3. Trage die Daten aus Frage 2 in das Diagramm ein. Zu welchem Ausdruck (abhängig von c) ist die Fluchtziffer N proportional, wenn man annimmt, daß die Punkte im Diagramm näherungsweise auf einer Geraden liegen?

4. Im Arbeitsblatt 3.6 haben wir entdeckt, daß $c = -2$ die Barriere zwischen den Funktionen ist, die ein invariantes Gefangenen-Intervall haben ($-2 \leq c < 1/4$), und denjenigen, die keine Intervalle einschließen ($c < -2$).

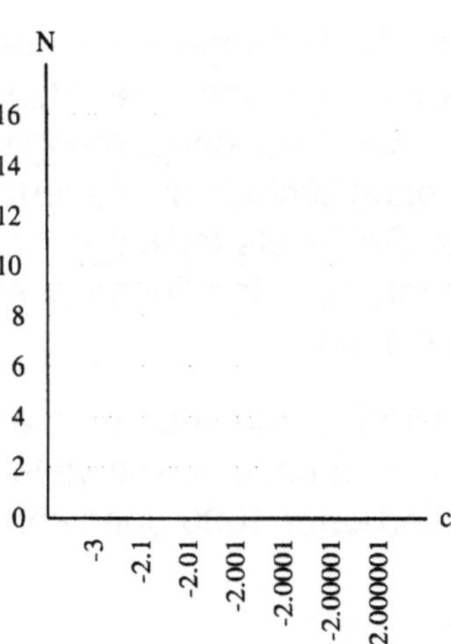

Erkläre, welche Auswirkungen es hat, wenn der Parameter c gegen die Barriere -2 anwächst.

Fluchtziffer im kritischen Punkt	Sei M groß und fest gewählt. Für die Funktion $f(x) = x^2 + c$ ist die *Fluchtziffer im kritischen Punkt* als die minimale Anzahl der Iterationen definiert, die nötig sind, damit der Absolutbetrag der Iterierten des kritischen Punktes größer als M ist.

5. In der Tabelle ganz unten sollen die Abszissen aus dem obigen Diagramm als farbige Felder dargestellt werden. Es sind ausgewählte Parameterwerte für den Parameter c in der Parabel $f(x) = x^2 + c$. Die Farbe richtet sich nach der zugehörigen Fluchtziffer N:

0–5	6–7	8–9	10–11	12–13	14–15
gelb	orange	braun	rot	grün	blau

Um einen optischen Eindruck der Fluchtziffern zu erzielen, fülle jedes Feld mit der entsprechenden Farbe aus.

-3	-2.1	-2.01	-2.001	-2.0001	-2.00001	-2.000001

Hat die Funktion $f(x) = x^2 + c$ eine unzusammenhängende Cantor-Menge, dann kann der Parameter c eine Farbe erhalten, um die Fluchtziffer im kritischen Punkt zu veranschaulichen. Der zweidimensionalen Version dieser Methode werden wir bei der Mandelbrot-Menge begegnen (6.13A).

3.9 ITERATION AUF NEUER EBENE: KOMPLEXE ZAHLEN 3.9A

Zur Konstruktion der Mandelbrot-Menge braucht man komplexe Zahlen. Das komplexe Zahlensystem besteht aus allen Ausdrücken der Form $x + yi$, wobei $i = \sqrt{-1}$ definiert wird, während x und y beide reelle Zahlen sind. Gewöhnlich begegnet man komplexen Zahlen zuerst beim Lösen quadratischer Gleichungen. In diesem Arbeitsblatt werden wir einige wichtige Eigenschaften komplexer Zahlen herausarbeiten. Wir beginnen mit der Feststellung, daß aus $i = \sqrt{-1}$ folgt: $i^2 = -1$.

Ist z eine komplexe Zahl der Form $z = x + yi$, dann heißt x der Realteil und y der Imaginärteil von z. Die Summe zweier komplexen Zahlen $a + bi$ und $c + di$ erhält man durch Addition der entsprechenden Teile. Sie ergibt die komplexe Zahl $(a+c)+(b+d)i$. Zum Beispiel,

$$(1 + 4i) + (3 + 2i) = (1 + 3) + (4 + 2)i = 4 + 6i$$

1. Addiere die folgenden komplexen Zahlen.

    a. $(2 + i) + (1 + 2i)$ ________   b. $(2 - 2i) + 3i$ ________

    c. $(3 - 4i) + (1 + i)$ ________   d. $(-3 - 2i) + (1 + 4i)$ ________

Weil jede komplexe Zahl eindeutig zwei reelle Zahlen x und y festlegt, können wir $x + yi$ als Punkt (x, y) in der Koordinatenebene darstellen. Die Summe zweier komplexer Zahlen ist wieder komplex und deshalb ebenfalls graphisch darstellbar.

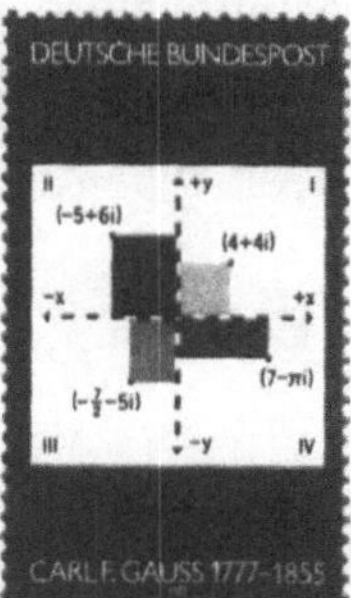

2. Zeichne die folgenden komplexen Zahlen als Punkte in das Achsenkreuz. Markiere sie entsprechend mit a, b, c und d.

    a. $3 + 3i$
    b. $2 + i$
    c. $4 - 3i$
    d. $-2 + 2i$

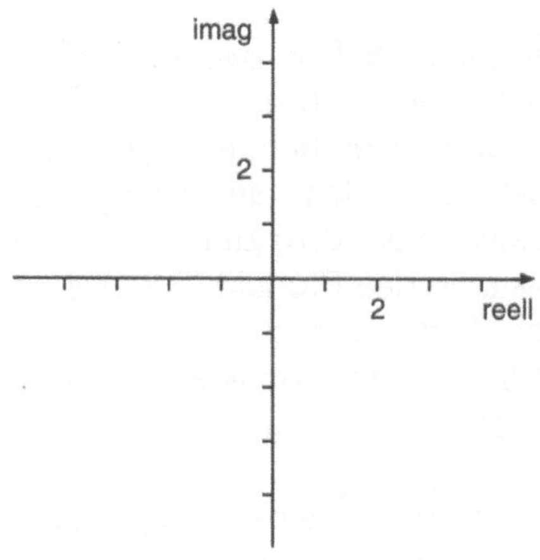

3.9B

Wir können die komplexen Zahlen $3 + 1i$ und $1 + 2i$ auch als Vektoren v und w interpretieren, die vom Ursprung zum Punkt $(3, 1)$ bzw. $(1, 2)$ führen. Wie rechts gezeigt, läßt sich die Summe geometrisch als Diagonale im vervollständigten Parallelogramm auffassen.

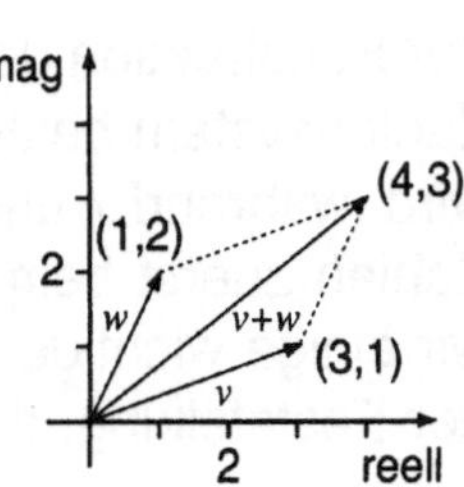

3. Zeichne in das Achsenkreuz die Parallelogramme mit den Diagonalen, die zu diesen beiden Summen gehören.

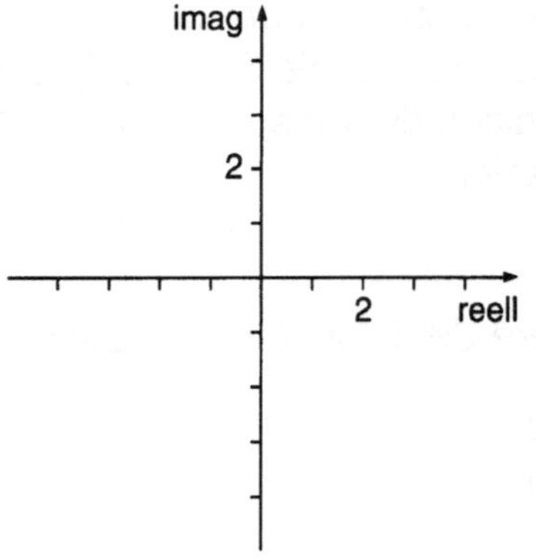

   a. $(3 - 4i) + (1 + 1i)$

   b. $(-3 - 2i) + (1 + 4i)$

4. Multipliziere die folgenden Terme und schreibe das Ergebnis in die erste freie Spalte. In der nächsten Spalte ersetze x durch i. Vereinfache den Ausdruck mit Hilfe der Formel $i^2 = -1$ und schreibe ihn in die letzte Spalte.

   Beispiel: $(2 + 3x)(5 + 7x)$ $10 + 29x + 21x^2$ $10 + 29i + 21i^2$ $-11 + 29i$

   a. $(1 + 2x)(3 + 5x)$ _______________   _______________   _______________

   b. $(3 - 4x)(5 - 7x)$ _______________   _______________   _______________

   c. $(a + bx)(c + dx)$ _______________   _______________   _______________

Die Multiplikation zweier komplexer Zahlen läßt sich mit der Formel $(a + bi)(c + di) = (ac - bd) + (ad + bc)i$ beschreiben. Wir versuchen nun, eine geometrische Interpretation des Produktes zu finden. Identifiziere die komplexe Zahl $2 + 1i$ mit dem Vektor v von $(0, 0)$ zum Punkt $(2, 1)$. Die Formel zeigt, daß der Vektor w das Produkt $(2 + i)(2 + i) = (3 + 4i)$ repräsentiert. Der Winkel zwischen dem Vektor w und der reellen Achse ist doppelt so groß wie der Winkel zwischen v und derselben Achse.

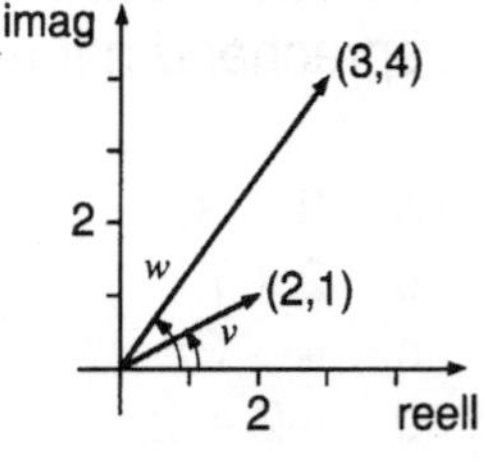

Der Betrag $|z|$ einer komplexen Zahl $z = (a + bi)$ ist als $\sqrt{a^2 + b^2}$ definiert. Das ist genau die Länge des zugehörigen Vektors.

5. Berechne die Länge der beiden Vektoren v und w.

Beachte, daß die Länge von w das Quadrat der Länge von v ist.

3.9C

6. Zeichne in das Achsenkreuz die Vektoren zu den gegebenen komplexen Zahlen. Dann zeichne zu beiden komplexen Zahlen den Vektor, der ihr Quadrat
   repräsentiert (Winkel verdoppeln, Längen quadrieren). Bezeichne jeden der vier Vektoren mit seinem
   Winkel und seiner Länge.

   a. $1 + i$
   b. $-3/2 + (3/2)i$

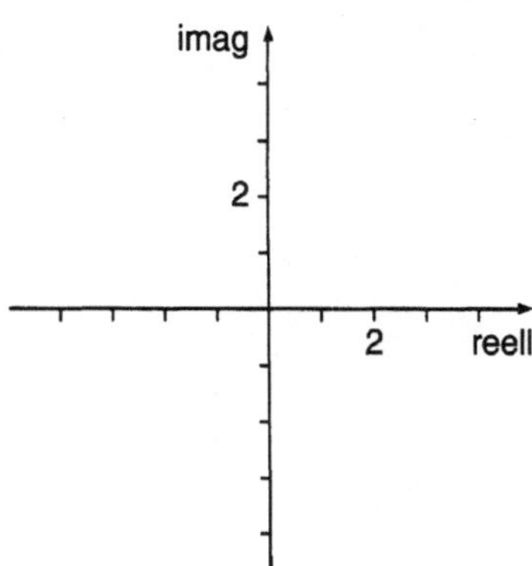

7. Wende die Produktformel aus Frage 4 an, um die Real- und Imaginärteile der in
   Frage 6 gefundenen Quadrate zu berechnen.

   a. $(1 + i)(1 + i)$
   b. $(-3/2 + (3/2)i)(-3/2 + (3/2)i)$

8. Finde die folgenden komplexen Produkte und
   zeichne ihre Vektoren.

   a. $(1/2 + i)\,(2 + i)$ __________
   b. $(1 + i)\,(0 + 2i)$ __________

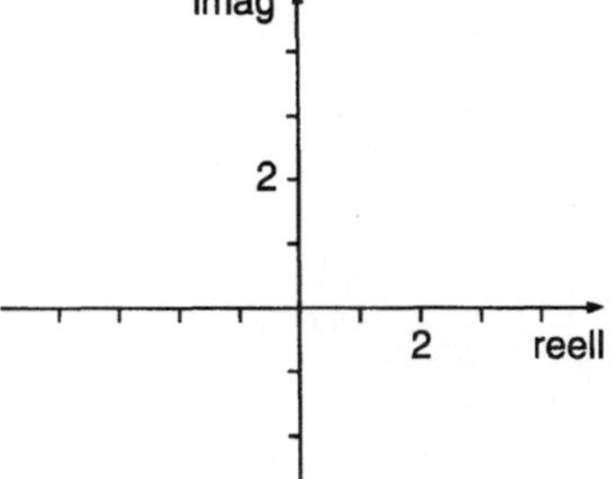

9. Finde Winkel und Längen zu den folgenden komplexen Zahlen:

	$1/2 + i$	$2 + i$	$0 + (5/2)i$	$1 + i$	$0 + 2i$	$-2 + 2i$
Winkel						
Länge						

10. Vergleiche die Resultate von Frage 8 und 9. Formuliere eine Vermutung, wie sich
    geometrisch das Produkt zweier komplexer Zahlen als Vektor konstruieren läßt.
    Was passiert mit den Winkeln? Wie erhält man die Länge des Produkts aus den
    Längen der Faktoren?

11. Die komplexe Zahl $\bar{z} = a - bi$ heißt *konjugiert* zu $z = a + bi$. Rechne nach, daß
    auch $\bar{z}^2$ konjugiert zu z^2 ist. Stimmt das mit obiger geometrischer Interpretation des
    Produkts komplexer Zahlen überein?

## 3.10 ORBITS												3.10A

In den Arbeitsblättern 3.4–3.6 haben wir das Verhalten von Gefangenenmengen zu Funktionen der Form $y = x^2 + c$ untersucht. Zu einem gegebenen Parameterwert c gibt es Punkte, die gefangen bleiben, während andere unter Iteration entkommen.

In diesem Arbeitsblatt darf der Parameter c komplexe Werte annehmen. Wieder sind wir hauptsächlich am Verhalten von Anfangspunkten unter Iteration interessiert. Jetzt schreiben wir allerdings z für das Argument, um anzudeuten, daß die Punkte im Definitionsbereich aus der komplexen Ebene stammen. Jede Wahl des Parameters c bestimmt eine eindeutige Funktion $f(z) = z^2 + c$. Wieder bleiben einige Punkte gefangen, während andere unter Iteration entkommen.

Unten sehen wir zwei Beispiele für Iteriertenfolgen, die durch Iteration von $f(z) = z^2 + c$ an einem Anfangspunkt entstanden sind. Beide Folgen, Orbits genannt, entkommen auf Spiralen nach unendlich, d.h. die Längen der Vektoren wachsen über alle Grenzen.

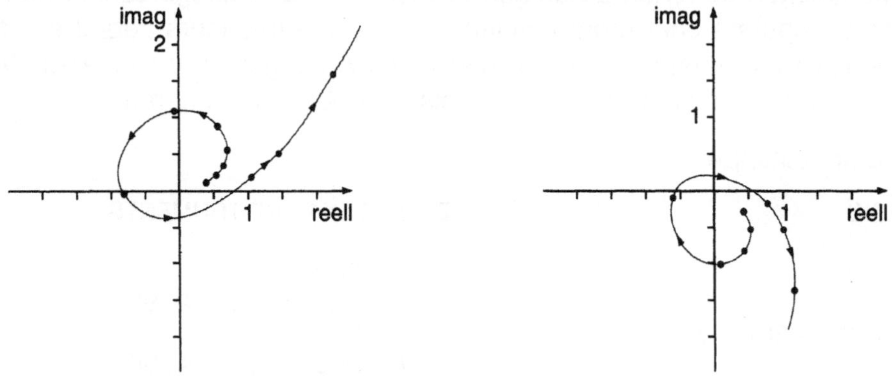

Wähle $c = -1 + 0i$ als Parameter für die Funktion $f(z) = z^2 + c$. In beiden unten gezeigten komplexen Ebenen wurde ein Punkt (x, y) markiert, der eine komplexe Zahl $x + yi$ repräsentiert. Beginne die Iteration der Funktion $f(z) = z^2 + (-1 + 0i)$ an diesen Punkten. Trage jeweils die ersten fünf Iterierten ein, und verbinde sie mit Pfeilen wie den Beispielen oben.

1.												2.

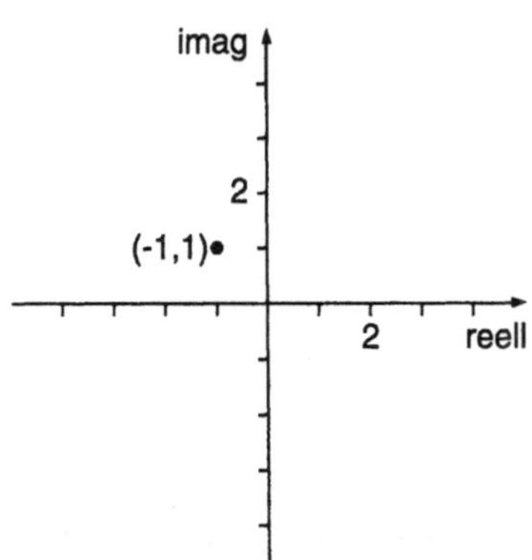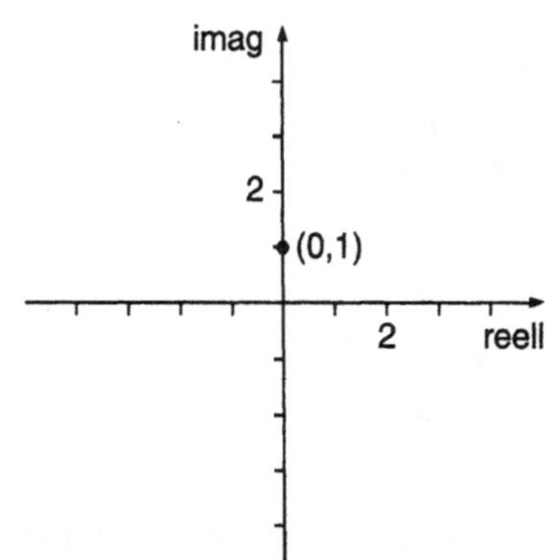

3.10B

3. 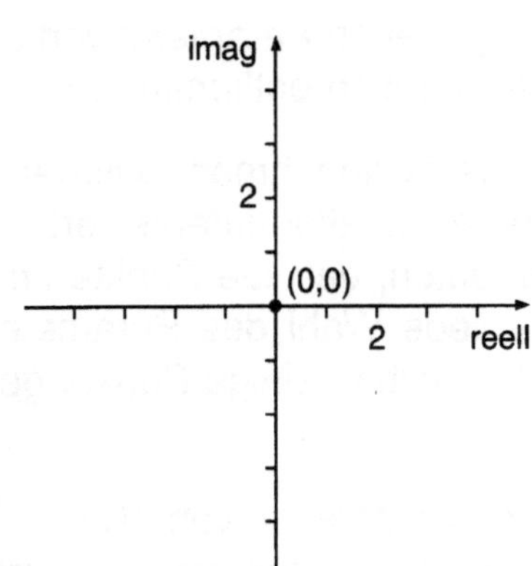

4. 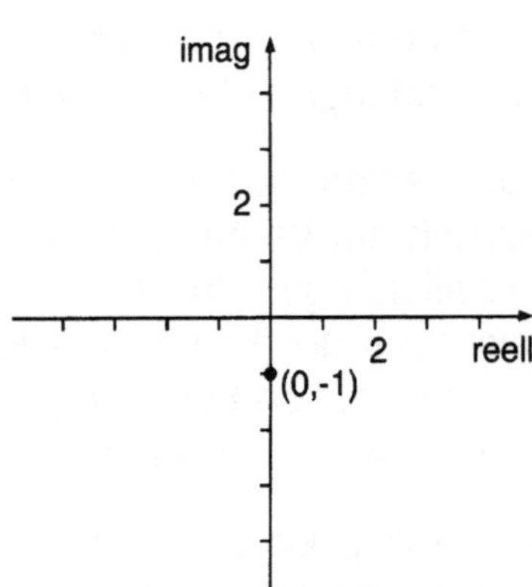

Wer die komplexen Iterierten zu obigen Fragen mit Hand ausgerechnet hat, wird die Hilfe eines Computers oder programmierbaren Taschenrechners begrüßen. Nach der Eingabe eines Parameters $c = a + bi$ und eines Anfangspunktes eigener Wahl, wird das Programm die Funktion $f(z) = z^2 + c$ bis zu siebenmal iterieren.

5. Programm eintippen.

Zeile	CASIO	Zeile	TEXAS INSTRUMENTS
1		1	:ClrHome
2		2	:Disp "A IN C = A+BI"
3	"A IN C=A+BI"? → A	3	:Input A
4		4	:Disp "B IN C = A+BI"
5	"B IN C=A+BI"? → B	5	:Input B
6	" "	6	:Disp " "
7		7	:Disp "X IN (X,Y)"
8	"X IN (X,Y)"? → X	8	:Input X
9		9	:Disp "Y IN (X,Y)"
10	"Y IN (X,Y)"? → Y	10	:Input Y
11	0→ N	11	:0→ N
12	Lbl 1	12	:Lbl 1
13	" "	13	:Disp " "
14	X → P	14	:X → P
15	Y → Q	15	:Y → Q
16	$P^2 - Q^2 + A$ → X	16	:$P^2 - Q^2 + A$ → X
17	2PQ + B → Y	17	:2PQ + B → Y
18	X △	18	:Disp X
19	Y △	19	:Disp Y
20		20	:Pause
21	N+1 → N	21	:N+1 → N
22	N<7 =>Goto 1	22	:If N<7
23		23	:Goto 1

Zeile	1–11	Zähler N auf 0 setzen. Parameter $c = a + bi$ und Anfangspunkt (x, y) eingeben.
	10–23	Iterationsschleife.

3.10C

Wähle $c = 0.55+0.15i$ für die Funktion $f(z) = z^2+c$. In den unten gezeigten komplexen Ebenen wurde ein Punkt (x, y) markiert, der eine komplexe Zahl $x + yi$ repräsentiert. Beginne die Iteration der Funktion $f(z) = z^2 + (0.55 + 0.15i)$ an diesen Punkten. Trage jeweils die ersten fünf Iterierten ein, und verbinde sie mit Pfeilen.

6.

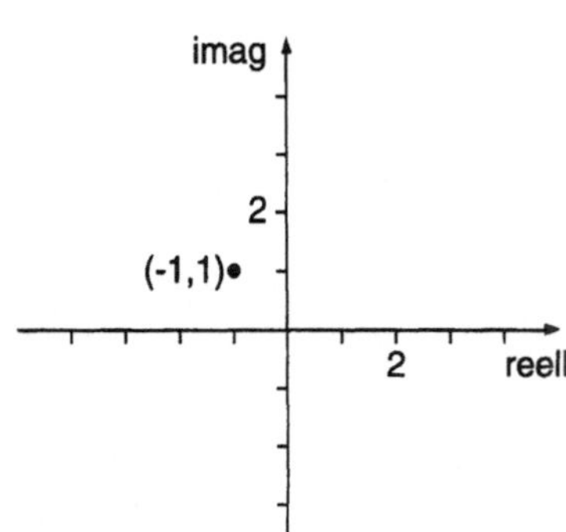

7.

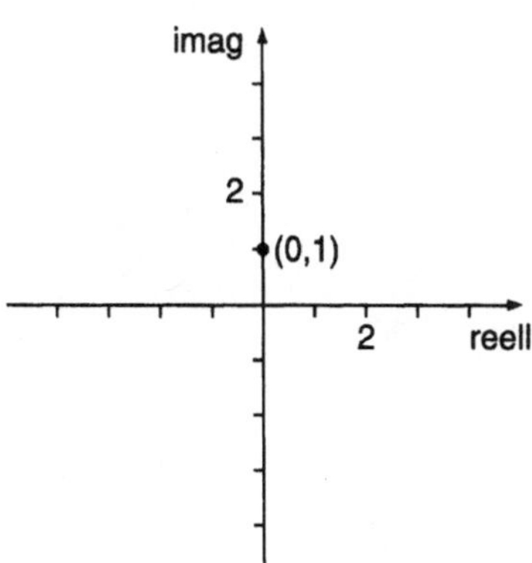

8.

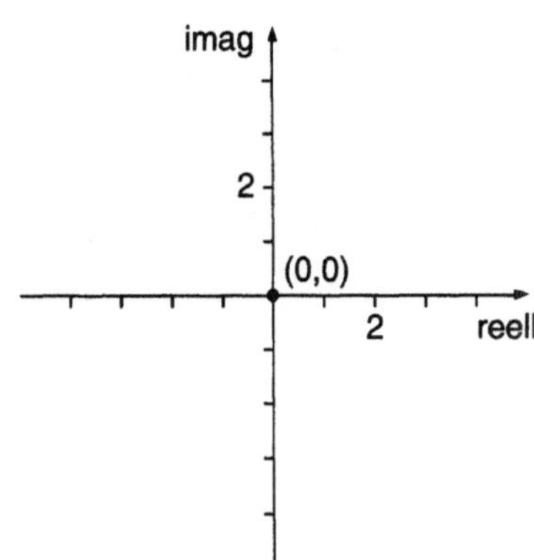

9.

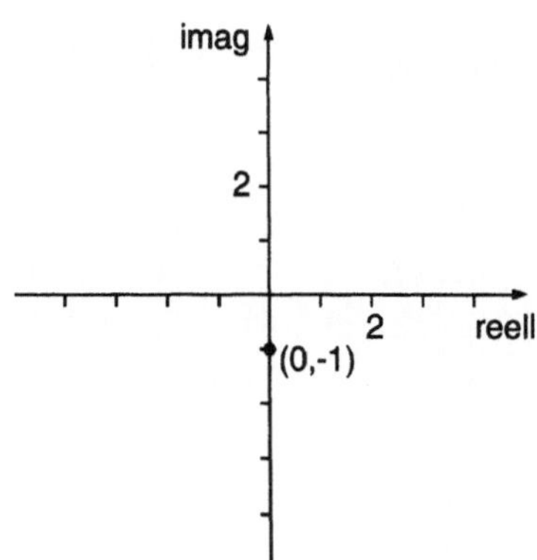

10. Wähle vier komplexe Zahlen $x + yi$ nach Belieben. Finde ihre Iterierten unter der Funktion $f(z) = z^2 + (0.55 + 0.15i)$ wie in Frage 6–9. Wie viele der gewählten Punkte scheinen gefangen zu bleiben? Stelle eine Vermutung an, warum es so schwer ist, Punkte aus der Gefangenenmenge von $f(z) = z^2 + (0.55 + 0.15i)$ zu finden.

Wir werden im Arbeitsblatt 3.11 sehen, daß die Gefangenenmenge einer Funktion $f(z) = z^2 + c$ entweder eine zusammenhängende Menge oder eine total unzusammenhängende Cantor-Menge ist. Wird der Parameter c so gewählt, daß die Gefangenenmenge unzusammenhängend ist, so wird es schwierig sein, durch zufällige Auswahl gefangene Punkte zu finden. Sie sind dann nämlich voneinander isoliert. Ihre Cantor-Menge sieht wie eine Staubwolke aus.

3.11 JULIA-MENGEN

3.11A

Sind c und der Definitionsbereich der Funktion $f(z) = z^2 + c$ reell, dann ist ihre Gefangenenmenge entweder ein zusammenhängendes Intervall oder eine total unzusammenhängende Cantor-Menge. Das haben wir im Arbeitsblatt 3.6 gesehen. Sind nun c und der Definitionsbereich der Funktion $f(z) = z^2 + c$ komplex, dann ist wieder, abhängig von c, die Gefangenenmenge ein zusammenhängendes Gebiet oder eine total unzusammenhängende Cantor-Menge.

Hier sind die Gefangenenmengen von $f(z) = z^2 + c$ für zwei verschiedene Parameterwerte.

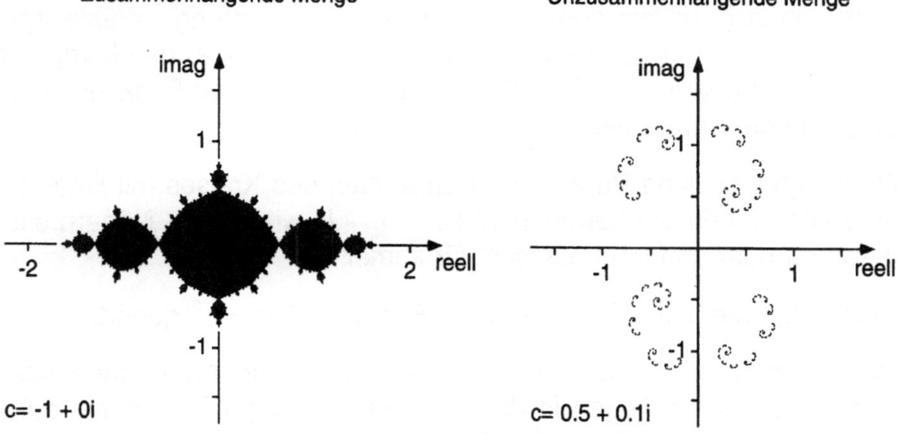

1. Sei $f(z) = z^2 + (0 + 1i)$. Finde die Iterierten des Anfangspunkts $0 + 0i$. Liegt er in der Gefangenenmenge?

2. Sei $f(z) = z^2 + (0.5 + 0.1i)$. Zeige, daß der Anfangspunkt $0 + 0i$ unter Iteration dieser Funktion nach Unendlich entkommt.

Das Verhalten des kritischen Punktes $0+0i$ unter Iteration entscheidet über das Aussehen der Gefangenenmenge zu einem gegebenen Parameterwert c. Ist dieser kritische Punkt gefangen, dann ist die Gefangenenmenge zusammenhängend. Entkommt er nach Unendlich, dann ist sie eine total unzusammenhängende Cantor-Menge.

3. Wie verhält sich der Anfangspunkt $0 + 0i$ unter Iteration der Funktion $f(z) = z^2 + (-1 + 0i)$? Ist die Gefangenenmenge dieser Funktion zusammenhängend oder unzusammenhängend?

4. Wie verhält sich $0 + 0i$ unter Iteration der Funktion $f(z) = z^2 + (-1 - 1i)$? Ist die Gefangenenmenge zusammenhängend oder unzusammenhängend?

3.11B

Die Punkte auf der Grenze zwischen der Gefangenenmenge einer Funktion $f(z) = z^2 + c$ und jenen, die nach Unendlich entkommen, liegen in der sogenannten *Julia*[1]*-Menge*. Ist die Gefangenenmenge zusammenhängend, dann ist die Julia-Menge der Rand dieses zusammenhängenden Gebietes. Ist die Gefangenenmenge unzusammenhängend, dann stimmt sie mit ihrer Julia-Menge überein.

5. Wähle $c = 0 + 0i$ in der Funktion $f(z) = z^2 + c$.

   a. Man entscheide aus dem Verhalten des kritischen Punktes unter Iteration von $f(z) = z^2$, ob die Julia-Menge dieser Funktion zusammenhängend ist oder nicht.

   b. Ziehe einen Kreis mit dem Radius 1 um den Ursprung. Wähle irgendwelche Punkte (a, b) innerhalb dieses Kreises. Sie entsprechen den komplexen Zahlen $z = a + bi$. Nähern sich diese Punkte unter Iteration der Funktion $f(z) = z^2$ dem Ursprung oder entfernen sie sich?

   c. Wähle irgendwelche Punkte (a, b) außerhalb des Kreises mit Radius 1 um den Ursprung. Finde die Iterierten von $z = a + bi$ wie in (a). Nähern sie sich dem Ursprung oder entfernen sie sich für immer?

   d. Beschreibe die Julia-Menge, die zur Funktion $f(z) = z^2$ gehört.

6. Die Julia-Menge der Funktion $f(z) = z^2 + (-1 + 0i)$ ist unten abgebildet. Welche der folgenden Punkte liegen in der Gefangenenmenge? (Benutze das Taschenrechnerprogramm aus Arbeitsblatt 3.10!)

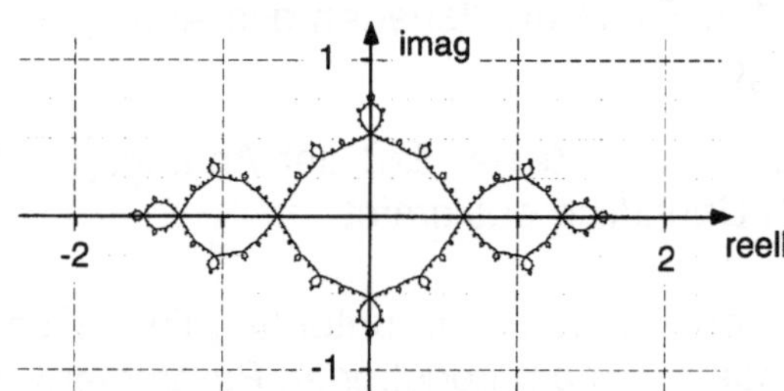

   a. (0,0)   b. (−1,0)   c. (0,0.7)   d. (0,0.8)

7. Ein *Fixpunkt* wird durch eine Funktion auf sich selbst abgebildet. Weil Fixpunkte offensichtlich nicht entkommen können, müssen sie in der Gefangenenmenge liegen. Finde die Fixpunkte der Funktion $f(z) = z^2 + (-1 + 0i)$ (löse die Gleichung $z = z^2 - 1$). Markiere sie im obigen Graphen.

---

[1]Gaston Julia, 1893-1978, französischer Mathematiker

3.12 DIE MANDELBROT-MENGE

3.12A

Die Struktur der Gefangenenmengen reeller Funktionen der Form $y = x^2 + c$ haben wir in den Arbeitsblättern 3.5–3.6 untersucht. Es genügte einen einzigen kritischen Wert $x = 0$ zu testen, um zu entscheiden, ob die Gefangenenmenge ein invariantes Intervall oder eine total unzusammenhängende Menge einzelner Zahlen ist.

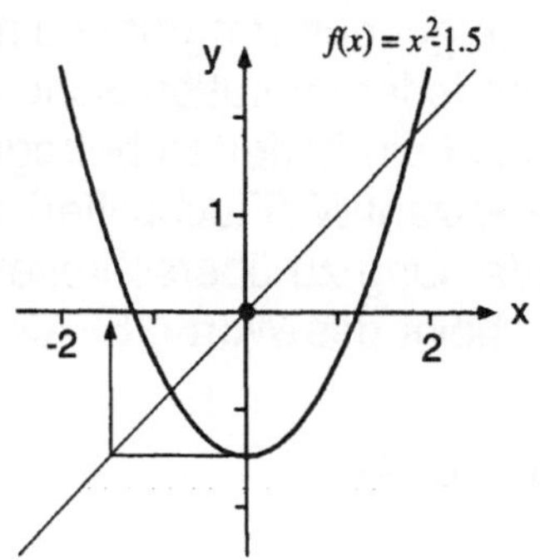

Wie wir im Arbeitsblatt 3.11 sahen, ist die Gefangenenmenge der komplexen Funktion $f(z) = z^2 + c$, abhängig vom komplexen Parameter c, entweder ein zusammenhängendes Gebiet oder eine total unzusammenhängende Menge vieler einzelner Punkte. Wieder läßt sich zu gegebenem c aus dem Iterationserhalten eines einzigen kritischen Punktes $0 + 0i$ ablesen, welcher der beiden Fälle vorliegt. Wenn der kritische Punkt nicht nach Unendlich entkommt, ist die Gefangenenmenge zusammenhängend. Andernfalls ist sie unzusammenhängend.

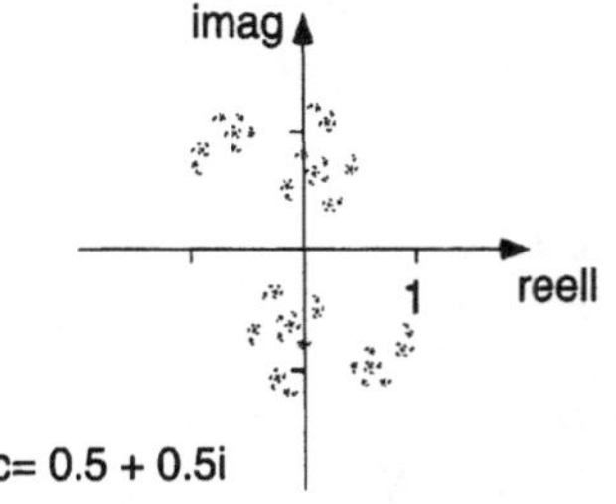

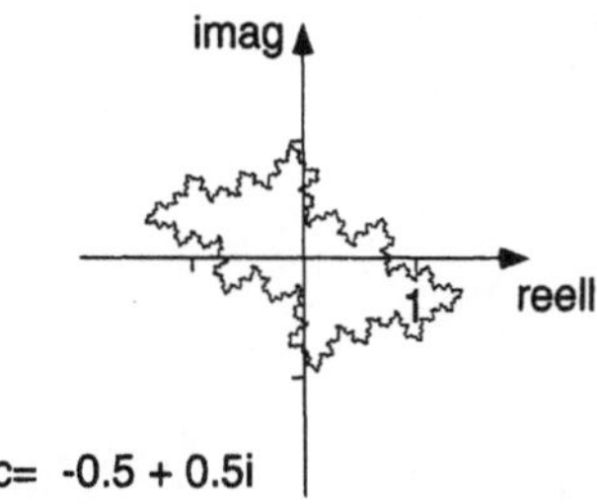

Die Punkte auf der Grenze zwischen der Gefangenenmenge und der Fluchtmengege einer gegebenen Funktion $f(z) = z^2 + c$ bilden ihre Julia-Menge.

1. Man verwende das Programm auf der nächsten Seite, um zu entscheiden, ob der kritische Punkt unter Iteration der Funktion $f(z) = z^2 + c$ zu gegebenem c nach Unendlich flieht. Gelingt ihm das nicht, bleibt er gefangen, und ein G wird rechts neben dem Parameter eingetragen. Flieht er, trage man ein F ein.

Parameter c	
$0.2 + 0.2i$	
$-0.3 + 0.2i$	
$-0.6 + 0.4i$	
$-1.3 + 0.1i$	
$-1.7 + 0.1i$	

Parameter c	
$0.2 - 0.2i$	
$-0.3 - 0.2i$	
$-0.6 - 0.4i$	
$-1.3 - 0.1i$	
$-1.7 - 0.1i$	

3.12B

Die folgenden Programme iterieren die Funktion $f(z) = z^2 + c$ im kritischen Punkt $0 + 0i$. Nach jedem Iterationsschritt werden die Koordinaten x und y der Iterierten angezeigt. Sobald die Iterierten betragsmäßig um mehr als 100 vom Ursprung entfernt sind, wird die Anzahl N (Fluchtziffer) der Iterationen angezeigt, die gebraucht wurden, um diese Entfernung zu überschreiten. Geschieht das nicht während der ersten 20 Iterationen, erscheint das Wort GEFANGEN in der Anzeige.

Zeile	CASIO	Zeile	TEXAS INSTRUMENTS
1		1	:ClrHome
2		2	:Disp "A IN C = A+BI"
3	"A IN C=A+BI"? → A	3	:Input A
4		4	:Disp "B IN C = A+BI"
5	"B IN C=A+BI"? → B	5	:Input B
6	" "	6	:Disp " "
7	0 → P	7	:0 → P
8	0 → Q	8	:0 → Q
9	0 → N	9	:0 → N
10	Lbl 1	10	:Lbl 1
11	$P^2 - Q^2 + A$ → R	11	:$P^2 - Q^2 + A$ → R
12	2PQ + B → Q	12	:2PQ + B → Q
13	R △	13	:Disp R
14		14	:Pause
15	Q △	15	:Disp Q
16		16	:Pause
17	" "	17	:Disp " "
18	R → P	18	:R → P
19	N+1 → N	19	:N+1 → N
20	N>20 => Goto 2	20	:If N > 20
21		21	:Goto 2
22	$(R^2 + Q^2) < 10000$ => Goto 1	22	:If $(R^2 + Q^2) < 10000$
23		23	:Goto 1
24	" "	24	:Disp " "
25	"ZAEHLER"	25	:Disp "ZAEHLER"
26	N △	26	:Disp N
27	Goto 3	27	:End
28	Lbl 2	28	:Lbl 2
29	" "	29	:Disp " "
30	"GEFANGEN"	30	:Disp "GEFANGEN"
31	Lbl 3	31	:

Zeile   1–9   Zähler N auf 0 setzen. Parameter $c = a + bi$ eingeben.
          10–23   Iterationsschleife. Testen des Betrages.
          24–31   Anzeige des Iterationenzählers N oder des Wortes GEFANGEN.

3.12C

2. Jede der komplexen Zahlen $c = a + bi$ in Frage 1 bestimmt einen Punkt (a, b) in der komplexen Ebene. Finde zu jedem dieser Punkte (a, b) das Kästchen, das ihn enthält. Schreibe entweder ein G oder ein F in dieses Kästchen, je nach dem ob der kritische Punkt gefangen bleibt oder flieht.

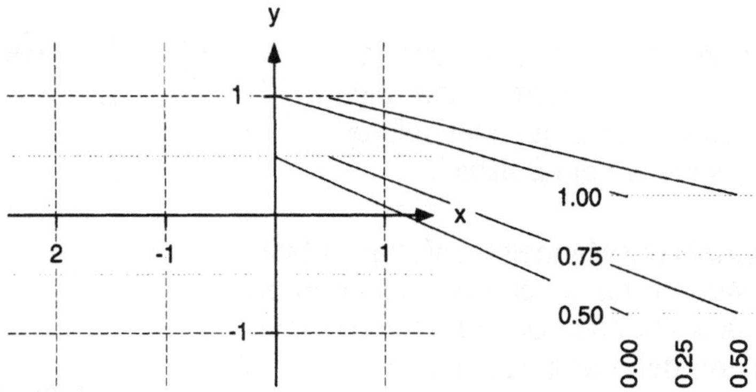

3. Wähle aus jedem Kästchen, das noch nicht markiert ist, den Mittelpunkt. Jeder dieser Mittelpunkte (a, b) definiert eine Funktion der Form $y = z^2 + c$ mit $c = a + bi$. Finde mit dem Programm heraus, ob der kritische Punkt gefangen bleibt oder flieht. Markiere die Kästchen entsprechend mit G oder F.

4. Verfeinern wir das Gitter, dann gibt es natürlich noch mehr Kästchen zu markieren. Zum Beispiel zeigt die obige Abbildung Viertelkästchen. Wähle den Mittelpunkt aus jedem und entscheide wieder, ob mit solchem c der kritische Punkt gefangen bleibt oder flieht. Markiere die Viertelkästchen entsprechend.

In der *Mandelbrot*[1]*-Menge* sind die Parameterwerte $c = a + bi$ für die Funktion $f(z) = z^2 + c$ zusammengefaßt, bei denen die Iterierten des kritischen Punktes $0 + 0i$ gefangen bleiben. Solche Parameterwerte werden graphisch als schwarze Punkte im Bauplan der Mandelbrot-Menge repräsentiert. Ihre zugehörigen Julia-Mengen sind zusammenhängend. Punkte außerhalb der Mandelbrot-Menge werden wir im nächsten Arbeitsblatt zu färben lernen. Zu ihnen gehören unzusammenhängende Julia-Mengen.

Es fällt auf, daß die untere Hälfte des ausgefüllten Gitters das Spiegelbild der oberen an der reellen Achse ist. Wir vermuten deshalb, daß mit c auch die die konjugierte $\bar{c}$ in der Mandelbrot-Menge liegt. Dies ist tatsächlich der Fall. Die Iterierten des kritischen Punktes unter $f_c(z) = z^2 + c$ sind die Spiegelbilder der Iterierten unter $f_{\bar{c}}(z) = z^2 + \bar{c}$ an der reellen Achse.

5. Bezeichne mit $z_1, z_2, \ldots$ die Iterierten des kritischen Punktes $0+0i$ unter der Funktion $f_c(z) = z^2+c$, wenn $c = a+bi$. Bezeichne mit $z'_1, z'_2, \ldots$ die entsprechenden Iterierten, wenn $c = a-bi$. Zeige, daß z'_1 konjugiert zu z_1 ist, z'_2 konjugiert zu z_2, usw. (Hinweis: $\bar{z}^2$ ist konjugiert zu z^2. Siehe Frage 11 im Arbeitsblatt 3.9C).

---

[1] Benoit B. Mandelbrot, ∗1924, Mathematiker in den USA

3.12D

6. Schwärze jedes Kästchen im Gitter unten rechts, das ein G enthält.

Wir können das Verfahren in Frage 4 fortsetzen, indem wir immer feinere Gitter untersuchen und markieren.

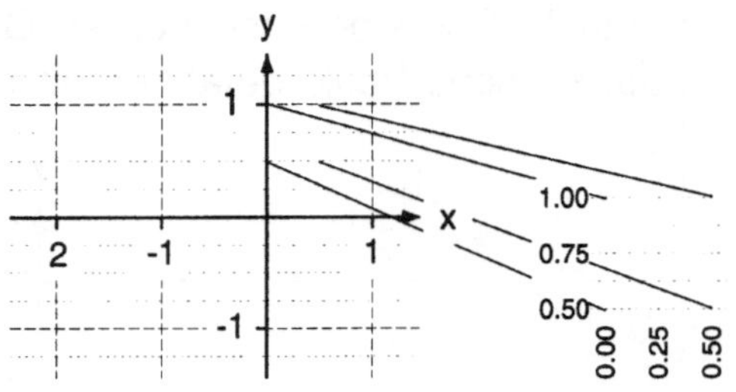

Das Schwärzen jedes Kästchens, das ein
G enthält, gibt bei sehr feinem Gitter eine
gute graphische Darstellung der Mandelbrot-
Menge. Rechts zeigen wir ein Beispiel.

Die Punkte außerhalb der Mandelbrot-Menge entsprechen Parameterwerten, für welche die Iterierten des
kritischen Punktes $0 + 0i$ nach Unendlich entkommen.
Zu solchen Punkten gehören unzusammenhängende
Julia-Mengen.

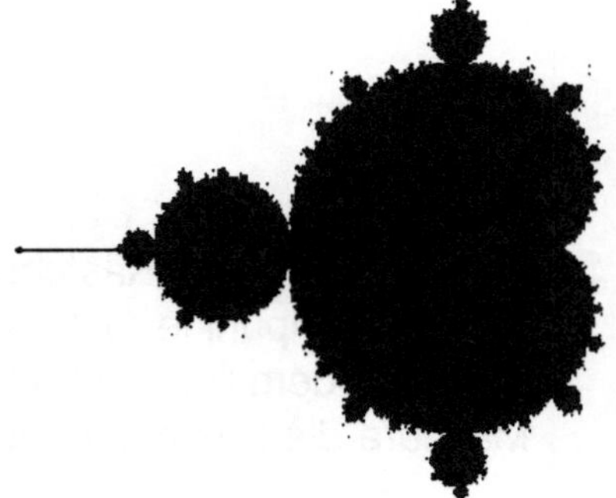

Es ist bekannt, daß die Mandelbrot-Menge zwar zusammenhängend ist, an ihren
Rändern aber in feinste Verästelungen übergeht. Die beschriebene Methode eignet
sich nicht zur Darstellung solcher Feinheiten. Stattdessen sehen wir einige isolierte
Punkte nahe bei der großen zusammenhängenden Hauptmasse. Vielleicht war die
Maschenweite des Gitters zu grob? Leider ist es mit einer Verfeinerung des Gitters
nicht getan.

Ein viel komplizierterer Algorithmus wird gebraucht, um die Mandelbrot-Menge in ihrer ganzen Schönheit sichtbar zu machen. Mit einem solchen Algorithmus wurde die nebenstehende ver-
besserte Abbildung herausgearbeitet. Vergleicht
man die beiden Bilder, so sieht man, wie winzige
Äste zu den im ersten Bild noch isolierten Punkten
hinführen.

3.13 INSEL IN EINEM MEER VON FARBEN   3.13A

Entkommen die Iterierten des kritischen Punktes $0+0i$ bei der Iteration von $f(z) = z^2+c$ nach Unendlich, dann liegt der Parameter c, dargestellt als Punkt in der komplexen Ebene, außerhalb der Mandelbrot-Menge. Gemäß ihrer Fluchtziffer kann man solchen Punkten Farben zuweisen, wie wir das schon im Arbeitsblatt 3.8 für reelle Parameter gemacht haben. Wir messen diese Fluchtziffer als Anzahl der Iterationen, die nötig sind, um die Iterierten mindestens 100 Einheiten vom Ursprung zu entfernen.

1. Mit dem Programm von Arbeitsblatt 3.12 bestimme zu jedem gegebenen Parameterwert c die Anzahl N der erforderlichen Iterationen von $f(z) = z^2 + c$, um den kritischen Punkt mehr als 100 Einheiten vom Ursprung zu entfernen. Trage diese Fluchtziffer in die Tabelle ein. Bleibt der kritische Punkt gefangen, setze G ein.

Parameter c	Iterationen N
$0.2 + 0.2i$	
$-0.3 + 0.2i$	
$-0.6 + 0.4i$	
$-1.3 + 0.1i$	
$-1.7 + 0.1i$	

Parameter c	Iterationen N
$0.2 - 0.2i$	
$-0.3 - 0.2i$	
$-0.6 - 0.4i$	
$-1.3 - 0.1i$	
$-1.7 - 0.1i$	

2. Zu jeder komplexen Zahl $c = a + bi$ in obiger Tabelle gehört ein Punkt (a, b) in dem Gitter unten. Färbe die Kästchen, in welche diese Punkte fallen, entsprechend der folgenden Vorschrift:

schwarz	wenn die Iterierten nach 20 Iterationsschritten noch gefangen sind
gelb	wenn in 1 bis 4 Schritten der Abstand mehr als 100 beträgt
orange	wenn in 5 bis 8 Schritten der Abstand mehr als 100 beträgt
rot	wenn in 9 bis 12 Schritten der Abstand mehr als 100 beträgt
grün	wenn in 13 bis 16 Schritten der Abstand mehr als 100 beträgt
violett	wenn in 17 bis 20 Schritten der Abstand mehr als 100 beträgt

3. Wähle einen Punkt aus der Mitte jedes Kästchens, das bisher noch nicht gefärbt worden ist. Jeder dieser Punkte (a, b) legt eine Funktion der Form $f(z) = z^2 + c$ mit $c = a + bi$ fest. Finde die Fluchtziffer N mit dem Taschenrechnerprogramm, falls der kritische Punkt unter Iteration nicht gefangen bleibt. Färbe die Kästchen nach obigem Schema. Nutze die Symmetrie (Aufgabe 5 in 3.12).

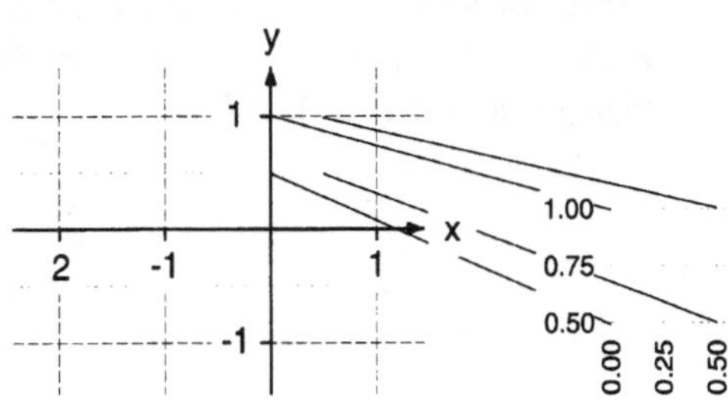

3.13B

4. Teilen wir wieder jedes Kästchen in vier Teile, dann können wir Parameterwerte
   $c = a + bi$ aus jedem Teil wählen und die Farben präzisieren. Probiere eine solche
   Verfeinerung mit Hilfe des Taschenrechnerprogramms in dem gezeigten Ausschnitt
   auf der vorangegangenen Seite.

In der *Mandelbrot-Menge* sind diejenigen Parameterwerte $ca + bi$ versammelt, für wel-
che die Iteration der Funktion $f(z) = z^2 + c$ im kritischen Punkt $0 + 0i$ eine gefangene
Iteriertenfolge ergibt. Im Bauplan der Mandelbrot-Menge sind diese Parameterwerte
schwarz. Zu ihnen gehören zusammenhängende Julia-Mengen. Punkte außerhalb der
Mandelbrot-Menge entsprechen Parameterwerten, bei denen der kritische Punkt unter
Iteration nach Unendlich flieht. Zu diesen Punkten gehören unzusammenhängende
Julia-Mengen, und sie werden entsprechend der Fluchtziffer des kritischen Punktes
gefärbt. Der unvorstellbar irreguläre Rand der schwarzen Punkte ist die Barriere zwi-
schen den beiden möglichen Schicksalen des kritischen Punktes. Wir zeigen mehr
Einzelheiten dieses Randes in drei Ausschnittsvergrößerungen.

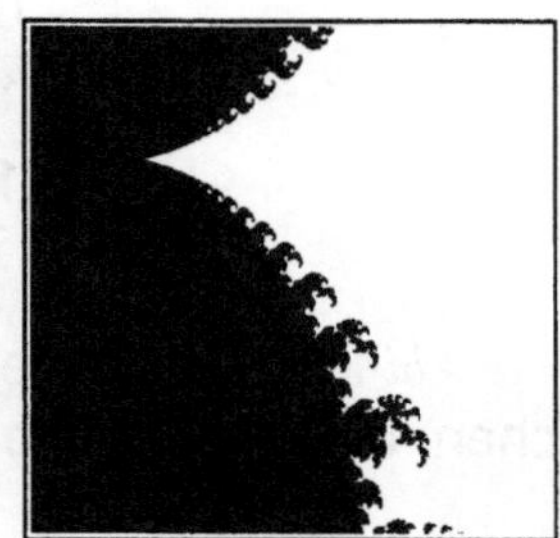

Wir können den Parameter c in der komplexen Funktion $f(z) = z^2 + c$ auch reell wählen,
in der Form $c = a + 0i$, als Punkt auf der reellen Achse. Dann gibt es aber einen
Zusammenhang zwischen den Gefangenenmengen der komplexen Funktion $f(z) =
z^2 + c$ und denen der reellen Funktion $f(x) = x^2 + c$, die wir zu Beginn des Kapitels
untersucht haben. Mehr darüber kann man aus den Diagrammen auf der nächsten
Seite ablesen.

5. Vergleiche die Gefangenenmengen mit Hilfe der Abbildungen auf der nächsten
   Seite für reelle Parameterwerte c. Was haben die Gefangenenmengen gemeinsam,
   wenn c im Intervall $]-\infty, -2[$ liegt? Im Intervall $[-2, 1/4]$? Was erschwert den
   Vergleich für $c > 1/4$?

3.13C

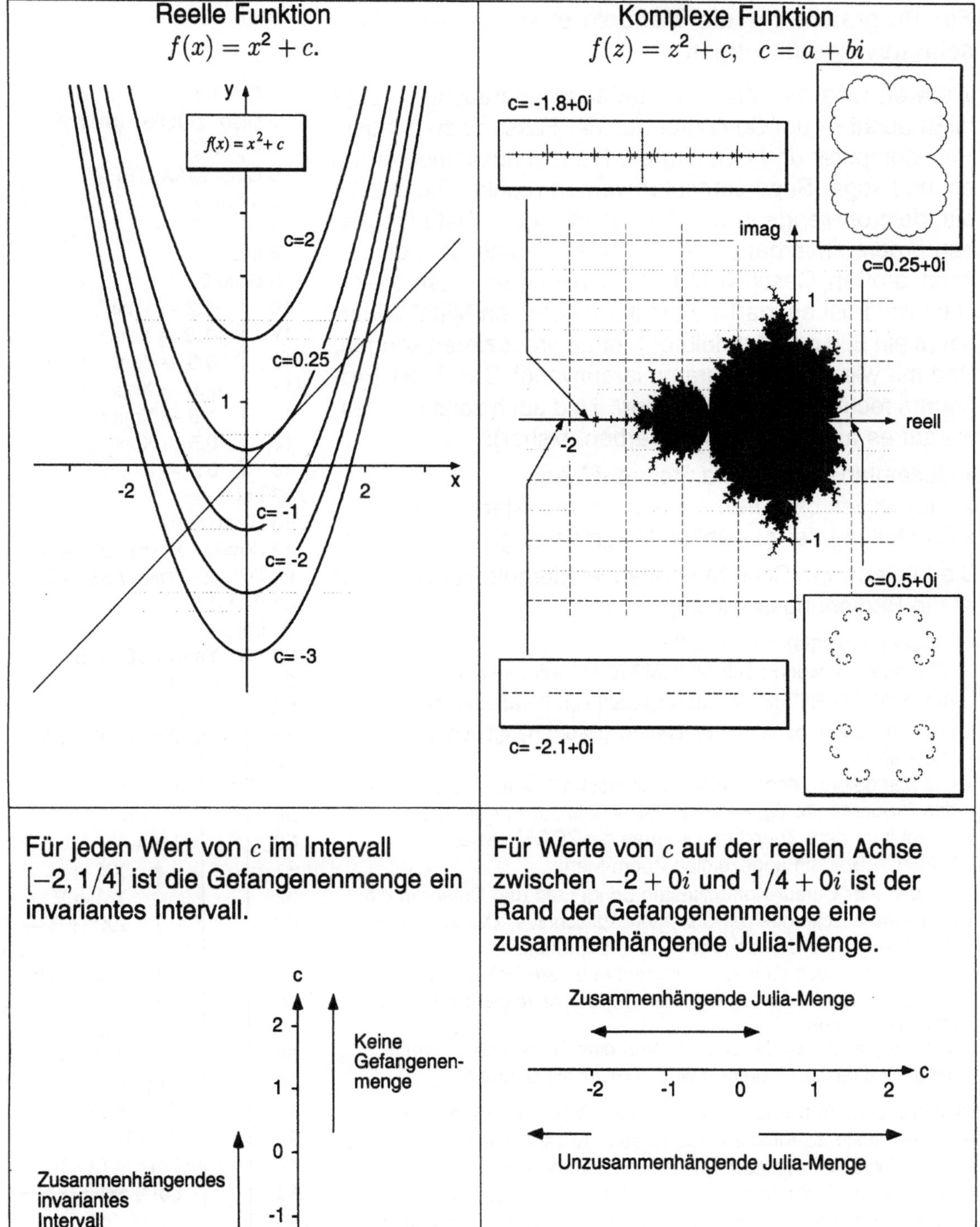

Für jeden Wert von c im Intervall $[-2, 1/4]$ ist die Gefangenenmenge ein invariantes Intervall.

Für Werte von c auf der reellen Achse zwischen $-2 + 0i$ und $1/4 + 0i$ ist der Rand der Gefangenenmenge eine zusammenhängende Julia-Menge.

3.13D

Ein Programm für die Mandelbrot-Menge und Ausschnittsvergrößerungen

Weltweit wird die Mandelbrot-Menge gebraucht — oder mißbraucht — um Computer aus der Fassung zu bringen. Heimcomputer und PCs tun es, Forschungscomputer tun es, und sogar Supercomputer werden regelmäßig mit der Mandelbrot-Menge in die Knie gezwungen. Natürlich haben programmierbare Taschenrechner keine Chance, mit ihren großen Geschwistern zu konkurieren. Um so erstaunlicher ist es, daß sie mit ihren geringen Mitteln überhaupt ein Bild der Mandelbrot-Menge produzieren können. Und mit wie wenig Programmieraufwand! Das TI-81 Programm rechts hat bloß 48 Zeilen. Und doch zeigt es alles, worauf es ankommt (außer Farben, bisher):

- Gesamtansicht der Mandelbrot-Menge,
- Interaktives plazieren eines Zoom-Fensters,
- Darstellung der gewählten Vergrößerung.

Die letzten zwei Schritte können wiederholt werden. Hier ist die Bedienungsanleitung:

1. Programm eingeben und starten.
2. "0" eingeben, wenn nach "ZOOM? (0,1)" gefragt wird.
3. Auf "MAX ITER?" mit der Maximalzahl von Iterationen antworten.
4. Das Programm beginnt zu rechnen. (Dauer hängt von MAX ITER ab.)
5. Die Mandelbrot-Menge (oder ein Ausschnitt) wird angezeigt. Ist das Programm fertig, kann ein Ausschnitt zur Vergrößerung gewählt verden. Zuerst drücke man die ZOOM-Taste.
6. Wähle "1:Box" im angezeigten Zoom-Menü.
7. Mit den vier Cursor-Kontrolltasten bringt man den Cursor in die linke obere Ecke des gewünschten Ausschnitts. Die Koordinaten des Punktes werden angezeigt. ENTER drücken.
8. Das gleiche noch einmal für die rechte untere Ecke. Die Umrisse des Fensters erscheinen auf der Anzeige. ENTER und CLEAR drücken.
9. Das Programm wieder starten. Nun eine "1" eingeben, wenn nach "ZOOM?(0,1)" gefragt wird. Weiter mit Schritt 3.

Erläuterungen: Antwortet man auf "MAX ITER?" mit 15, dann braucht das Gesamtbild 25 Minuten Rechenzeit. Ausschnitte können länger dauern. Wird kein Ausschnitt gewählt, werden in Zeile 10–16 die Skalenfaktoren festgelegt. Die Anzeige besteht aus 64 Zeilen zu je 96 Bildpunkten. Für die Gesamtansicht wird die Symmetrie der Mandelbrot-Menge zur reellen Achse ausgenutzt, indem nur 32 Zeilen berechnet werden. Die Programmvariablen J und I zählen die Zeilen und Bildpunkte, K zählt die Iterationen. Die Programmschleifen werden durch Pfeile verdeutlicht. Ein ähnliches Programm kann für den CASIO Graphik-Rechner geschrieben werden.

```
 1 All-off
 2 Clr-Draw
 3 Disp "ZOOM? (0,1)"
 4 Input Q
 5 Disp "MAX ITER?"
 6 Input N
 7 63 → Z
 8 If Q
 9 Goto 0
10    -1.2 → Ymin
11     1.2 → Ymax
12     0.5 → Yscl
13    -2.6 → Xmin
14     1.0 → Xmax
15     0.5 → Xscl
16    31  → Z
17 Lbl 0
18 DispGraph
19 (Xmax - Xmin) / 95 → C
20 (Ymax - Ymin) / 63 → D
21 0 → J
22 Lbl J
23    Ymin + JD → B
24    0 → I
25    Lbl I
26       Xmin + IC → A
27       A → X
28       B → Y
29       1 → K
30       Lbl 1
31          XX → U
32          YY → V
33          2XY + B → Y
34          U - V + A → X
35          K + 1 → K
36          If U + V > 100
37          Goto 2
38          If K < N
39       Goto 1
40       Pnt-On (A,B)
41       If Z=31
42       Pnt-On (A,-B)
43       Lbl 2
44       IS > (I,95)
45    Goto I
46    IS > (J,Z)
47 Goto J
48 End
```

Lösungen

Kapitel 1   Iteration

ARBEITSBLATT 1.1

1. a. Pfad führt zu einem Fixpunkt.
    b. Pfad führt fort von einem Fixpunkt.
2. a. Der Schnittpunkt ist $(-1.3, -1.3)$; ein Attraktor.
    b. Der Schnittpunkt ist $(-1.3, -1.3)$; ein Repeller.
3. Repeller   4. Attraktor.

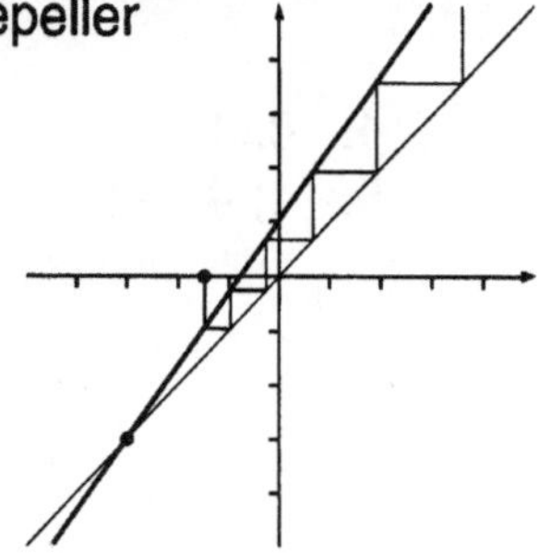
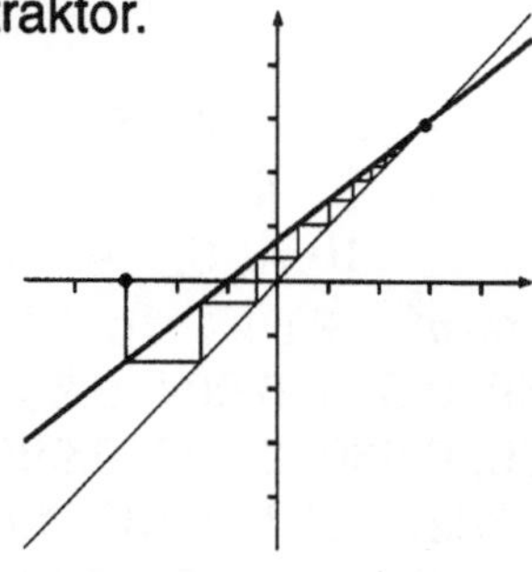

5. a. Einwärtsspirale zu einem Fixpunkt.
    b. Auswärtsspirale weg von einem Fixpunkt.
6. a. Der Schnittpunkt ist $(1,1)$; ein Attraktor.
    b. Der Schnittpunkt ist $(0,0)$; ein Repeller.
7. Attraktor   8. Repeller.

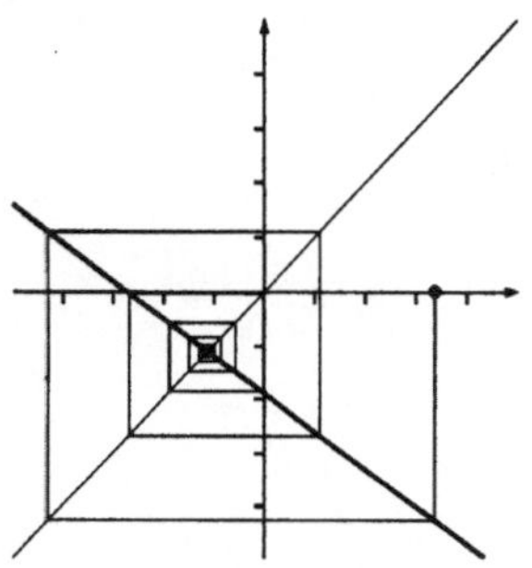
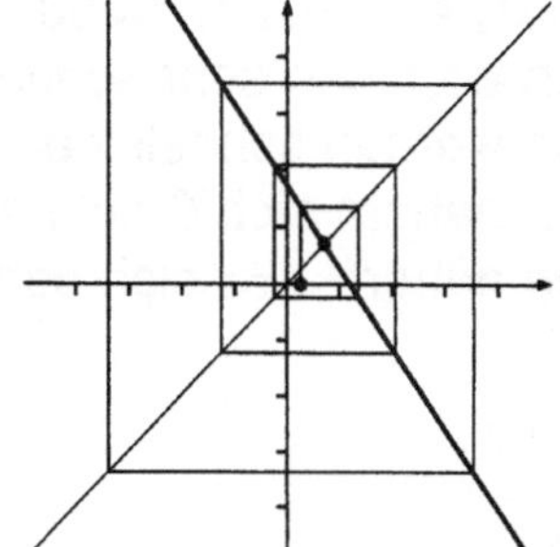

9. Treppe; Repeller.   10. Spirale; Repeller.
11. Spirale; Attraktor.   12. Treppe; Attraktor.
13. 1/4; 1/2; 1; 2.   14. 1; -1/2; 1/4; $-1/8$.
15. $-1/4$; 1/2; -1; 2.   16. -2; -1; $-1/2$; $-1/4$.
17. Solange es sich nicht um den Fixpunktes handelt, hat der Anfangspunkt im wesentlichen keinen Einfluß auf das Iterationsmuster.
18. Man erhält eine Treppe als Iterationsmuster, wenn die Gerade positive Steigung besitzt. Ist die Steigung negativ, erhält man eine Spirale. Im einzelnen: falls $m < -1$, repulsiv, Auswärtsspirale; falls $-1 < m < 0$, attraktiv, Einwärtsspirale; falls $0 < m < 1$, attraktiv, Einwärtstreppe; und falls $1 < m$, repulsiv, Auswärtstreppe.
19. Das Muster verändert sich von Einwärts– zu Auswärtsspirale.

20. Das Muster verändert sich von einer Spirale zu einer Treppe.
21. Das Muster verändert sich von Einwärts– zu Auswärtstreppe.
22. Hat die Gerade die Steigung 1 und einen von 0 verschiedenen y-Achsenabschnitt, sehen wir eine gleichmäige Treppe. Befindet sich die Gerade oberhalb der Diagonalen, so führt die Treppe nach rechts oben, andernfalls nach links unten. Ist der Achsenabschnitt 0 und die Steigung 1, dann ist jeder Anfangspunkt ein attraktiver Fixpunkt ohne Iterationsmuster.
23. Ist die Steigung -1, dann wird das Iterationsmuster immer zum Kasten, im Uhrzeigersinn durchlaufen.

ARBEITSBLATT 1.2

1. 16; 17.   2. -6; 36.   3. 400; 375.   4. 0; 1.
5. 16   6. 4   7. 1   8. 4; 4; -1.
9. 5; 1; 11.   10. 1; 5; -4.   11. 4; 4; -1.
12. a. a^2+1 b. a^2+2a+1 c. a^4 d. $a+2$.
13. 0.447, 0.669, 0.818, 0.904, 0.951, 0.975, 0.988, 0.994.
14. 0.922, 0.960, 0.980, 0.990, 0.995, 0.997, 0.999, 0.999.
15. 8, 2.828, 1.682, 1.297, 1.139, 1.067, 1.033, 1.016.
16. 43.012 6.558, 2.561, 1.600, 1.265, 1.125, 1.061, 1.030.
17. Sie nähern sich alle 1, aber aus verschiedenen Richtungen.
18. a. 1, 1, 1, 1, 1
    b. 25, 625, 390625, $1.526 \cdot 10^{11}$, $2.328 \cdot 10^{22}$
    c. 0.04, 0.0016, $2.56 \cdot 10^{-6}$, $6.55 \cdot 10^{-12}$, $42.9 \cdot 10^{-24}$
    d. 9, 81, 6561, 43046721, $1.853 \cdot 10^{15}$.
19. Die Iterierten wachsen sehr schnell und nähern sich $+\infty$.
20. Die Iterierten werden schnell kleiner und nähern sich 0.
21. Die Iterierten nähern sich 0 sehr schnell.
22. Die Iterierten nähern $+\infty$ sich sehr schnell.
23. $f(x) = x + 1$.
24. $f(x) = 2x$.
25. $f(x) = -3x$.
26. $f(x) = x + 5$.
27. $f(x) = x/2$.
28. Arithmetisch: 23 und 26; Geometrisch: 24, 25, und 27.

ARBEITSBLATT 1.3

1.
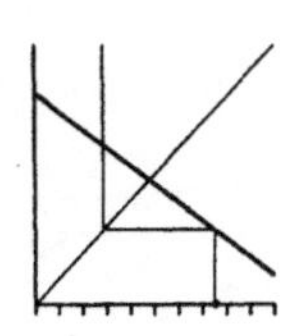

2.
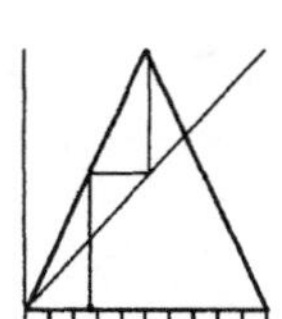

3.
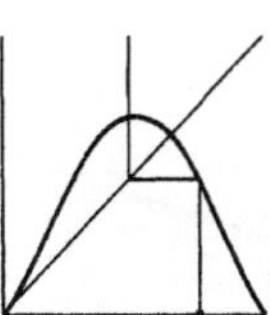

4.
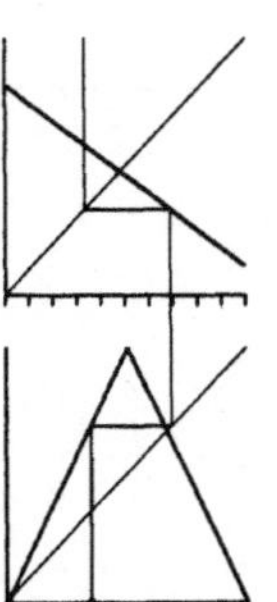

5.
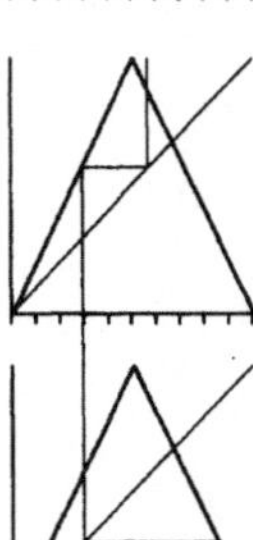

6.
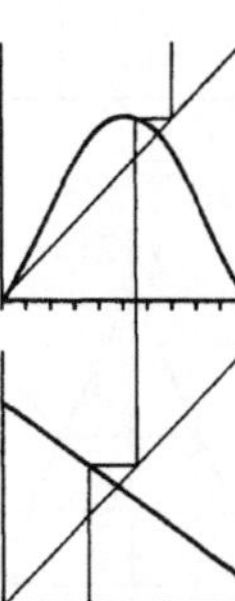

7.
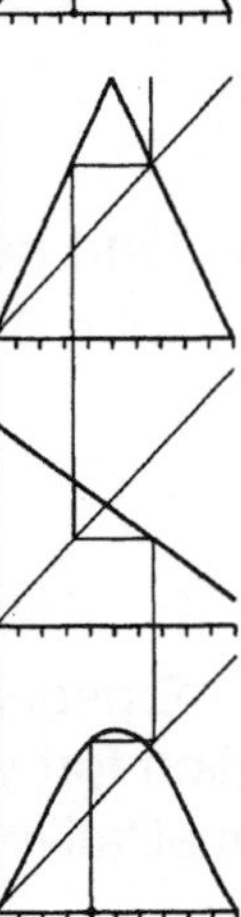

8.
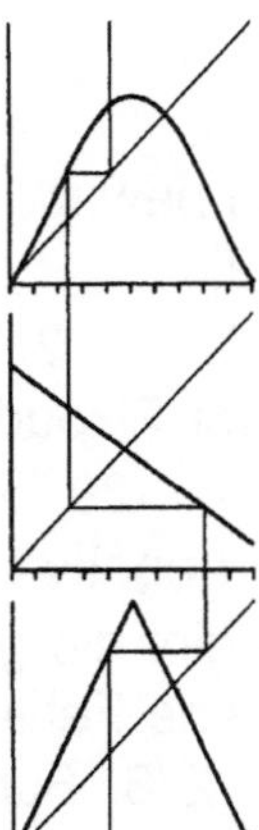

9. $x_1 = f(x_0)$, $x_2 = f^2(x_0)$, $x_3 = f^3(x_0)$, $x_4 = f^4(x_0)$.

10.

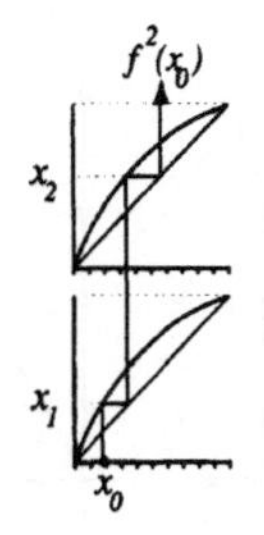
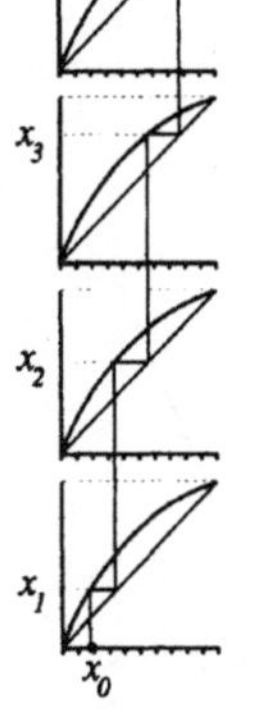
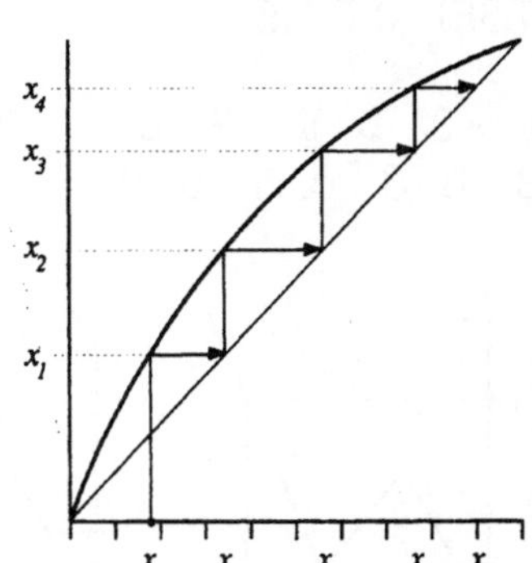

ARBEITSBLATT 1.4

1.

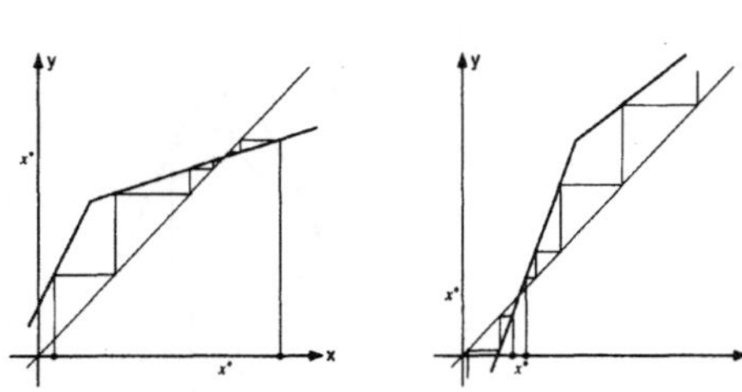

2.

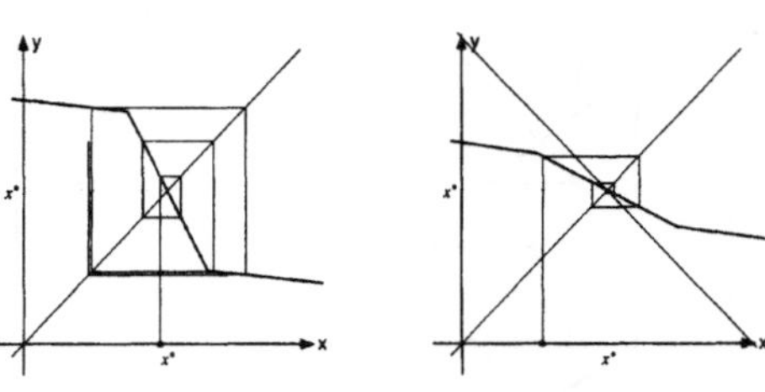

3.

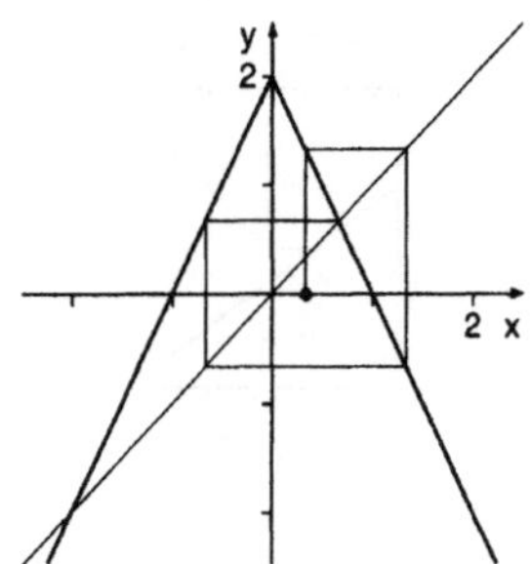

4.

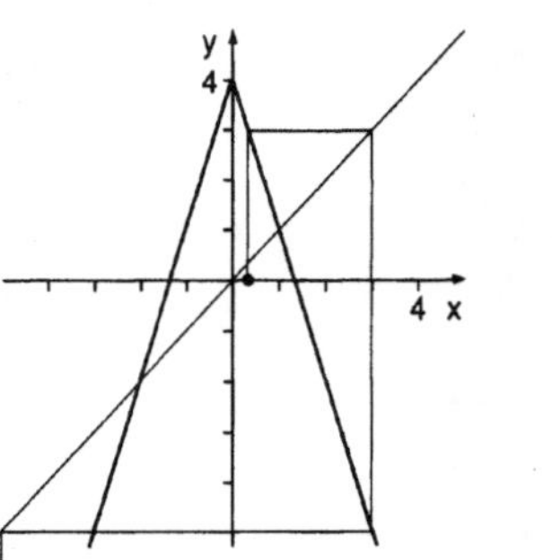

Die graphische Iteration bewegt sich
ziellos im Interval $[-2, 2]$.

Die graphische Iteration führt nach
negativ Unendlich.

5. $1/3 \rightarrow 4/3 \rightarrow -2/3 \rightarrow 2/3 \rightarrow 2/3 \rightarrow 2/3 \rightarrow 2/3$.
    Nach 3 Iterationen ist der Fixpunkt bei $x = 2/3$ erreicht.

6. $1/3 \rightarrow 3 \rightarrow -5 \rightarrow -11 \rightarrow -29 \rightarrow -83 \rightarrow -245$.
    Die Iteration führt nach negativ Unendlich.

7. Für $f(x) = -2|x| + 2$ ergibt die graphische Iteration nicht dasselbe Ergebnis wie
    die exakte Iteration. Kleine Fehler beim Zeichnen führen die Iteration fort vom
    repulsiven Fixpunkt $x = 2/3$. Für $f(x) = -3|x| + 4$ stimmen das qualitative
    Verhalten der graphischen und der exakten Iteration überein.

ARBEITSBLATT 1.5

1. a. $y > 3$ b. $y = 3$ c. $y < 3$.
2. a. 3   b. 3   c. 5   d. 0.
3. ± 1
4.

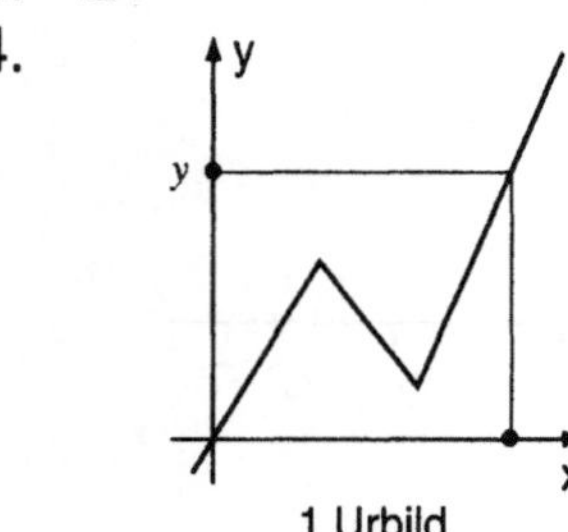

1 Urbild

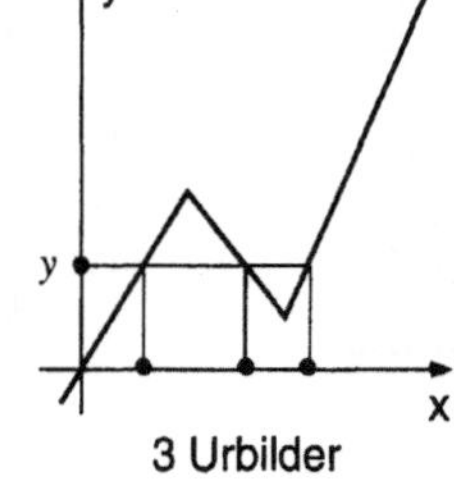

3 Urbilder

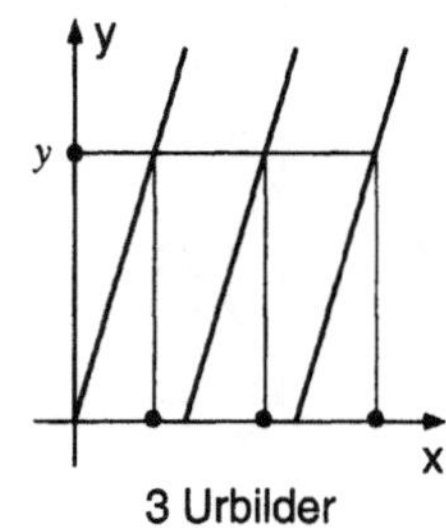

3 Urbilder

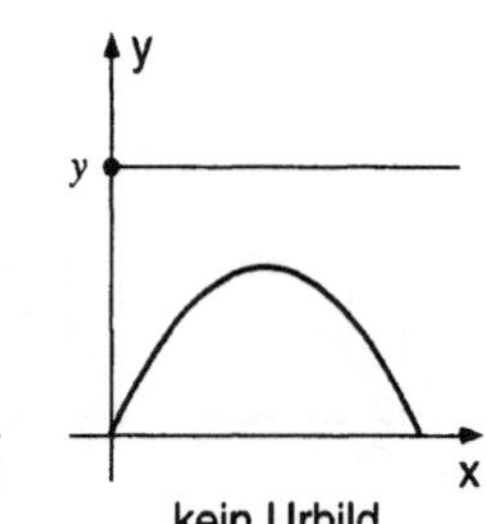

kein Urbild

5.

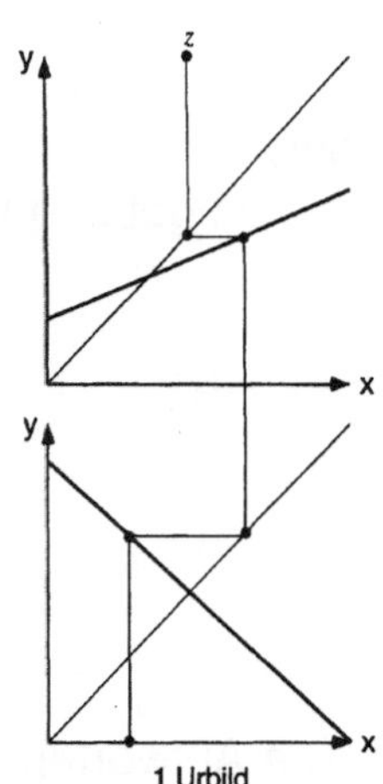

1 Urbild

6.

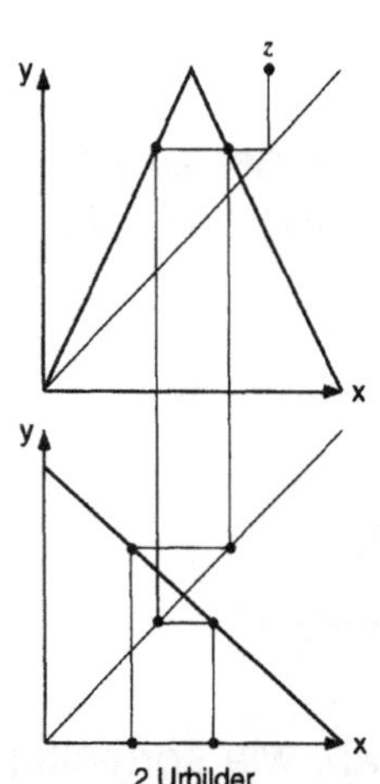

2 Urbilder

7.

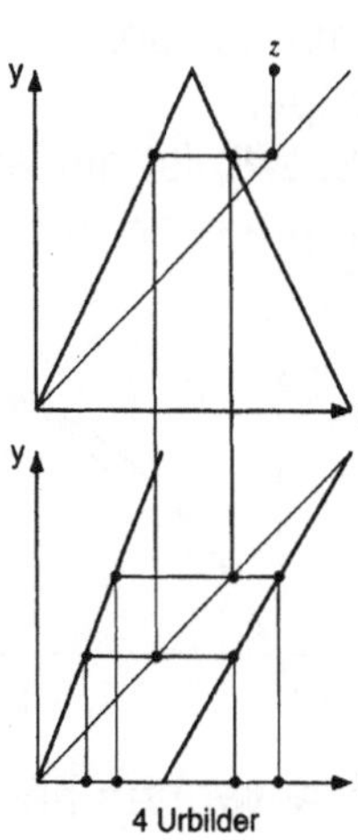

4 Urbilder

ARBEITSBLATT 1.6

1. Das Intervall (b, c) steigt auf einer Treppe nach rechts oben. Es wird nach jeder Iteration breiter (verdoppelt).
2. Das Intervall expandiert.
3. Punkt b: $0.19 \rightarrow 0.38 \rightarrow 0.76 \rightarrow 1.52 \rightarrow 3.04 \rightarrow 6.08$
   Punkt c: $0.21 \rightarrow 0.42 \rightarrow 0.84 \rightarrow 1.68 \rightarrow 3.36 \rightarrow 6.72$.
4. Intervallbreite: $0.02 \rightarrow 0.04 \rightarrow 0.08 \rightarrow 0.16 \rightarrow 0.32 \rightarrow 0.64$
   Absoluter Fehler: $0.01 \rightarrow 0.02 \rightarrow 0.04 \rightarrow 0.08 \rightarrow 0.16 \rightarrow 0.32$.
5. Der absolute Fehler verdoppelt sich bei jedem Iterationsschritt.
6. Nach dem 3., 4. und 5. Iterationsschritt ist der relative Fehler jeweils 5%, 5% und 5%. Er bleibt konstant.
7. $0.02 \cdot 2^n$; $0.02 \cdot 2^{n-1}$; 5%.
8. Das Fehlerintervall nähert sich auf einer Spirale dem Ursprung. Dabei wird es zusammengedrückt.
9. Intervallbreite: 0.00125; absoluter Fehler: 0.000625; relativer Fehler: 2%.
10. Der absolute Fehler wird bei jedem Iterationsschritt halbiert. Der relative Fehler bleibt jedoch konstant bei 2%.
11. Die Intervallbreite schrumpft; der absolute Fehler wird kleiner; der relative Fehler bleibt konstant.
12. Die Intervallbreite expandiert; der absolute Fehler wird größer; der relative Fehler bleibt konstant.
13. Die Intervallbreite expandiert; der absolute Fehler wird größer; der relative Fehler bleibt konstant.
14. Die Intervallbreite bleibt konstant; der absolute Fehler bleibt konstant; der relative Fehler nimmt erst zu, dann aber ständig ab.

ARBEITSBLATT 1.7

1. Das Iterationsmuster ist eine Treppe zum Ursprung, der als Attraktor dient.
2. Abgesehen vom ersten Schritt, ergeben sich dieselben Iterationspfade für beide Anfangswerte, $x_0 = 0.7$ und $x_0 = 0.3$.
3. Ja.

4. Kompression.
5. Treppe.
6. (3/8, 3/8) ist der andere Fixpunkt, der zu einem Attraktor gehört.
7. Kompression in der Umgebung von (3/8,3/8), Expansion in der Umgebung von (0,0).

8.

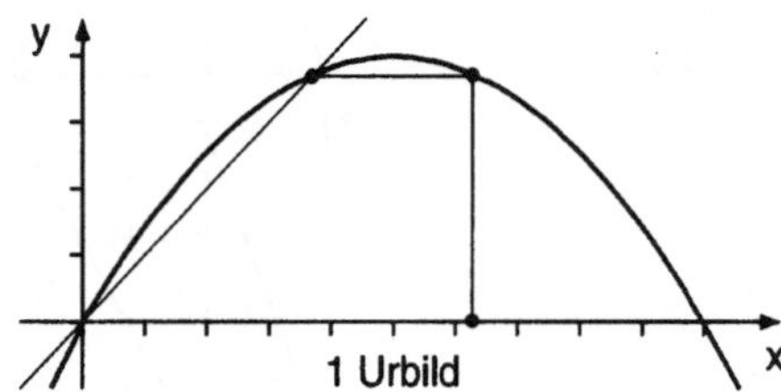

9. Die Antworten hängen davon ab, wie sorgfältig man abliest. Die Antworten sollten jedoch dicht bei den Werten 0.10, 0.25, 0.53, 0.70, 0.59, 0.68, 0.61 und 0.67 liegen. Der Iterationspfad beginnt als Treppe nach rechts oben, wird aber nach zwei Schritten zur Einwärtsspirale in den Attraktor.
10. (9/14, 9/14); ein Attraktor; Intervallkompression.
11. Das Iterationsverhalten bleibt für alle Anfangswerte im wesenlichen genauso wie in Frage 9 und 10.

12.

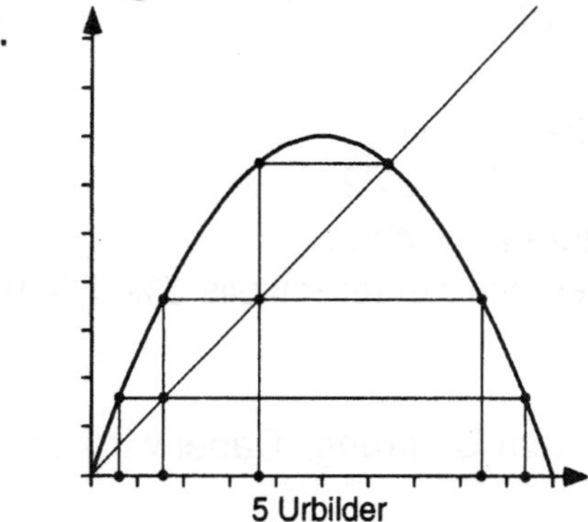

13. Der Anfangswert $x_0 = 0$ wird immer wieder in sich selbst iteriert. Der Anfangswert $x_0 = 1$ wird sofort nach 0 gebracht und bleibt dort. Die Iterierten aller Anfangswerte außerhalb des Intervalls [0, 1] nähern sich $-\infty$.
14. 0.10, 0.29, 0.66, 0.72, 0.64, 0.73, 0.62, 0.75.
15. Sie sind verschieden. In Frage 9 konvergieren die Iterierten langsam zu einem einzigen Wert; hier haben die Iterierten zwei Häufungspunkte, zwischen denen sie abwechselnd hin und her springen.
16. Das Iterationsmuster beginnt als Treppe, ändert sich dann aber gleich in eine enge Spirale, und endet als Kasten. Der Attraktor verursacht ein zyklisches Verhalten, wodurch sich die Effekte von Kompression und Expansion gegenseitig aufheben.

17.

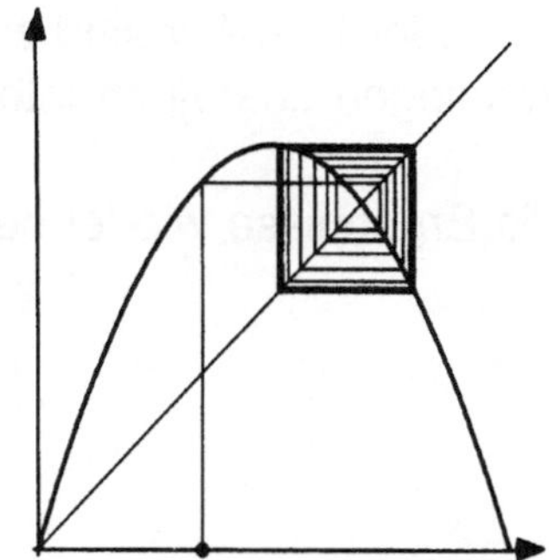

18. Ja; ja; Auswärtsspirale; in der Nähe des Kastens heben sich die Effekte von Kompression und Expansion gegenseitig auf.

19. Abgesehen von den Anfangswerten sind sie identisch.

20. 0.6875 ist ein Fixpunkt. Deshalb ist der Iterationspfad nur eine senkrechte Strecke.

21. $x_0 = 1$ wird schon im ersten Schritt nach 0 gebracht, und bleibt dort während aller nachfolgenden Schritte.

22. Die Iterierten wandern nach $-\infty$.

23. Die Iterierten wandern nach $-\infty$.

24. Abgesehen vom repulsiven Fixpunkt selbst, gibt es noch einen Anfangswert, der den Fixpunkt in nur einem Iterationsschritt erreicht. Es gibt zwei Werte, die das in zwei Schritten tun, und weitere zwei Werte, die drei Schritte brauchen.

25.

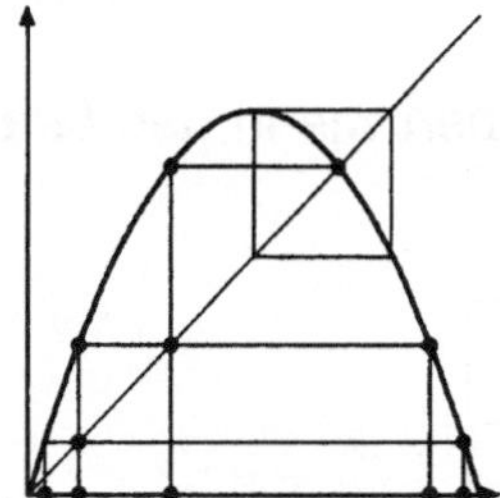

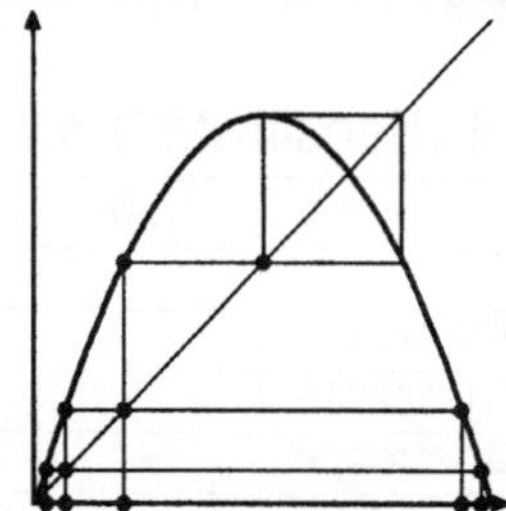

ARBEITSBLATT 1.8

1.

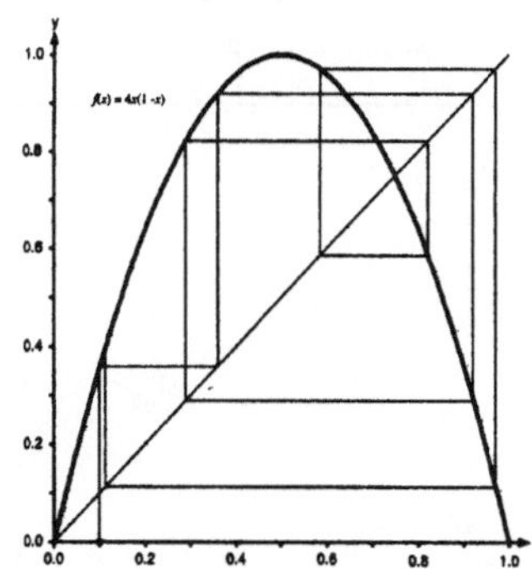

2. Antworten werden sehr verschieden sein. Dicht an den exakten Werten liegen: 0.10, 0.36, 0.92, 0.29, 0.82, 0.59, 0.97, 0.11.

3. Eine Mischung von Treppen und Spiralen; kein Attrktor oder Repeller sind zu erkennen; nein; kein erkennbares Muster, die Iterierten liegen überall im Intervall [0, 1].

4. Selbst bei gleicher Wahl der Anfangswerte werden die Ergebnisse wieder sehr unterschiedlich sein.

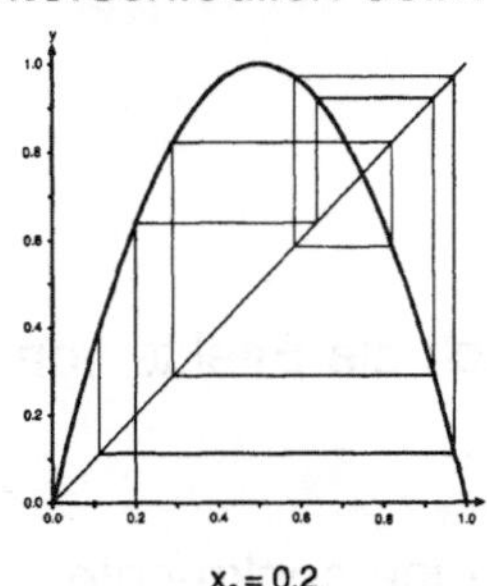
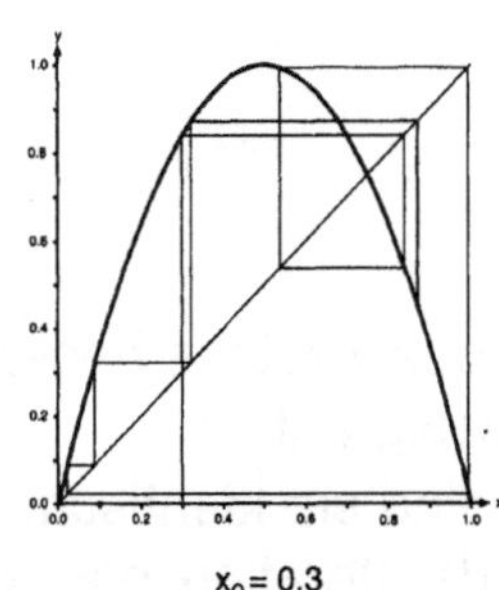
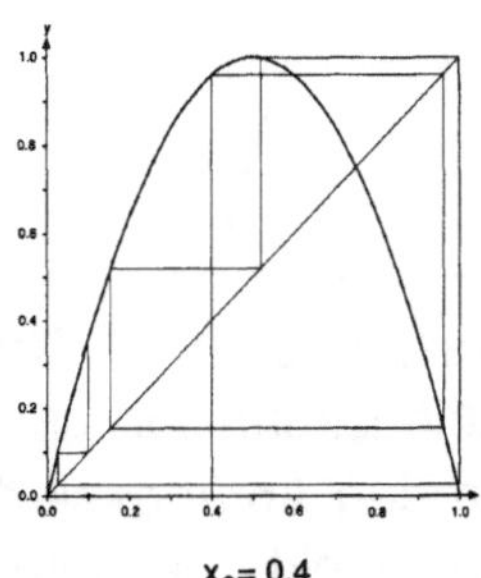

5. Eher chaotisch.
6. Die Folge der Iterierten ist: 0.5, 1, 0, 0, ...
7. Die Folge der Iterierten ist: 0.75, 0.75, 0.75, ... (eine einzige senkrechte Strecke).
8. Die Folge der Iterierten ist: 1, 0, 0, 0, ...
9. Die Folge der Iterierten ist: 0.25, 0.75, 0.75, 0.75, ...

ARBEITSBLATT 1.9

1. Außer für $a = 4$ (Sensitivität!) sind die Ergebnisse dieselben wie in den Graphen.

2.

$a =$	1.50	2.90	3.24	3.90
Chaos				•
2-periodischer Attraktor			•	
Fixpunkt, Einwärtsspirale		•		
Fixpunkt, Auswärtstreppe	•			

3. Resultate sind unabhängig vom Anfangswert. 4-periodischer Zyklus: 0.501, 0.875, 0.383, 0.827.

4.

$a =$	2.95	3.05	3.50	3.68	3.74	3.80	3.84
Chaos				•		•	
5-periodischer Attraktor					•		
4-periodischer Attraktor			•				
3-periodischer Attraktor							•
2-periodischer Attraktor		•					
Fixpunkt	•						

ARBEITSBLATT 1.10

1. $x_0 = 2.5, x_1 = 1.58, x_2 = 1.26, x_3 = 1.12$;
   $x_0 = 3.0, x_1 = 1.73, x_2 = 1.32, x_3 = 1.15$.

2. $x_0 = 1.1, x_1 = 1.21, x_2 = 1.46, x_3 = 2.14$;
   $x_0 = 1.2, x_1 = 1.44, x_2 = 2.07, x_3 = 4.30$.

3. Differenzen in Frage 1: 0.5, 0.15, 0.06, 0.03 (Kompression).
   Differenzen in Frage 2: 0.1, 0.23, 0.61, 2.16 (Expansion).

4.
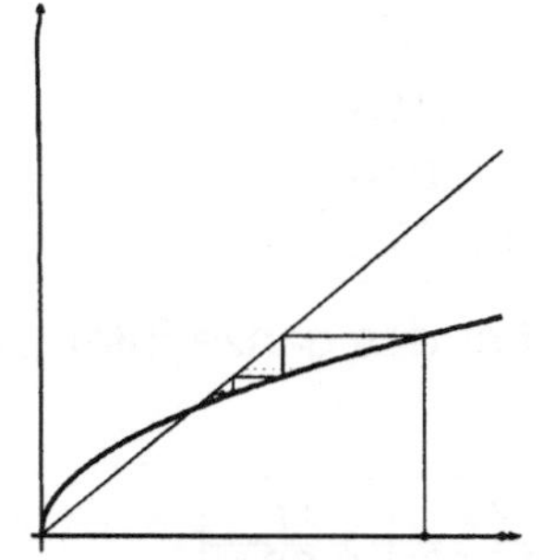

5.
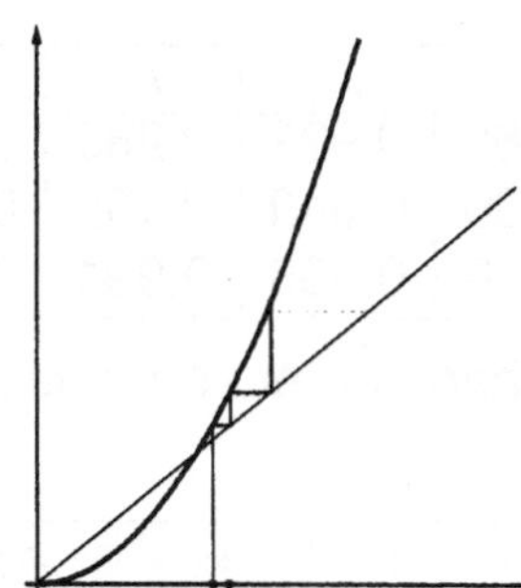

6. $0 < x < 0.375$ und $0.625 < x < 1$.

7. $0.375 < x < 0.625$.

8. Ist der Absolutbetrag der Steigung der Tangente an die Funktion an der Stelle x_i größer als 1, dann wird in einem Iterationschritt jedes kleine Intervall von a nach b, $a < x_i < b$, expandiert. Wo der Absolutbetrag der Steigung der Tangenten kleiner als 1 ist, werden Intervalle enger.

9. Einwärtstreppe zum attraktiven Fixpunkt.

10. Auswärtstreppe weg vom repulsiven Fixpunkt.

11. Ist der Iterationspfad eine Treppe bei gleichzeitiger Intervallkompression, dann konvergiert er zum attraktiven Fixpunkt. Ist er eine Treppe bei gleichzeitiger Intervallexpansion, dann entfernt er sich vom repulsiven Fixpunkt.

12. Ein graphischer Iterationsschritt komprimiert Teilintervalle des Intervalls $0.25 < x < 0.75$.

13. Ein graphischer Iterationsschritt komprimiert Teilintervalle des Intervalls $0.375 < x < 0.625$.

14. Ein graphischer Iterationsschritt komprimiert Teilintervalle des Intervalls $0.34375 < x < 0.65625$.

15. Ein graphischer Iterationsschritt komprimiert Teilintervalle des Intervalls $0 < x < 1$.

16. Fehlerexpansion kann man für die (logistische) Funktion $f(x) = ax(1 - x)$ erwarten, wenn $a > 2$ ist, und wächst gewaltig, wenn der Parameter a sich 4 nähert.

ARBEITSBLATT 1.11

1.

x_0	x_1	x_2	x_3	x_4	x_5	x_6	x_7
0.100	0.252	0.528	0.698	0.590	0.677	0.612	0.665
0.450	0.693	0.596	0.674	0.615	0.663	0.626	0.656
0.700	0.588	0.678	0.611	0.666	0.623	0.657	0.631

Nachfolgende Iterierte zeigen eine Konvergenz nach 0.6429.

2.

x_0	x_1	x_2	x_3	x_4	x_5	x_6	x_7
0.100	0.288	0.656	0.722	0.642	0.735	0.623	0.752
0.450	0.792	0.527	0.798	0.517	0.799	0.514	0.799
0.700	0.672	0.705	0.665	0.713	0.655	0.723	0.641

3. Die graphischen und numerischen Resultate deuten auf die Existenz 1-periodischer und 2-periodischer Attraktoren hin.

4.

x_0	x_1	x_2	x_3	x_4	x_5	x_6	x_7
0.100	0.360	0.922	0.289	0.822	0.585	0.971	0.113
0.450	0.990	0.040	0.152	0.516	0.999	0.004	0.016
0.700	0.840	0.538	0.994	0.022	0.088	0.321	0.872

5. Die graphischen und die numerischen Iterierten sind über das ganze Intervall [0,1] verteilt.

6.

a	x_0	x_1	x_2	x_3	x_4	x_5	x_6	x_7
2.8	0.100	0.252	0.527	0.697	0.591	0.676	0.613	0.664
3.2	0.100	0.288	0.656	0.722	0.642	0.735	0.623	0.751
4.0	0.100	0.360	0.921	0.291	0.825	0.577	0.976	0.093

7. Für $a = 2.8$ und $a = 3.2$ sind die Unterschiede sehr gering. Nur die letzte Stelle unterscheidet sich um höchstens eine Einheit. Das entspricht relativen Fehlern von 0.11% und 0.07% in x_7. Im Fall $a = 4$ nehmen diese kleinen Abweichungen jedoch zu mit der Anzahl der Iterationen. Nach der 7. Iteration ist der Unterschied bereits 0.02 oder 18%.

9.

Iterationen	10 Dezimalstellen	3 Dezimalstellen	Differenz
0	0.1000000000	0.100	0.000
6	0.9708133262	0.976	0.005
7	0.1133392474	0.093	0.020
8	0.4019738495	0.337	0.065
9	0.9615634952	0.893	0.069
10	0.1478365595	0.382	0.234
11	0.5039236447	0.944	0.440
12	0.9999384200	0.211	0.789

10. Die numerischen Ergebnisse stehen in obiger Tabelle (rechte Spalte). Sie zeigen, daß die ungenaue Rechnung bereits ab der zehnten Iteration keine Annäherung an die genauere (10-stellige) mehr liefert. Von dort an haben die Fehler dieselbe Größenordnung wie die korrekten Ergebnisse.

11.

Iterationen	10 Dezimalstellen	10 Dezimalstellen	Differenz
0	0.1000000000	0.1000000001	0.000
10	0.1478365595	0.1478364473	0.000
20	0.8200138632	0.8201379178	0.000
25	0.9863790703	0.9851552298	0.001
30	0.3203298063	0.4815763382	0.162

Selbst bei hoher Rechengenauigkeit wird ein ursprünglich kleines Fehlerintervall vergrößert. Nach 30 Iterationen ist die Abweichung bereits halb so groß wie das Resultat selbst. Deshalb können wir für weitere Iterationen Fehler in der Ordnung von 100% erwarten.

ARBEITSBLATT 1.12

1. Einwärtstreppen zum Attraktor im Nullpunkt.
2. Ja; Werte aus den Intervallen $-1 < x_0 < 0$ und $0 \leq x_0 \leq 1$ werden ebenfalls nach $x = 0$ iteriert; der Punkt $(-1, -1)$ ist ein unstabiler Fixpunkt (Repeller), $(0,0)$ ist ein stabiler Fixpunkt (Attraktor) und der Anfangswert 1 springt nach einer Iteration in den Attraktor 0, wo er bleibt.
3. Fast alle Werte aus dem Intervall $0 \leq x_0 \leq 1$ entkommen schließlich nach negativ Unendlich.
4. Zwei Beispiele sind 0 and 0.8. Beide sind Abszissen unstabiler Fixpunkte (Repeller). Ihre Urbilder entkommen ebenfalls nicht nach negativ unendlich.
5. Der Iterationspfad ist eine Einwärtsspirale. Der untere Schnittpunkt der Parabel mit der Diagonalen ist ein attraktiver Fixpunkt.
6. $-(0.5 + \sqrt{0.9}) \leq x_0 \leq 0.5 + \sqrt{0.9} \approx 1.449$.
7. Der Pfad führt auf einer Spirale zu einem Kasten. Das deutet auf einen 2-periodischen Attraktor an den Stellen 0 und -1 hin.
8. $-(0.5 + \sqrt{1.25}) \leq x_0 \leq 0.5 + \sqrt{1.25} \approx 1.618$.
9. Das Iterationsmuster ist ein unbeschränkte Treppe nach rechts oben. Es gibt weder Attraktoren noch Repeller.
10. Zuerst würde es in einigen wenigen Iterationsschritten komprimiert werden, um dann plötzlich für immer zu expandieren.
11. Für $c = 0.40, 0.35$ und 0.30 würde man anfangs Intervallkompression beobachten. Dann beginnt plötzlich die Expansion. For $c = 0.25$ scheint die Iteriertenfolge gegen einen Attraktor zu konvergieren.
12. Für $c = -0.6, -0.7$ führt der Iterationspfad auf einer Einwärtsspirale im Uhrzeigersinn zum Fixpunkt. Für $c = -0.8, -0.9$ führt der Iterationspfad auf einer Auswärtsspirale im Uhrzeigersinn zu einem 2-periodischen Attraktor.
13. Ist $c > -2$ scheinen alle Iterierten im Interval $-2 \leq x_0 \leq 2$ zu bleiben. Aber für Werte von $c < -2$ entkommen alle Iterierten nach positiv Unendlich.

ARBEITSBLATT 1.13

1.

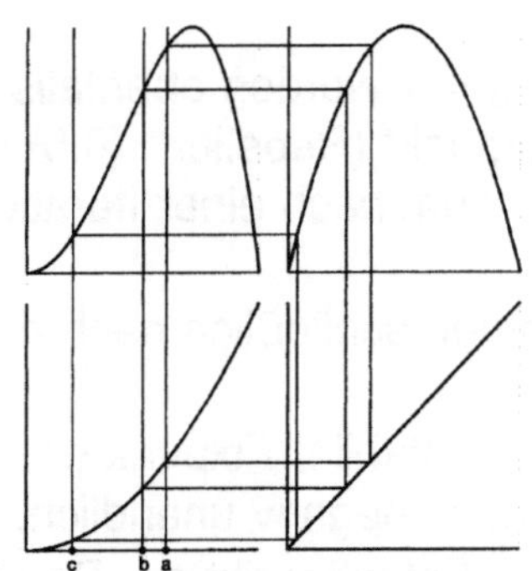

2. $g(f(x)) = 4x^2(1 - x^2) = 4x^2 - 4x^4.$
3. 0.25 und 0.75; ja.
4. 0.04 und 0.1536.
5.

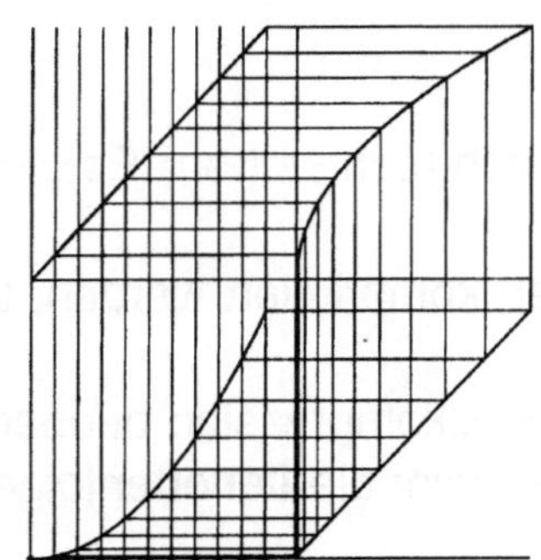

6. $f(x)$ und $g(x)$ sind inverse Functions. Verkettet man sie miteinander, erhält man die Identität $y = g(f(x)) = f(g(x)) = x.$

7.

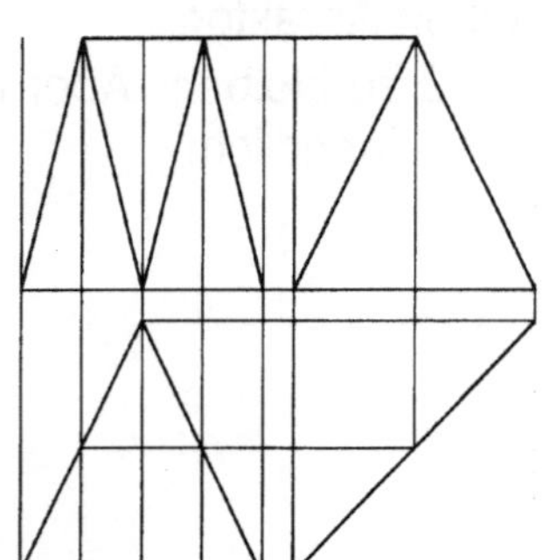

8.

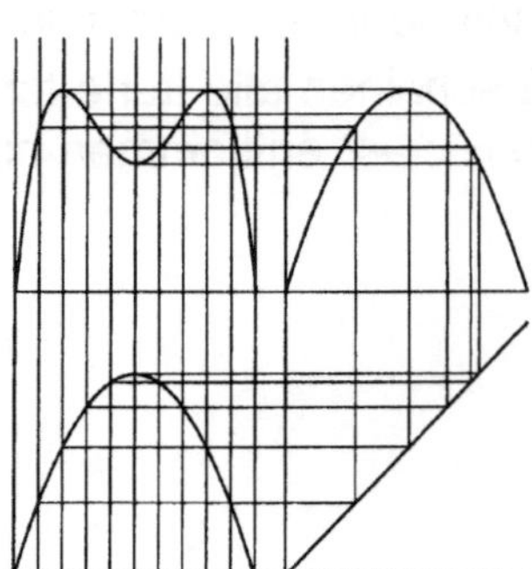

9. 4 Schnittpunkte; ja; 0, 0.51, 0.68 und 0.799.

Kapitel 2   Chaos

ARBEITSBLATT 2.1

1. Ja.
2. Ja.
3. 

4. 

5. Ja.

6. 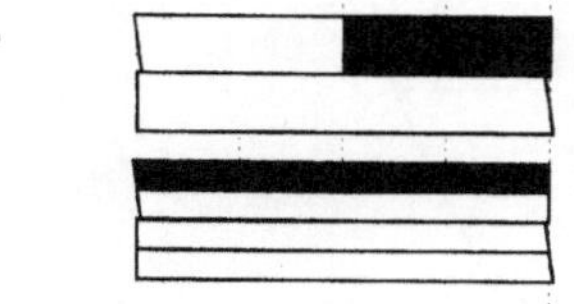

7. 

8. Ja.

9. 

10. 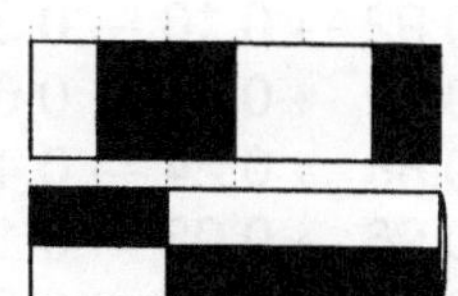

11. 

12. 

13. Strecken+Falten

L	K	J	I	H	G
A	B	C	D	E	F

Strecken+Falten

F	E	D
G	H	I
L	J	J
A	B	C

14. Strecken+Schneiden+Kleben

G	H	I	J	K	L
A	B	C	D	E	F

Strecken+Falten

F	E	D
L	K	J
G	H	I
A	B	C

15. In den Spalten stehen dieselben Buchstaben; die Anordnung innerhalb der der
    Spalten ist verschieden.

16.–17. 14/25

18.–19. 14/25

20. Ja.

22. $7/25 \rightarrow 14/25 \rightarrow 22/25 \rightarrow 6/25 \rightarrow 12/25 \rightarrow 24/25$
    $8/25 \rightarrow 16/25 \rightarrow 18/25 \rightarrow 14/25 \rightarrow 22/25 \rightarrow 6/25.$

23. $7/25 \rightarrow 14/25 \rightarrow 3/25 \rightarrow 6/25 \rightarrow 12/25 \rightarrow 24/25$
    $8/25 \rightarrow 16/25 \rightarrow 7/25 \rightarrow 14/25 \rightarrow 3/25 \rightarrow 6/25.$

24. $5/25 \rightarrow 10/25 \rightarrow 20/25 \rightarrow 10/25 \rightarrow 20/25 \rightarrow 10/25$; das Partikel springt
    schließlich nur noch zwischen 2/5 und 4/5 hin und her.

25. $5/25 \to 10/25 \to 20/25 \to 15/25 \to 5/25 \to 10/25$; nach 4 Iteration kehrt das Partikel zur Ausgangslage zurück.

ARBEITSBLATT 2.2

1.–2.

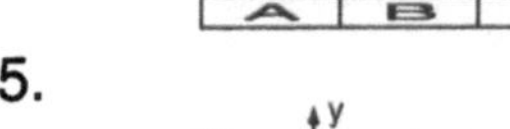

3.–4.

5.

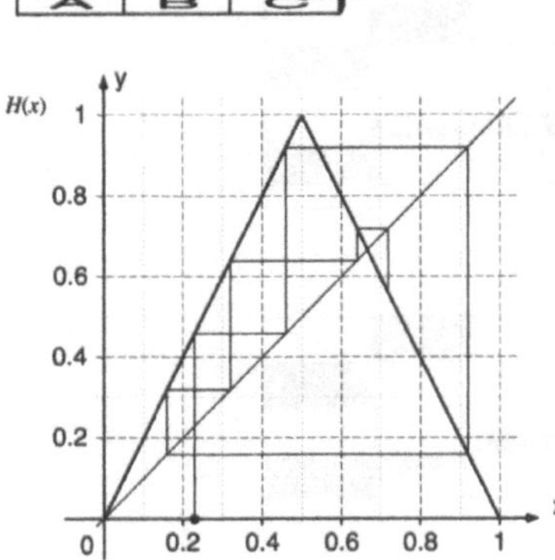

6.

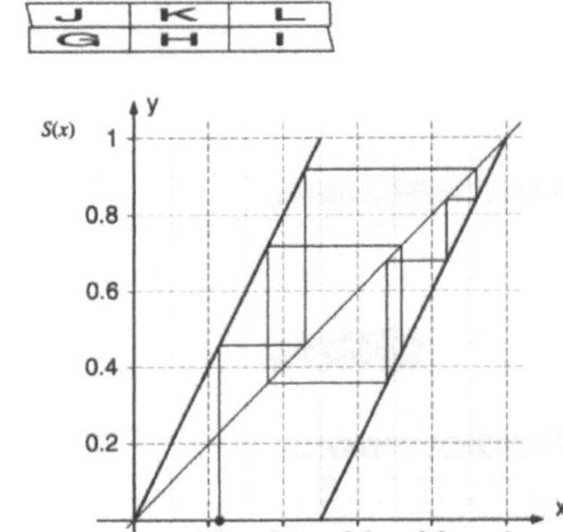

7. $0.23 \to 0.46 \to 0.92 \to 0.16 \to 0.32 \to 0.64 \to 0.72$.
8. $0.23 \to 0.46 \to 0.92 \to 0.84 \to 0.68 \to 0.36 \to 0.72$.
9. $0.22 \to 0.44 \to 0.88 \to 0.24 \to 0.48 \to 0.96 \to 0.08$.
    $0.24 \to 0.48 \to 0.96 \to 0.08 \to 0.16 \to 0.32 \to 0.64$.
10. $0.22 \to 0.44 \to 0.88 \to 0.76 \to 0.52 \to 0.04 \to 0.08$
    $0.24 \to 0.48 \to 0.96 \to 0.92 \to 0.84 \to 0.68 \to 0.36$.

11.

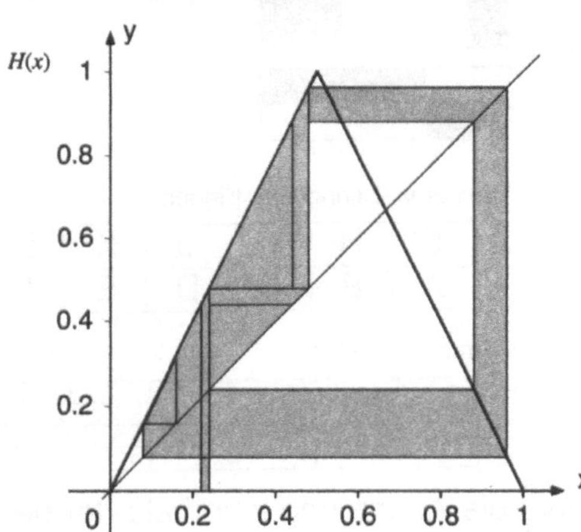

12.

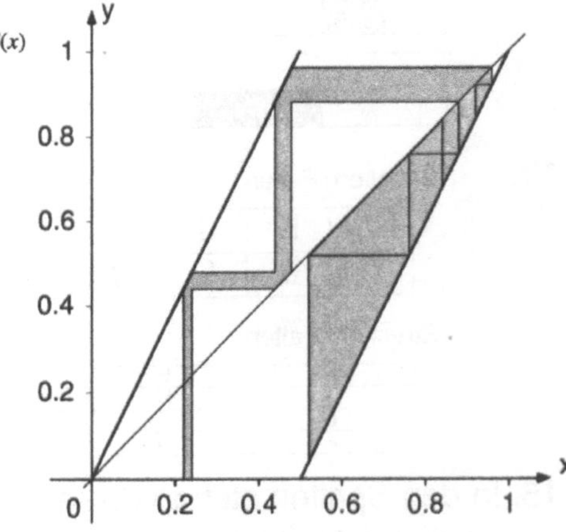

13. Nach 6 (Hutfunktion) bzw. 5 (Sägezahnfunktion) Iterationen.
14. Fixpunkt; Korn kommt nicht von der Stelle.
15. $0.03 \times 2^3 = 0.24$.
16. $2/5 \to 4/5 \to 2/5 \to 4/5 \to 2/5$.
17. $1/3 \to 2/3 \to 1/3 \to 2/3 \to 1/3$.
18. $1/7 \to 2/7 \to 4/7 \to 1/7$.

ARBEITSBLATT 2.3

1. $3^4 = 1010001_{zwei}$; $3^5 = 11110011_{zwei}$.
2. $(3/4)^4 = 0.01010001_{zwei}$; $(3/4)^5 = 0.0011110011_{zwei}$.
6. 25/99
7. 1/4
8. 2/3
9.

| Zweite Stufe | 0.00... | 0.01... | 0.10... | 0.11... |

| 0 | 1/2 | 1 |

| Dritte Stufe | 0.000... | 0.001... | 0.010... | 0.011... | 0.100... | 0.101... | 0.110... | 0.111... |

| 0 | 1/2 | 1 |

10. Die ersten drei.
11. 16, 32, 64; die Länge ist 1/16, 1/32, 1/64, also $(1/2)^n$ in der n-ten Stufe.

12.

input a	fract(a)	int(a)
4/7	4/7	0
40/7	5/7	5
50/7	1/7	7
10/7	3/7	1
30/7	2/7	4
20/7	6/7	2
60/7	4/7	8

13. $0.\overline{857142}$

14. $0.\overline{27}$

15. $0.\overline{384615}$

17.

Input a	fract(a)	int(a)
$1.8\overline{6}$	$0.8\overline{6}$	1
$1.7\overline{3}$	$0.7\overline{3}$	1
$1.4\overline{6}$	$0.4\overline{6}$	1
$0.9\overline{3}$	$0.9\overline{3}$	0
$1.8\overline{6}$	$0.8\overline{6}$	1

$1.8\overline{6}_{zehn} = 0.\overline{1101}_{zwei}$

Input a	fract(a)	int(a)
4/7	4/7	0
8/7	1/7	1
2/7	2/7	0
4/7	4/7	0
8/7	1/7	1

$4/7 = 0.\overline{100}.$

18. $0.\overline{1001}$

19. $0.\overline{011100}$

20. $0.\overline{001001110110}$

ARBEITSBLATT 2.4

1. $x_2 = 0.11\overline{01}$, $x_3 = 0.1\overline{01}$, $x_4 = 0.\overline{01}$, $x_5 = 0.1\overline{01} = 0.\overline{10}$.
2. $0.011 \to 0.11 \to 0.1 = 0.0\overline{1} \to 0.\overline{1} = 1$.
3. $0.01\overline{01} \to 0.1\overline{01} \to 0.01\overline{01} \to 0.1\overline{01} = 0.\overline{10}$.
4. $0.011\overline{011} \to 0.11\overline{011} \to 0.1\overline{011} \to 0.\overline{011}$.
5. $0.\overline{1011} \to 0.\overline{0111} \to 0.\overline{1110} \to 0.\overline{1101}$.

6. $0.\overline{10} \to 0.0\overline{10} \to 0.\overline{10} \to 0.0\overline{10} = 0.\overline{01}.$

7. $0.1110\overline{110} \to 0.110\overline{110} \to 0.10\overline{110} \to 0.0\overline{110} = 0.\overline{011}.$

8. Third stage

0.000...	0.001...	0.010...	0.011...	0.100...	0.101...	0.110...	0.111...
000	001	010	011	100	101	110	111

9. In 110 und 11011.

10.–11. $x_1 = 0.101\overline{0011}$ in 101 und 1010, $x_2 = 0.01\overline{0011}$ in 010 und 0100
$x_3 = 0.1\overline{0011}$ in 100 und 1001, $x_4 = 0.\overline{0011}$ in 001 und 0011.

ARBEITSBLATT 2.5

1. $x_1 = 0.00110$ in 001, $x_2 = 0.0110$ in 011, $x_1 = 0.110$ in 110.

2. x_0 in 010, x_1 in 101, x_2 in 010, x_3 in 100.
x_4 in 001, x_5 in 011, x_6 in 111.

3. $x_0 = 0.111010$.
Beispiel: 0.01000111, 0.01001111, 0.01010111 und 0.01011111.

4. 6. Iteration.

5. Beispiel: 0.010101100 und 0.010111100.

6.

	Intervall Stufe 2	Intervall Stufe 5	Intervall Stufe n
x_0	$b_1 b_2$	$b_1 b_2 b_3 b_4 b_5$	$b_1 b_2 ... b_n$
$x_2 = S^2(x_0)$	$b_3 b_4$	$b_3 b_4 b_5 b_6 b_7$	$b_3 ... b_n c_1 c_2$
$x_5 = S^5(x_0)$	$b_6 b_7$	$b_6 b_7 b_8 b_9 b_{10}$	$b_6 ... b_n c_1 ... c_5$
$x_n = S^n(x_0)$	$c_1 c_2$	$c_1 c_2 c_3 c_4 c_5$	$c_1 c_2 ... c_n$

7.

000	001	010	011	100	101	110	111
x_{14}	x_1	x_5	x_2	x_0	x_4	x_3	

8. Beispiel: $x_0 = 0.100110101001010000111$; 18.

9. 10

10. $1/3 \to 2/3 \to 1/3$; Periode 2.

11. $2/10 = 1/5 \to 2/5 \to 4/5 \to 3/5 \to 1/5$; Periode 4.

12. $2/9 \to 4/9 \to 8/9 \to 7/9 \to 5/9 \to 1/9 \to 2/9$; Periode 6.

13. Periode 3.

14. Periode 4.

15. Periode 5.

16. $x_2 = 0.\overline{a_3 a_4 a_1 a_2}$, $x_3 = 0.\overline{a_4 a_1 a_2 a_3}$, $x_4 = 0.\overline{a_1 a_2 a_3 a_4}$; Periode 4.

17. $0.\overline{011}$, $0.\overline{001}$ und $0.\overline{110}$.

18. $0.\overline{1101}$; Teilintervalle 11011, 10111, 01110 und 11101.

19. Beispiel: $0.\overline{000\ 001\ 010\ 011\ 100\ 101\ 110\ 111}$.

20. Streiche alle Einsen, die in Blöcken der Länge 3 oder mehr vorkommen.

21. $n = 6$.

22. $n = 8$.

23. Kleinstes $x_s = 0.101_{zwei}$; größtes $x_l = 0.101\overline{1}_{zwei} = 0.110$; Länge 1/8,
10110 enthält x_0, Länge 1/32.

24. $x_0 - z_0 = 0.00001$, Abstand 1/32.

25. $|S(x_0) - S(z_0)| = 0.0001$, Abstand 1/16.

26. $|S^2(x_0) - S^2(z_0)| = 0.001$, Abstand 1/8.
27. $0.11\overline{10}$
28. $0.0\overline{001}$
29. $|S^3(x_0) - S^3(z_0)| = 1/2$.
30. $x_0 = 0.10110, z_0 = 0.10111$.

ARBEITSBLATT 2.6

1. $2.654\overline{26}$
2. $9.\overline{6}$
3. $9.\overline{876543}$
4. $0.101\overline{10}$
5. $1.010\overline{011}$
6. $0.0100\overline{1} = 0.0101$
7. $0.110\overline{110} \to 0.01\overline{001} = 0.\overline{010}$.
8. $3/11 \to 6/11$.
9. $0.35_{zehn} \to 0.70_{zehn}$.
10. $0.1\overline{010} \to 0.\overline{101} = 0.1\overline{011} \to 0.\overline{100} = 0.1\overline{001} \to 0.\overline{110}$.
11. $0.11\overline{01} \to 0.0\overline{10} \to 0.\overline{10} \to 0.\overline{10}$.
12. $0.001101 \to 0.01101 \to 0.1101 \to 0.010\overline{1} = 0.011$.

13.

$x = 0.10101$	$x = 0.10101$	$x = 0.01101$	$x = 0.01101$
$H(x) = 0.1010\overline{1}$	$S(x) = 0.0101$	$H(x) = 0.1101$	$S(x) = 0.1101$
$H(H(x)) = 0.101$	$H(S(x)) = 0.101$	$H(H(x)) = 0.010\overline{1}$	$H(S(x)) = 0.010\overline{1}$.

14.

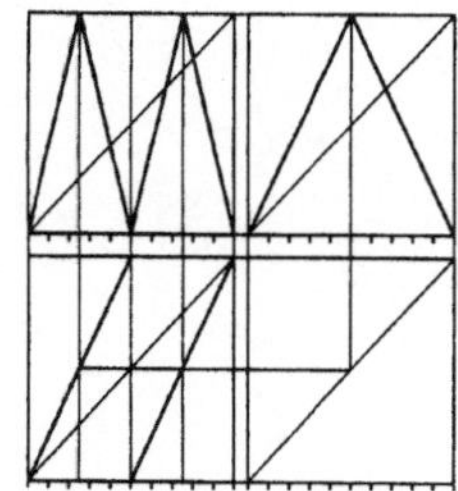

15. Identisch.

16.

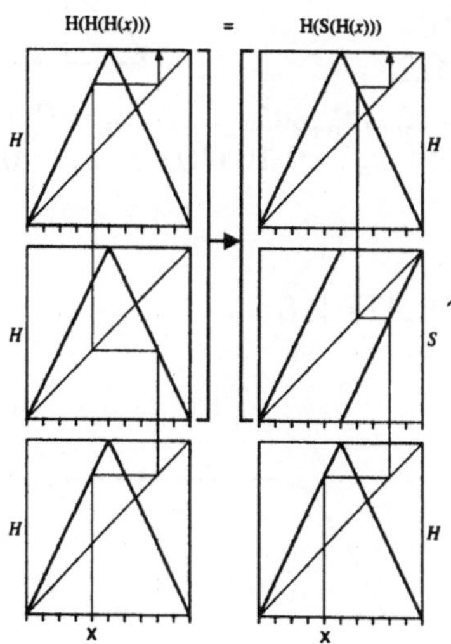

20. $H^5(x_0) = H(S^4(x_0))$, $S^4(x_0) = 0.\overline{01100}$, $H(S^4(x_0)) = 0.\overline{11000} = x_0$

$0.1100\overline{01100} \to 0.0111\overline{0011} \to 0.11\overline{10011} \to 0.00\overline{01100} \to 0.0\overline{01100} \to 0.\overline{11000}$.

ARBEITSBLATT 2.7

1. 011
2. $S^2(x_0) = 0.1101$ in 1101 (und in 1100).
3. Rechte Hälfte.

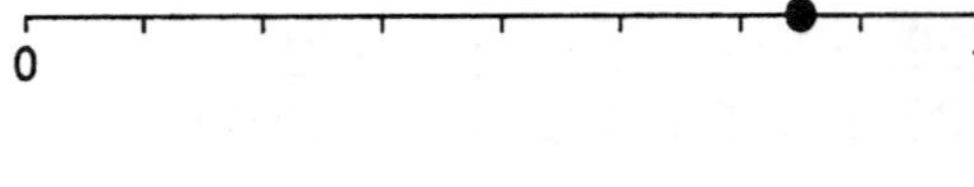

4. $H(S^2(x_0)) = 0.010\overline{1}$ in 010 (und in
5. $c_1^*c_2^*c_3^*$.

6. 110

7. $S^2(x_0) = 0.0010$ in 0010 (und in 0001).
8. Linke Hälfte.

9. $H(S^2(x_0)) = 0.010$.
10. $c_1c_2c_3$.
11. $S^{n-1}(x_0) = 0.1b_1^*b_2^*...b_n^*$, $H(S^{n-1}(x_0)) = 0.b_1b_2...b_n\overline{1}$ (Endpunkt des Intervalls
    $b_1b_2...b_n$).
12. $S^{n-1}(x_0) = 0.0b_1b_2...b_n$, $H(S^{n-1}(x_0)) = 0.b_1b_2...b_n$ (Anfangspunkt des Intervalls
    $b_1b_2...b_n$).
13. $x_0 = .10011001$.
14. 3
15. 4
16. 2

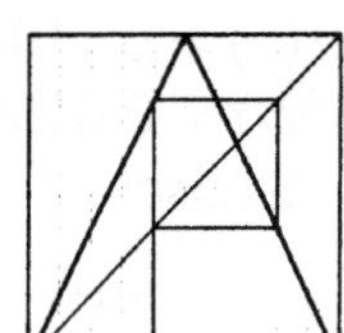

Iteration
von H

17. $0.\overline{0100010}$
18. $0.\overline{11010}$
19. $0.1 = 1/2$.
20. $x_n = 0.a_{n+1}^*a_{n+2}^*a_{n+3}^*...$, $z_n = 0.a_{n+1}a_{n+2}^*a_{n+3}^*...$; Abstand 1/2.
21. Beispiel: $x_n = 0.101101$, $z_n = 0.101111$.

ARBEITSBLATT 2.8

1.

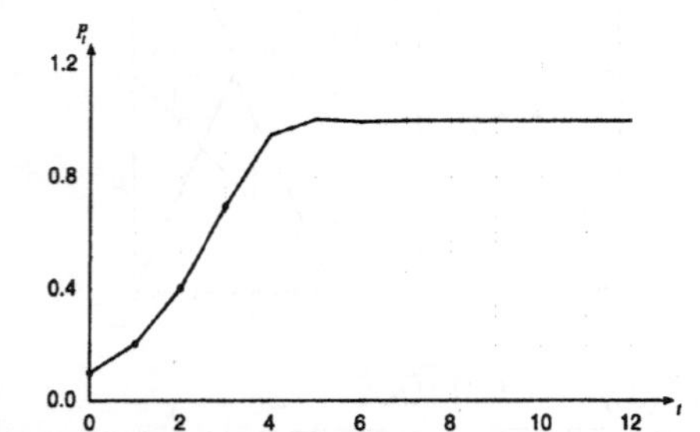

2.

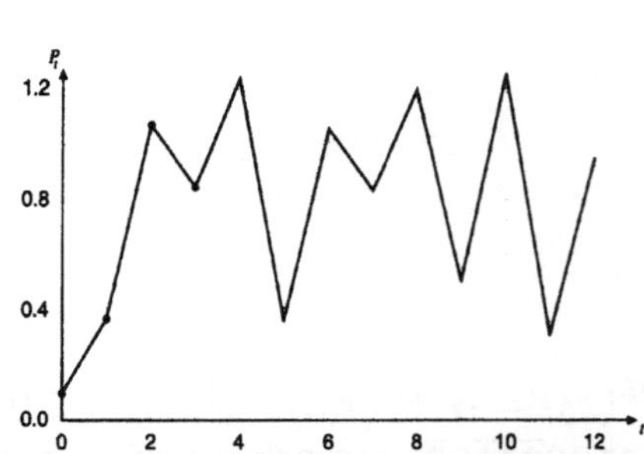

3. Die erste Zeitreihe stabilisiert sich bei 1.0. Die zweite oszilliert unregelmäßig.

4. Anstieg wenn $P < 1$, Abstieg wenn $P > 1$.

7. 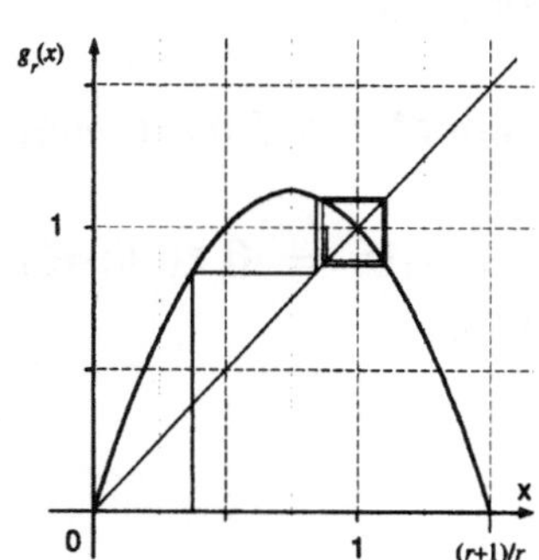

8. Regelmäßige Oszillation.

ARBEITSBLATT 2.9

2. Im Punkt 3/2.
3. Immer im Punkt 1.
4. $3/8 = 0.375 \rightarrow 0.844 \rightarrow 1.107 \rightarrow 0.869 \rightarrow 1.096$.
6. $1/4 = 0.25 \rightarrow 0.563 \rightarrow 0.738 \rightarrow 0.580 \rightarrow 0.731$.

5. 

7. 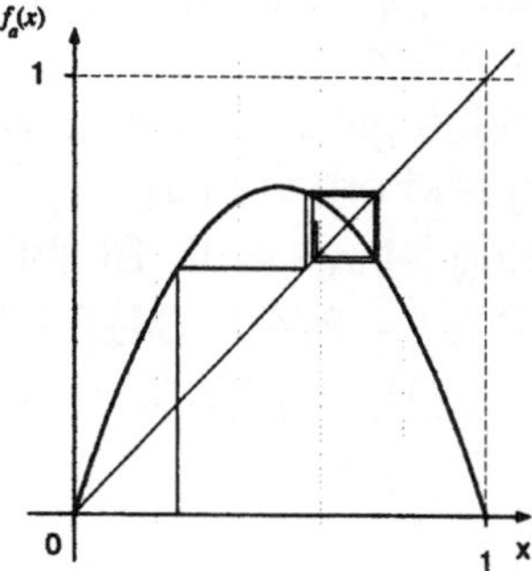

8. $3/8 = 0.375 \rightarrow 0.845 \rightarrow 1.107 \rightarrow 0.870 \rightarrow 1.097$.
9. $0.3 \rightarrow 0.930 \rightarrow 1.125 \rightarrow 0.702 \rightarrow 1.330$.
10. $0.225 \rightarrow 0.698 \rightarrow 0.844 \rightarrow 0.527 \rightarrow 0.997$

11.

x_0	x_{10}	x_{20}	x_{30}	x_{40}	x_{50}
0.3	0.102	1.321	0.927	1.214	0.317

12.

x_0	x_{10}	x_{20}	x_{30}	x_{40}	x_{50}
0.225	0.077	0.991	0.695	0.980	0.967

ARBEITSBLATT 2.10

1. $0.08 \rightarrow 0.294 \rightarrow 0.831 \rightarrow 0.562 \rightarrow 0.985 \rightarrow 0.061$
   $0.10 \rightarrow 0.360 \rightarrow 0.922 \rightarrow 0.289 \rightarrow 0.822 \rightarrow 0.585$.
2. Sensitivität.

3.–7.

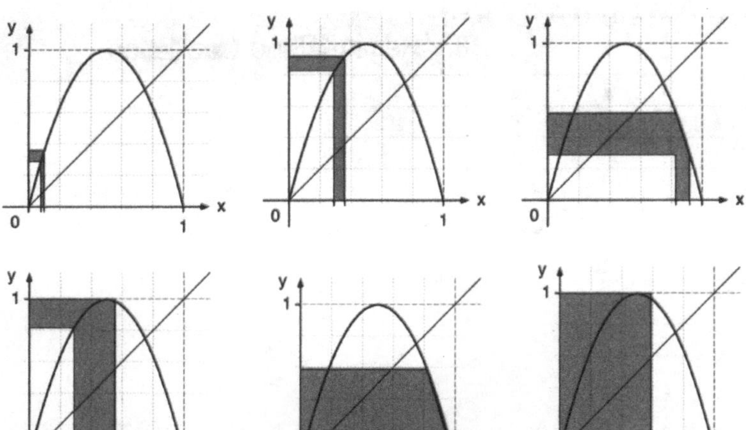

8. Mischen.

9. p_0: Periode 1, q_0: Periode 2, r_0: Periode 3, s_0: Periode 10

10. $x_0 = 0$, $x_0 = 3/4$.

11. Im Fixpunktes gilt $x_0 = f(x_0)$. Wir ersetzen das Argument von f mit dieser Gleichung und erhalten $x_0 = f(f(x_0))$.

12. Eine Lösung ist $x_0 = 0$. Bleibt $-64x_0^3 + 128x_0^2 - 80x_0 + 15 = 0$ zu lösen. Dann muß $(x_0 - 3/4)(-64x_0^2 + 80x_0 - 20) = 0$ gelten.

13. $x_0 = f(f(f(x_0))) = f^3(x_0)$, $x_0 = f^4(x_0)$, $x_0 = f^n(x_0)$.

ARBEITSBLATT 2.11

1.

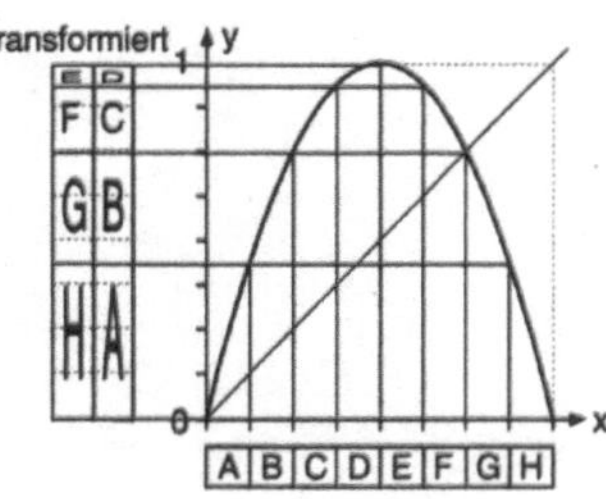

2. Kleinstes: D und E; größtes: A und H.

3.

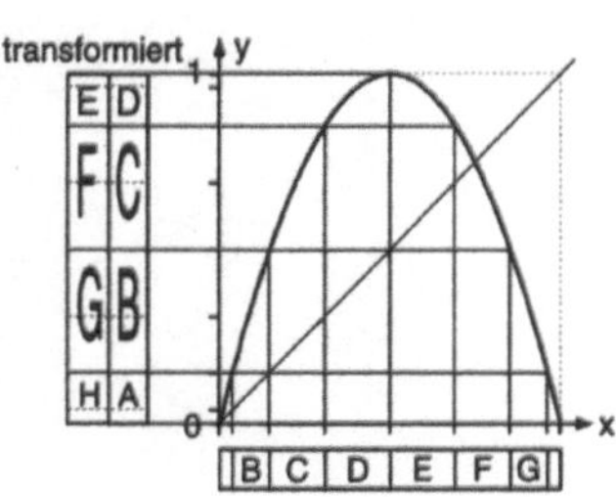

4. Alle bedecken 2 Abschnitte.

5. 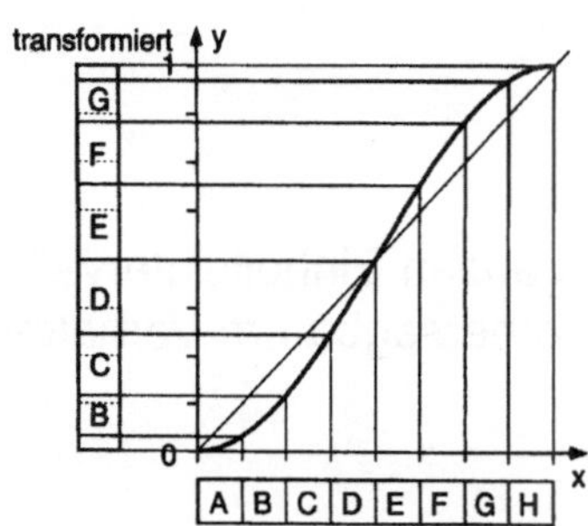

Dies ist die Unterteilung der x-Achse in Frage 3.

6.–7. 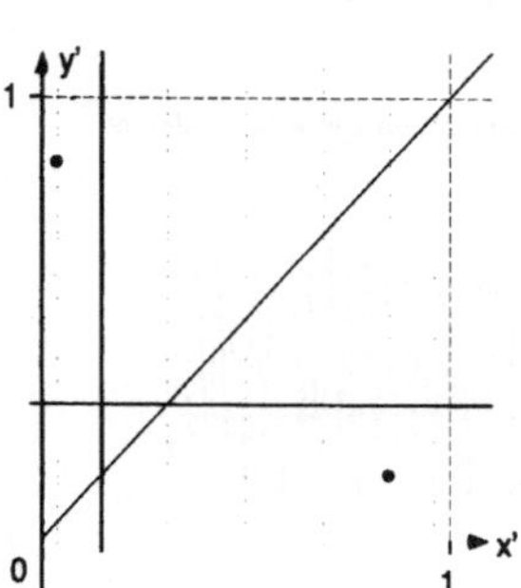

8. 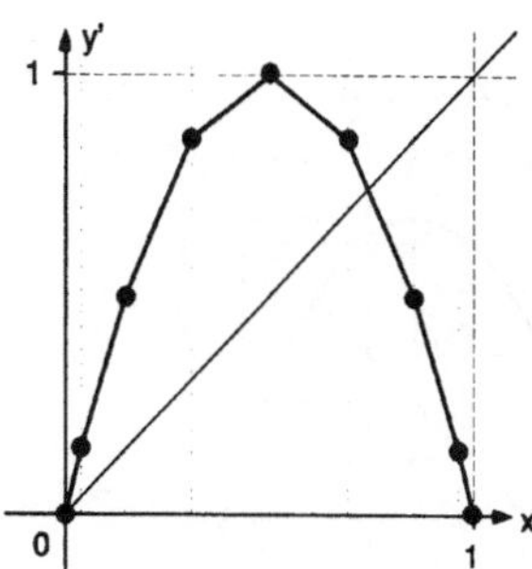

9. 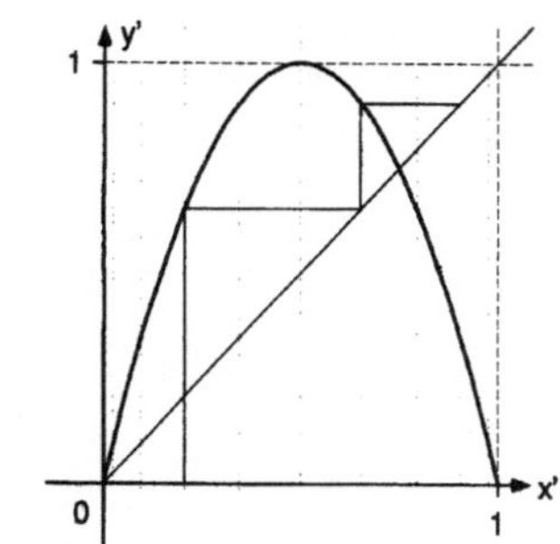

10. $x'_0 = 0.345$.

11. $x'_0 = 0.18825$, $x'_1 = 0.61126$, $x'_2 = 0.95048$.

12. $\quad x'_k$: 0.232 0.713 0.819 0.594 0.965 0.136 0.469 0.996 0.016 0.062 0.232
$\quad f^k(x'_0)$: 0.232 0.713 0.819 0.594 0.965 0.136 0.469 0.996 0.016 0.062 0.232.

13.a. $y_1 = 4(\sin(\frac{\pi}{2}x_0))^2 \left(1 - (\sin(\frac{\pi}{2}x_0))^2\right)$

13.b. $y_1 = 4(\sin(\frac{\pi}{2}x_0)\cos(\frac{\pi}{2}x_0))^2$

13.c. $y_1 = (\sin(\pi x_0))^2$

13.d. $(\sin(\frac{\pi}{2}x_1))^2 = (\sin(\pi x_0))^2$

13.e. $(\sin(\frac{\pi}{2}x_1))^2 = (\sin(\pi - x_0\pi))^2$

13.f. $(\sin(\frac{\pi}{2}x_1))^2 = (\sin(-\pi x_0))^2 = (\sin(\pi x_0))^2$.

ARBEITSBLATT 2.12

1. Links führt der Pfad zum Fixpunkt;
   rechts verläuft der Pfad unvorhersagbar; nein.
2. Links: stabil; rechts: unvorhersagbar.
3. $a = 1.9$: nähert sich einem Fixpunkt.
4. $a = 2.75$: oszilliert, aber nähert sich einem Fixpunkt.

5. $a = 3.25$: nähert sich einem Zweierzyklus.
6. Wechsel von Fixpunkt zu Zweierzyklus; nein.
7. $a = 3.50$: nähert sich einem Viererzyklus.
8. $a = 3.75$: unvorhersagbare Oszillationen.
9. $a = 4.00$: unvorhersagbare Oszillationen auf dem ganzen Einheitsintervall.
10. Wechsel von vorhersagbarem (bis $a = 3.5$) zu unvorhersagbarem Verhalten.

ARBEITSBLATT 2.13

1. 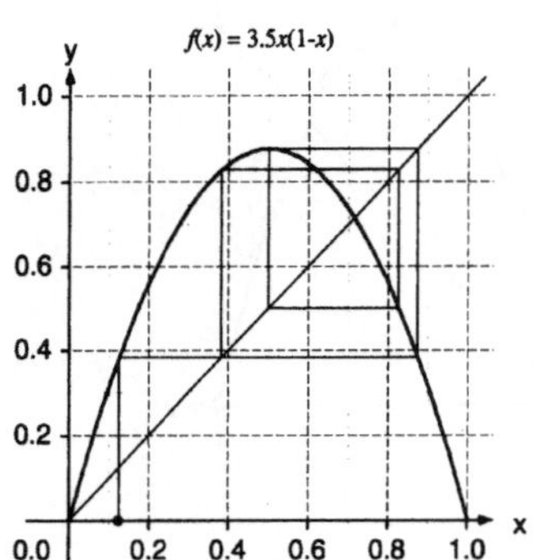

3. 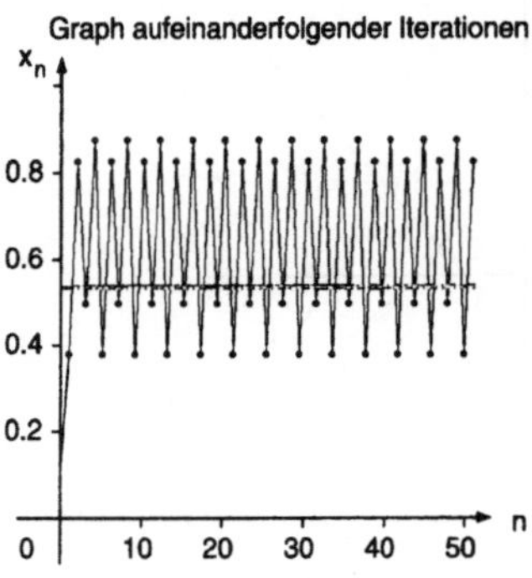

4. $a = 3.18$: wird Zweierzyklus.
5. $a = 3.5$: wird Viererzyklus.
6. $a = 4.$: oszilliert im ganzen Einheitsintervall.
7. $a = 2.8$: Fixpunkt.
8. $a = 3.18$: Zweierzyklus.
9. $a = 3.5$: Viererzyklus.
10. $a = 4.0$: Die Iterierten sind überall im Einheitsintervall.
11. 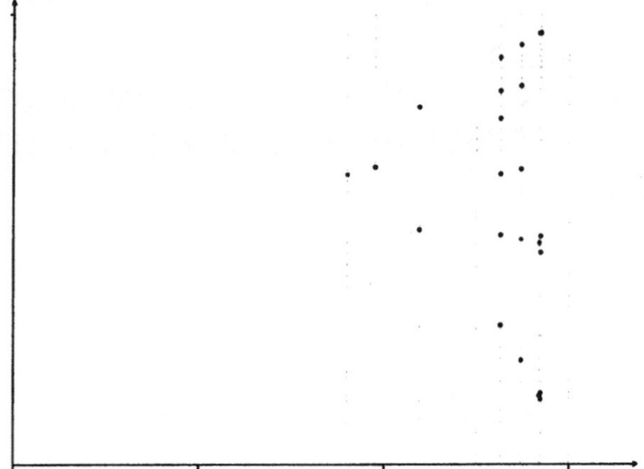

12.

Parameter a:	2.95	3.63	3.74	3.84	3.846
Punkte im Attraktor	0.661	0.305	0.935	0.959	0.961
		0.770	0.227	0.149	0.142
		0.644	0.657	0.488	0.470
		0.832	0.843		0.958
		0.506	0.496		0.155
		0.907			0.503

13. Fixpunkt-Attraktoren für $a \leq 3$; Zweierzyklen für Parameter in der Umgebung von $a = 3.18$;
   Viererzyklen für Parameter in der Umgebung von $a = 3.5$; Dreierzyklen für Parameter in der Umgebung von $a = 3.84$.

14. Das Langzeitverhalten wechselt schneller.

15.

$$d_1 = b_2 - b_1 = 3.449489... - 3.0 \qquad \approx 4.4949 \cdot 10^{-1}$$
$$d_2 = b_3 - b_2 = 3.544090... - 3.449490... \approx 9.4611 \cdot 10^{-2}$$
$$d_3 = b_4 - b_3 = 3.564407... - 3.544090... \approx 2.0316 \cdot 10^{-2}$$
$$d_4 = b_5 - b_4 = 3.568759... - 3.564407... \approx 4.3521 \cdot 10^{-3}$$
$$d_5 = b_6 - b_5 = 3.569692... - 3.568759... \approx 9.3219 \cdot 10^{-4}$$
$$d_6 = b_7 - b_6 = 3.569891... - 3.569692... \approx 1.9964 \cdot 10^{-4}$$

16.

$$d_1/d_2 = 4.7514...$$
$$d_2/d_3 = 4.6562...$$
$$d_3/d_4 = 4.6682...$$
$$d_4/d_5 = 4.6687...$$
$$d_5/d_6 = 4.6690...$$

KAPITEL 3   Die Mandelbrot-Menge

ARBEITSBLATT 3.1

1.

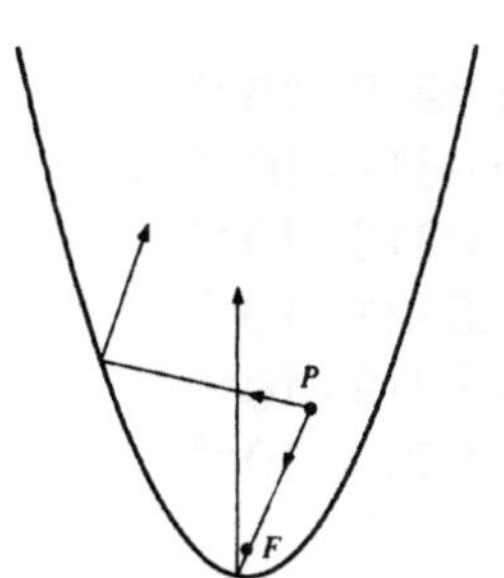

2.

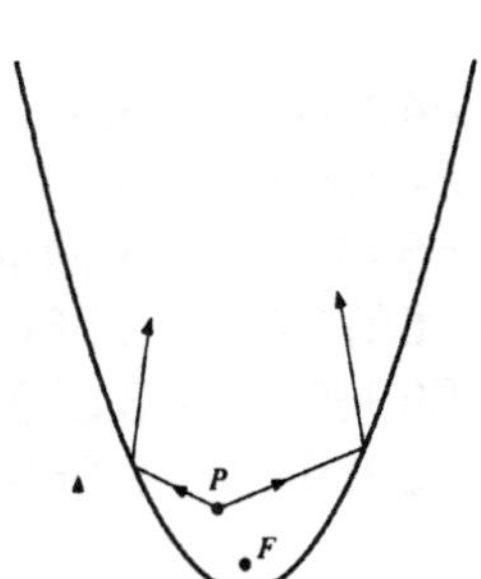

3. Vom markierten Brennpunkt.

4.

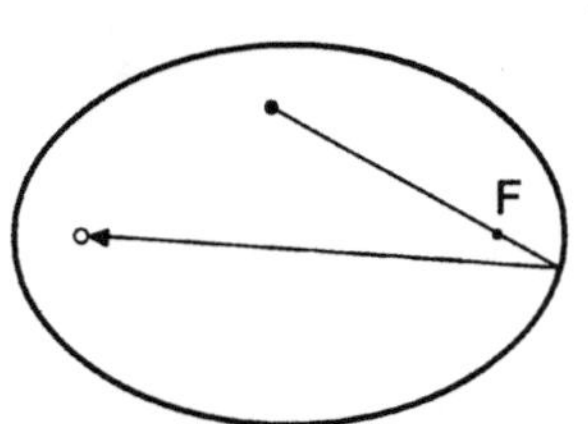

5.

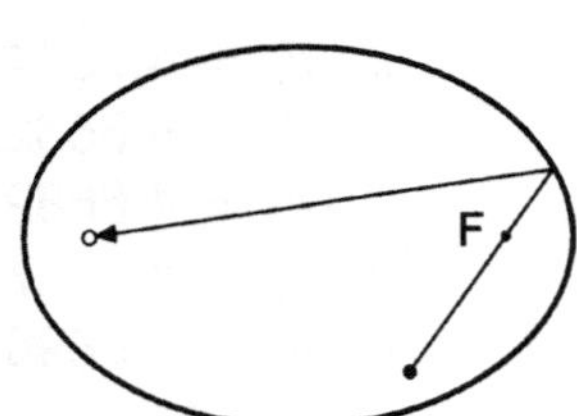

6. Die Brennpunkte.

7. Der Brennpunkt F.

8.

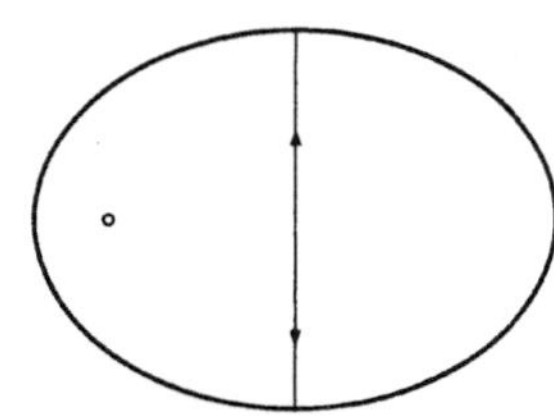

9.

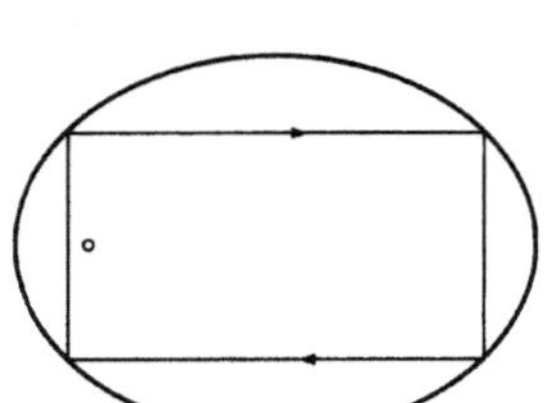

10. 2, bzw. 4.

11. Ja; nein.

12. Alle drei.

13. a. $y = 0$, b. $y = \frac{2}{5}x + \frac{6}{5}$, c. Jede lineare Gleichung, die von (-3,0) erfüllt wird.

14. (-5,0).

15. a und b.

16. a. $x = 2$ und $y = \frac{3}{2}x + 1$, b. $x = -3$ und $y = -\frac{5}{3}x + 1$, c. $x = -\frac{1}{2}$ und $y = -x + 1$

ARBEITSBLATT 3.2

1.

x_0	$x_1 = f(x_0)$	$x_2 = f(x_1)$	$x_3 = f(x_2)$	$x_4 = f(x_3)$	Gefangen
-0.5	-1	-2	-4	-8	Nein
2.75	1.5	2.5	2	3	
3.0	1	2	3	1	
4.5	5.5	8.5	17.5	44.5	Nein

3. 0.75

4. 3

5. 3

6. Der Wertebereich [0,3] ist keine Teilmenge des Definitionsintervalls [0,2].
7. Der Wertebereich [0,3] ist eine Teilmenge des Definitionsintervalls [0,3].
8. Der Wertebereich [1,4] ist eine Teilmenge des Definitionsintervalls [1,4].
9.

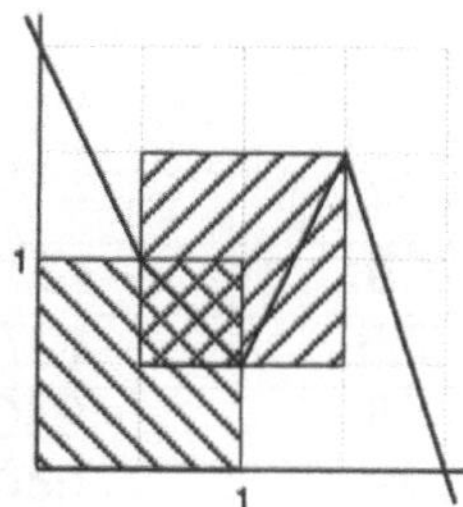

10. Fall b.
11. [0,4] im oberenen und [0,2] im unteren Graphen.

ARBEITSBLATT 3.3

1.

| | Stufe 0 |
| Stufe 1 |
| Stufe 2 |
| Stufe 3 |
| Stufe 4 |

2. 32; 64; 2^n.
3. $(1/3)^5$; $(1/3)^6$; $(1/3)^n$.
4.

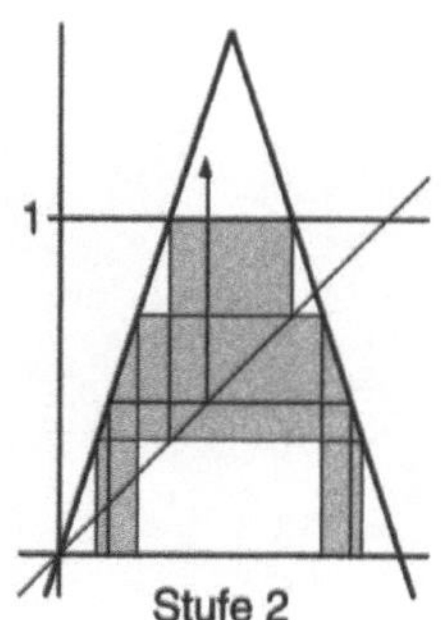

5. 1/9 → 1/3; 2/9 → 2/3.
6.–7.

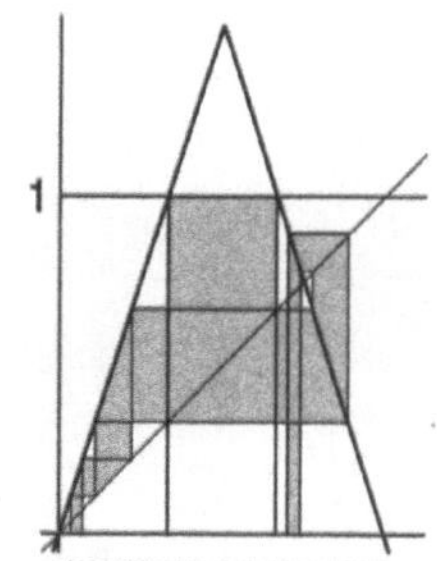

8. 25/27 → 2/9 → 2/3 und 26/27 → 1/9 → 1/3.
9. 7; 15.
10. $A = 2^N - 1$. A wächst mit N gegen Unendlich.

ARBEITSBLATT 3.4

1. Für alle $x \in [0,1]$ ist $f(x) \in [0,1]$.
2. Für alle $x \in [0,1]$ ist $f(x) \in [0,1]$.
3. Für $x = 0.5$ ist $f(x) \notin [0,1]$.

4.

Funktion $f(x)$	x_0	$x_1 = f(x_0)$	$x_2 = f(x_1)$	$x_3 = f(x_2)$
$f(x) = 2x(1-x)$	-0.5	-1.5	-7.5	-127.5
	1.5	-1.5	-7.5	-127.5
$f(x) = 4x(1-x)$	-0.5	-3	-48	-9408
	1.5	-3	-48	-9408
$f(x) = 6x(1-x)$	-0.5	-4.5	-148.5	-133204.5
	1.5	-4.5	-148.5	-133204.5
	0.9	0.54	1.4904	-4.3854

5. In jedem der Fälle streben die Iterierten nach negativ Unendlich.
6. Das maximale invariante Intervall für $f(x) = 2x(1-x)$ ist [0,1].
   Das maximale invariante Intervall für $f(x) = 4x(1-x)$ ist [0,1].
   $f(x) = 6x(1-x)$ hat keine invarianten Intervalle.
7. Zusammenhängend.
8.–9.

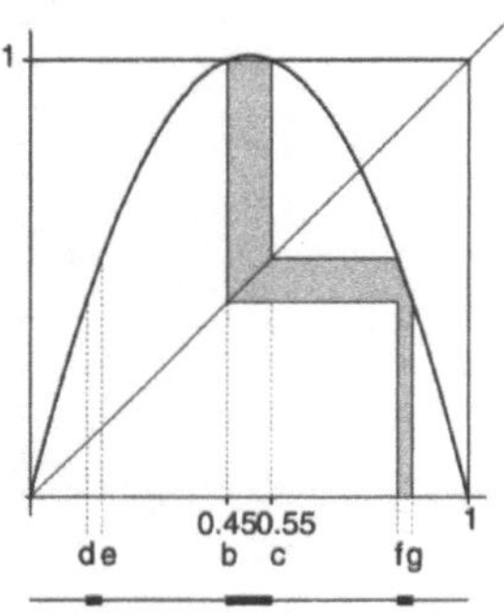

10. Um $f(d) = b$ mit $b = 0.45$ zu lösen, berechne man
   $$\frac{400}{99}d(1-d) = 0.45$$
   $$d - d^2 = 0.111375$$
   $$d^2 - d + 0.111375 = 0$$
   $$d = 0.5 \pm \sqrt{0.25 - 0.111375}.$$
   Das ergibt $d \approx 0.1277$. Genauso erhält man $e \approx 0.1625$, $f \approx 0.8375$, und
   $g \approx 0.8723$.

11.–13.

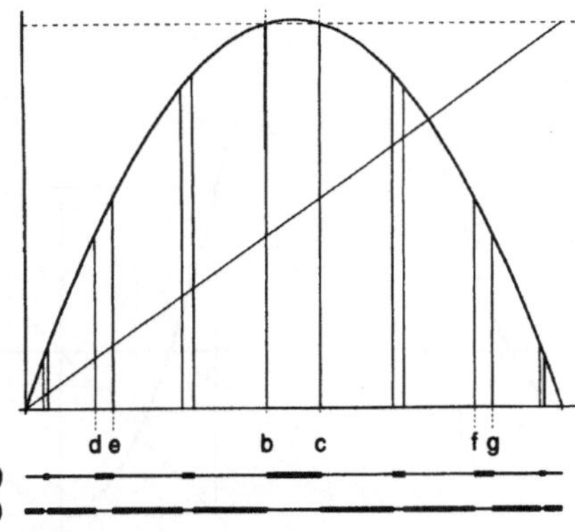

14. a. 15, b. 16.
15. Werden alle 0.

ARBEITSBLATT 3.5

1.

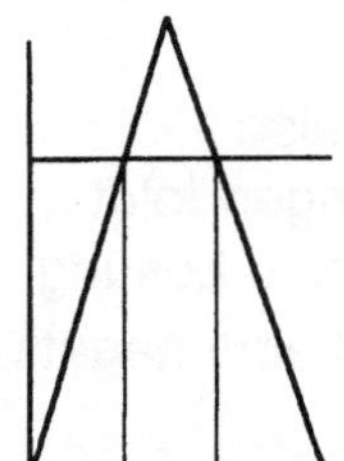

2. Die Breite des Flucht-Intervalls nimmt ab.
3. Maximum: $f(0.5) = 3$; $]b, c[=]1/6, 5/6[$; Breite 2/3.
4. $f(0.5) = 1$.
5. $a = 2$.
6.

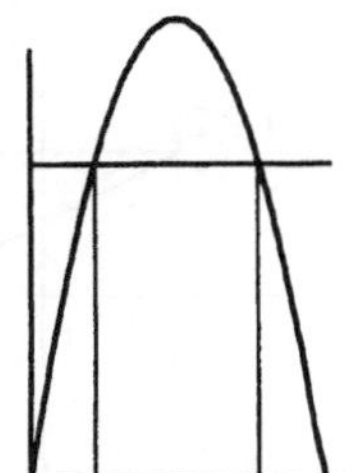

7. Maximum $f(0.5) = 1$.
8. $a = 4$.
9. Ist der Parameter a kleiner als die Barriere, können die Iterierten von Anfangspunkten aus $[0, 1]$ diesem Intervall nicht entkommen. Überschreitet a die Barriere, können ganze offene Teilintervalle unter Iteration das Intervall $[0, 1]$ verlassen.
10. Im Punkt $x_0 = 0.5$ nehmen beide Funktionen ihr Maximum an. Es hängt von der Größe dieses Maximums ab, ob es Punkte gibt, die entkommen können. Deshalb ist $x_0 = 0.5$ der kritische Punkt beider Funktionen.
11. $g(x) = ax(1 - x^2) = ax - ax^3$ for $x \geq 0$. Man findet $g'(x) = a - 3ax^2$, löst $a - 3ax^2 = 0$. Also ist $x^2 = 1/3$ und $x = \sqrt{3}/3$ der kritische Wert. $2a\sqrt{3}/9$ ist das relative Maximum.
11. $2a\sqrt{3}/9 = 1$ wenn $a = 9/(2\sqrt{3}) = 2.598\ldots$.

ARBEITSBLATT 3.6

1. **a.** $f(x) = x^2 - 0.25$ **b.** $f(x) = x^2 - 0.75$ **c.** $f(x) = x^2 - 2$

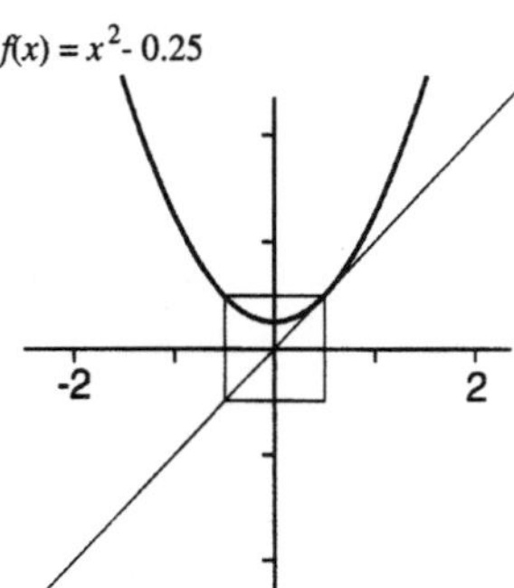
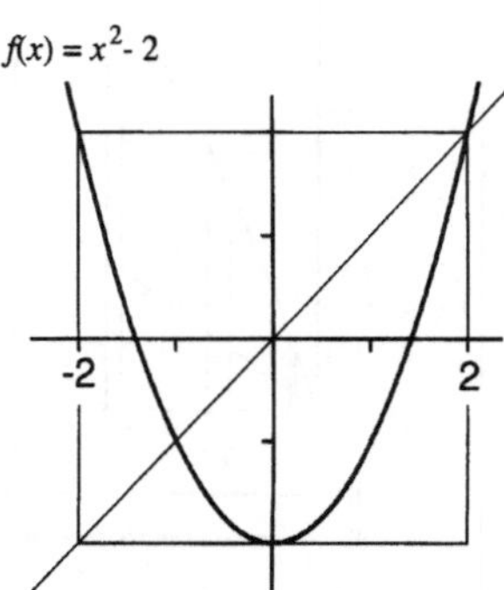

2. Bei Anfangspunkten in der Nähe von 0 schaut die Parabel unter dem Kasten heraus. Aus dem Kasten-Test folgt, daß diese Punkte entfliehen und es keine invarianten Intervalle gibt. Für solche Funktionen bedeutet dies, daß die Gefangenenmenge eine Cantor-Menge ist.

3. Am Schnittpunkt der Parabel mit der Diagonalen gilt $x^2 + c = x$, also $x^2 - x + c = 0$. Aus der Lösungsformel für quadratische Gleichungen folgt $x = (1 \pm \sqrt{1 - 4c})/2$. Wegen $x > 0$ ist nur $x = (1 + \sqrt{1 - 4c})/2$ eine Lösung.

4. $-c = f(-c) = c^2 + c$ ergibt $c(c + 2) = 0$. Diese Gleichung hat nur eine negative Lösung, $c = -2$.

5. $c = -2$ ist die Barriere.

ARBEITSBLATT 3.7

1.

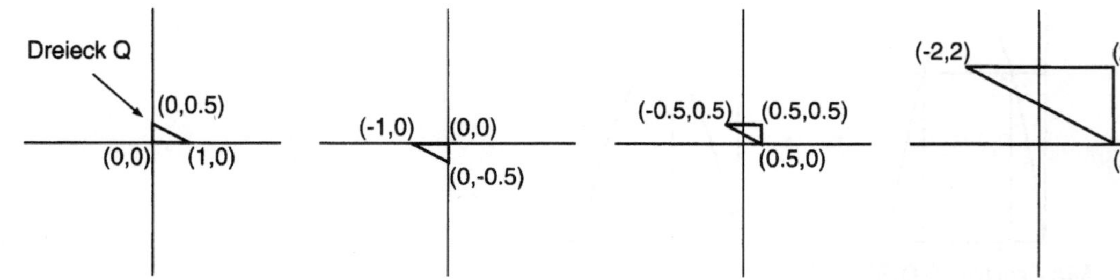

2. Dreieck P $(1,0) \rightarrow (-1.5, 1.5)$; $(1,2) \rightarrow (-1.5, -4.5)$
   Dreieck Q $(2,0) \rightarrow (-6, 2)$; $(0,1) \rightarrow (2, -2)$.

3. $(0.5, 0.75) \rightarrow (0, -0.75)$
   $(0,0) \rightarrow (1.5, 1.5)$
   $(1,0) \rightarrow (-1.5, 1.5)$

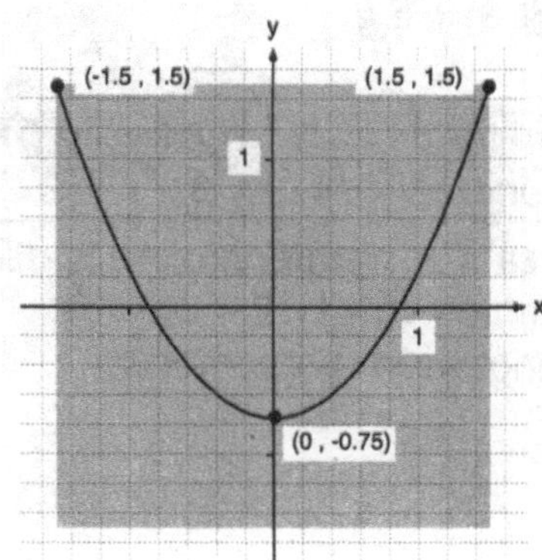

4. a.

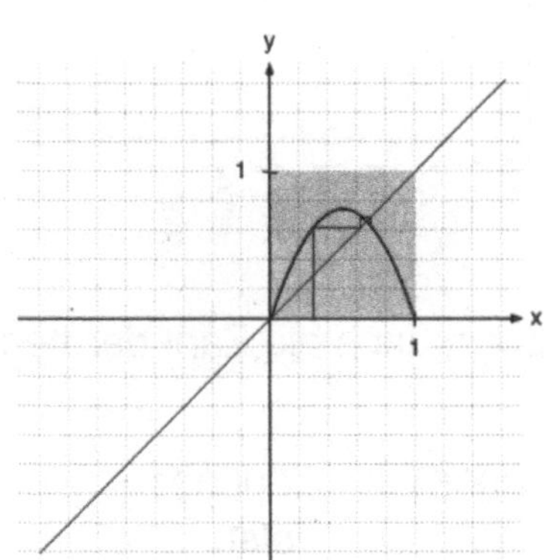

   b.

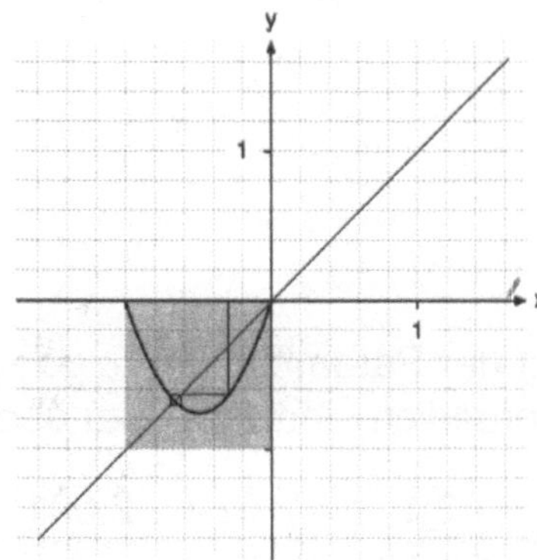

4. c.

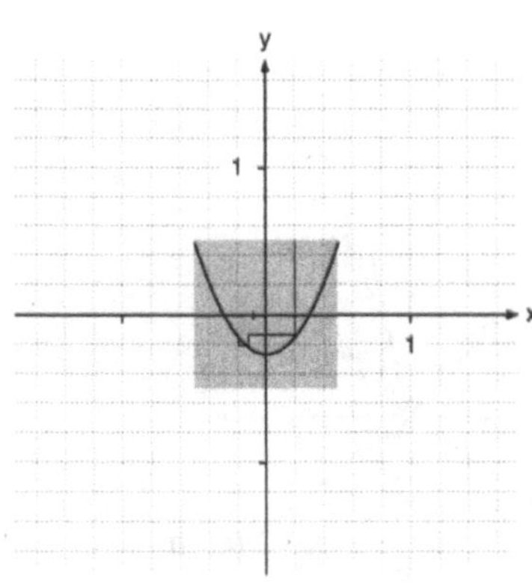

   d.

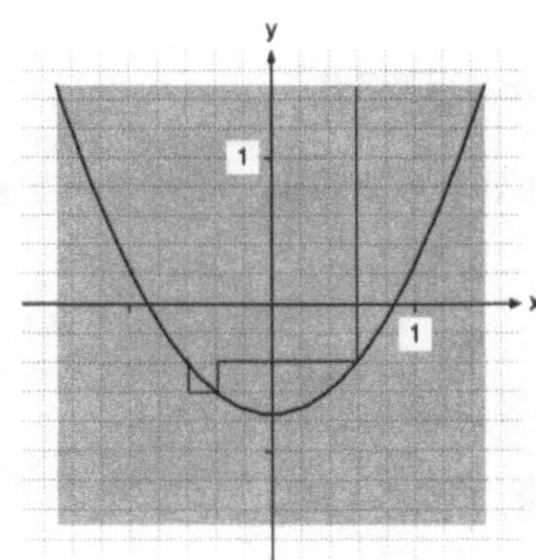

5. Höhe: 9/4; Breite: 3; beide Graphen sind identisch.

6.

Original	$y = 1x(1-x)$	$y = 3x(1-x)$	$y = 4x(1-x)$	$y = ax(1-x)$
Bild	$y = x^2 + \frac{1}{4}$	$y = x^2 - \frac{3}{4}$	$y = x^2 - 2$	$y = x^2 + \left(\frac{a}{2} - \frac{a^2}{4}\right)$

7. Siehe Antwort 4.

9.

Funktion	$y = 1x(1-x)$	$y = 3x(1-x)$	$y = 4x(1-x)$	$y = ax(1-x)$
Gefangenenmenge	$[0, 1]$	$[0, 1]$	$[0, 1]$	$[0, 1]$
Bildmenge	$[-1/2, 1/2]$	$[-3/2, 3/2]$	$[-2, 2]$	$[-a/2, a/2]$

ARBEITSBLATT 3.8

2.

Parameter c	-3	-2.1	-2.01	-2.001	-2.0001	-2.00001	-2.000001
Iterationen N	4	6	8	10	11	13	15

3. Die Anzahl N der Iterationen is dem Logarithmus von $1/(2+c)$ näherungsweise proportional.

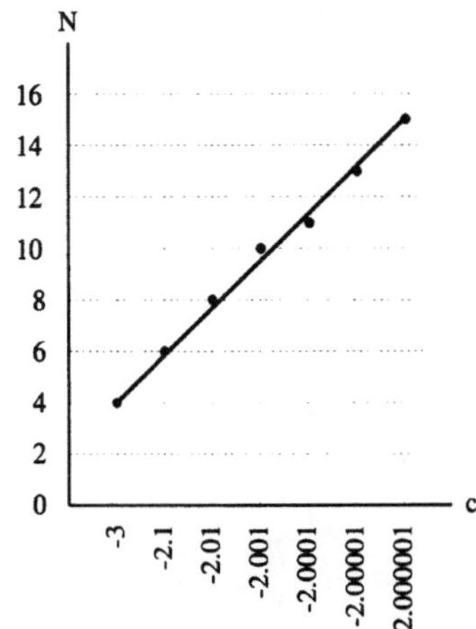

4. Wächst der Parameterwert c gegen -2, dann wächst auch die Zahl der Iterierten, die erforderlich sind um N zu überschreiten.

5.

-3	-2.1	-2.01	-2.001	-2.0001	-2.00001	-2.000001
gelb	orange	braun	rot	rot	grün	blau

ARBEITSBLATT 3.9

1. a. $3 + 3i$, b. $2 + i$, c. $4 - 3i$, d. $-2 + 2i$.

2.

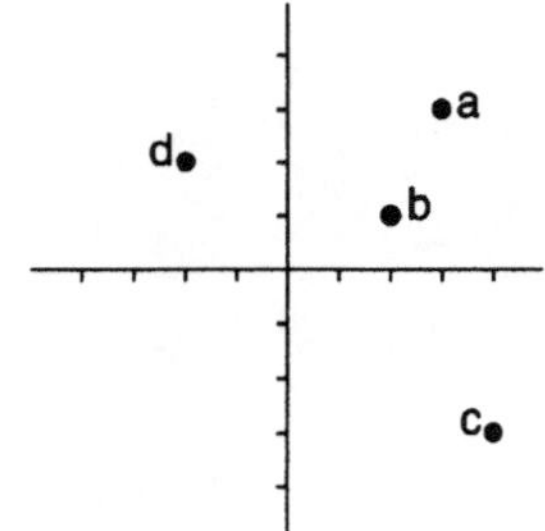

3.

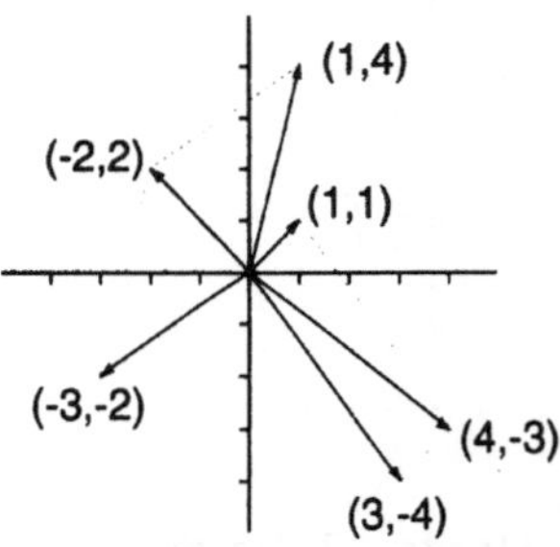

4. a. $(1 + 2x)(3 + 5x)$ $\quad 3 + 11x + 10x^2$ $\quad 3 + 11i + 10i^2$ $\quad -7 + 11i$
    b. $(3 - 4x)(5 - 7x)$ $\quad 15 - 41x + 28x^2$ $\quad 15 - 41i + 28i^2$ $\quad -13 - 41i$
    c. $(a + bx)(c + dx)$ $\quad ac + (ad + bc)x + bdx^2$ $\quad ac + (ad + bc)i + bdi^2$ $\quad (ac - bd)$
    $\qquad\qquad\qquad\qquad\qquad\qquad\qquad\qquad\qquad\qquad\qquad\qquad\qquad +(ad + bc)i$

5. $|v| = \sqrt{2^2 + 1^2} = \sqrt{5} \approx 2.236.$ $|w| = \sqrt{3^2 + 4^2} = \sqrt{25} = 5.$

6.

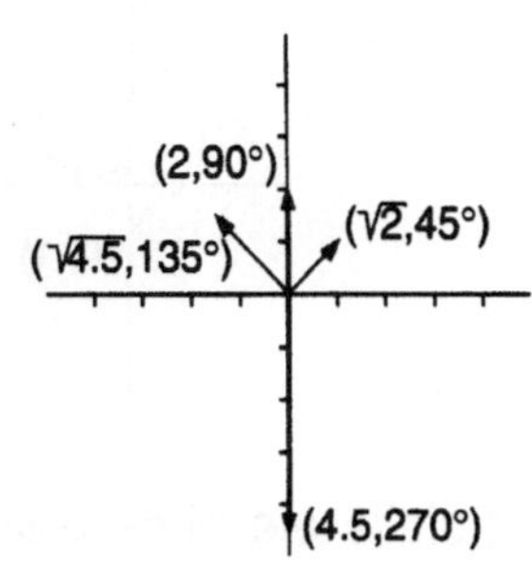

7. $(1+i)(1+i) = (1-1) + (1+1)i = 2i.$
$(3/2 + (3/2)i)(3/2 + (3/2)i) = (9/4 - 9/4) + (9/4 + 9/4)i = (9/2)i.$

8. a. $(1/2 + i)(2+i) = (5/2)i$
   b. $(1+i)(0+2i) = -2 + 2i$

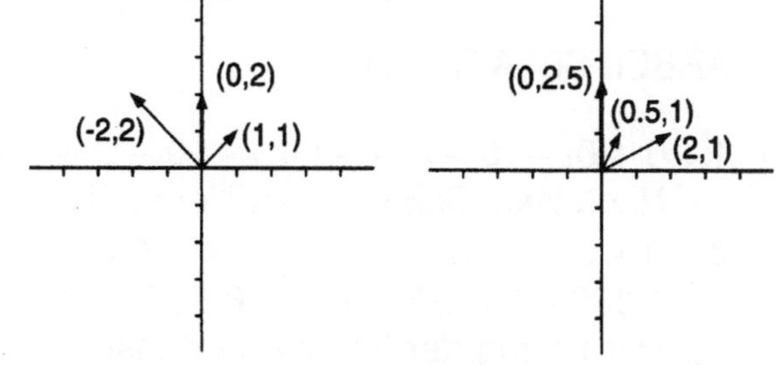

9.

	$1/2 + i$	$2 + i$	$0 + (5/2)i$	$1 + i$	$0 + 2i$	$-2 + 2i$
Winkel	60	30	90	45	90	135
Länge	$\sqrt{5}/2$	$\sqrt{5}$	$5/2$	$\sqrt{2}$	2	$\sqrt{8}$

10. Der Vektor des Produkts zweier komplexer Zahlen hat als Länge das Produkt der Längen der Vektoren zu den Faktoren. Sein Winkel ist die Summe ihrer Winkel.

11. $\bar{z}^2 = (a - bi)(a - bi) = a^2 - b^2 - 2abi$ ist konjugiert zu
$z^2 = (a + bi)(a + bi) = a^2 - b^2 + 2abi$. Konjugation bedeutet Spiegelung des Vektors an der x-Achse. Die Länge bleibt dabei unverändert. Erst spiegeln und dann den Winkel verdoppeln gibt das gleiche wie erst den Winkel verdoppeln und dann spiegeln.

ARBEITSBLATT 3.10

1. 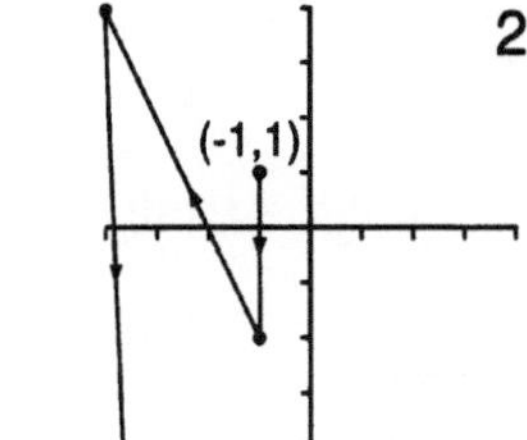   **2.** 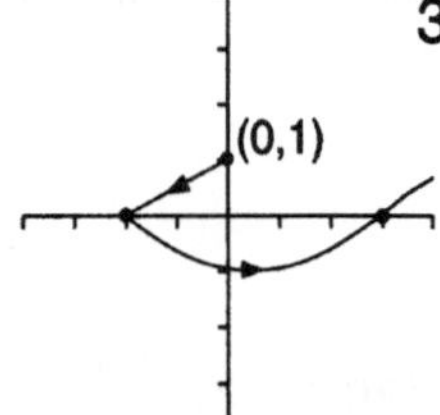   **3.** 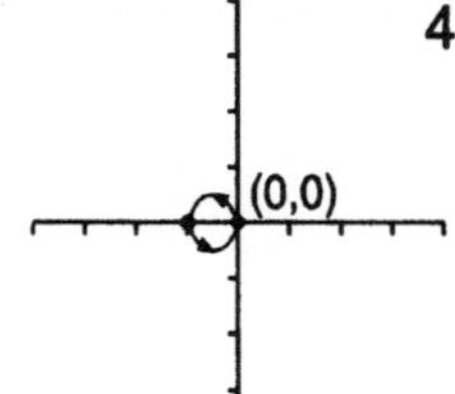   **4.** 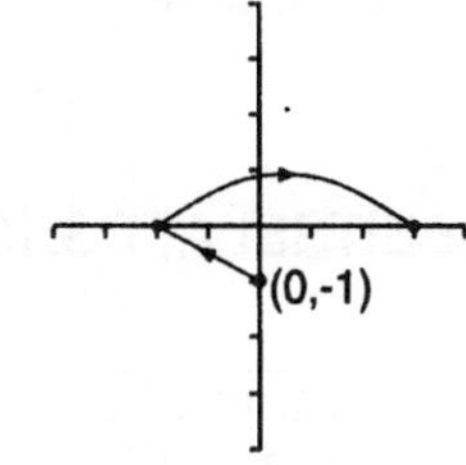

6. 7. 8. 9.

10. Die Gefangenenmenge ist völlig unzusammenhängend und sieht wie eine relativ
    spärliche Staubwolke aus.

ARBEITSBLATT 3.11

1. $0 + 0i \rightarrow 0 + i \rightarrow -1 + i \rightarrow 0 - i \rightarrow -1 + i \rightarrow 0 - i \rightarrow \cdots$
    Nach zwei Schritten oszillieren die Iterierten nur noch zwischen zwei Punkten.
2. $0 + 0i \rightarrow 0.5 + 0.1i \rightarrow 0.74 + 0.2i \rightarrow 1.0076 + 0.396i \rightarrow 1.358 + 0.898i \rightarrow$
    $1.539 + 2.5398i \rightarrow -3.582 + 7.917i \rightarrow -49.3 - 56.6i \rightarrow \cdots$
    Der Betrag der Iterierten wächst schnell.
3. Die Iterierten des kritischen Punktes $0 + 0i$ oszillieren zwischen $0 + 0i$ und
    $-1 + 0i$. Deshalb kann $0 + 0i$ nicht entkommen, und die Gefangenenmenge ist
    zusammenhängend.
4. $0 + 0i \rightarrow -1 - i \rightarrow -1 + i \rightarrow -1 - 3i \rightarrow -9 + 5i \rightarrow 55 - 91i \rightarrow \cdots$ Unter
    $f(z) = z^2 + (-1 - 1i)$ entkommt die Iteriertenfolge des kritischen Punktes $0 + 0i$
    nach Unendlich. Deshalb ist die Gefangenenmenge eine völlig
    unzusammenhängende Cantor-Menge.
5. a. Zusammenhängend.
    b. Die Iterierten nähern sich dem Ursprung.
    c. Die Iterierten entfernen sich vom Ursprung.
    d. Die Julia-Menge ist der Kreis mit Radius 1 um den Ursprung.
6. a. Gefangen.
    b. Gefangen.
    c. Gefangen.
    d. Nicht gefangen.
7. Die Fixpunkte $z = (1 \pm \sqrt{5})/2 + 0i$ liegen auf der reellen Achse.

ARBEITSBLATT 3.12

1.

Parameter c	
$0.2 + 0.2i$	G
$-0.3 + 0.2i$	G
$-0.6 + 0.4i$	G
$-1.3 + 0.1i$	F
$-1.7 + 0.1i$	F

Parameter c	
$0.2 - 0.2i$	G
$-0.3 - 0.2i$	G
$-0.6 - 0.4i$	G
$-1.3 - 0.1i$	F
$-1.7 - 0.1i$	F

2.–4.

```
F   F   F   F   F   F   F
                1
F   F   F   F   G   F   F
F   F   F   G   G   G   F
F   F   F   G   G   G   F   1.00
 2       -1                        F   F
F   F   F   G   G   G   F   1      0.75
F   F   F   F   G   F   F                  G   F
                -1                 0.50
F   F   F   F   F   F   F
                F          0.00  0.25  0.50
```

5. Aus $z_1 = f_c(0 + 0i) = (0 + 0i)^2 + a + bi = a + bi$ und
$z_1' = f_{\bar{c}}(0 + 0i) = (0 + 0i)^2 + a - bi = a - bi$ sehen wir, daß z_1' konjugiert zu z_1 ist.
Sei z irgendeine komplexe Zahl. Dann ist
$f_{\bar{c}}(\bar{z}) = \bar{z}^2 + (a - bi) = \overline{z^2} + (a - bi) = \overline{z^2} + \overline{a + bi} = \overline{z^2 + (a + bi)}$ konjugiert zu $f_c(z)$.
Wählt man z_1 als z, dann zeigt diese Rechnung nacheinander, daß $z_2' = f_{\bar{c}}(z_1')$
konjugiert zu $z_2 = f_c(z_1)$ ist, $z_3' = f_{\bar{c}}(z_2')$ konjugiert zu $z_3 = f_c(z_2)$, usw.
(vollständige Induktion!).

ARBEITSBLATT 3.13

1.

Parameter c	
$0.2 + 0.2i$	G
$-0.3 + 0.2i$	G
$-0.6 + 0.4i$	G
$-1.3 + 0.1i$	17
$-1.7 + 0.1i$	8

Parameter c	
$0.2 - 0.2i$	G
$-0.3 - 0.2i$	G
$-0.6 - 0.4i$	G
$-1.3 - 0.1i$	17
$-1.7 - 0.1i$	8

2.–4.

```
G   G   O   O   O   O   O
                1
G   O   O   O   S   R   O
O   O   G   S   S   S   O   1.00
 2       -1                        O   O
O   O   G   S   S   S   O   1      0.75
G   O   O   O   S   R   O                  S   G
                -1                 0.50
G   G   O   O   O   O   O
                O          0.00  0.25  0.50
```

5. Die reelle Achse schneidet aus der komplexen Gefangenenmenge die reelle
Gefangenenmenge heraus. Für reelles $c < -2$ sind beide Gefangenenmengen
total unzusammenhängend. Liegt c in $[-2, 1/4]$, sind sie zusammenhängend. Ist
$c > 1/4$, dann ist die komplexe Gefangenenmenge unzusammenhängend und hat
keine Punkte auf der reellen Achse. Die reelle Funktion hat also keine
Gefangenenmenge.

BASIC-Programme

ARBEITSBLATT 1.9A: Graphische Iteration

```
REM EINGABE DER DATEN
INPUT "A = ";A: INPUT "I = ";I

REM INITIALISIERUNG DER VARIABLEN
Xmin = 0: Xmax = 1: Xscal = 0:Ymin = 0: Ymax = 1: Yscal = 0
VideoX = 310: VideoY = 310: Xscal = (Xmax - Xmin) / VideoX
Yscal = (Ymax - Ymin) / VideoY

REM AUSGABE DER PARABEL
CLS: Vx0 = 1/Xscal * (-Xmin): Vy0= VideoY - 1/Yscal * (-Ymin)
LINE (10, Vy0+10)-(VideoX+10, Vy0+10) : REM x Koordinatenachsen
LINE (Vx0+10, 10)-(Vx0 +10, VideoY+10): REM y Koordinatenachsen
LINE (10, VideoY+10)-(VideoX+10, 10):    REM Diagonale
FOR J = 0 TO VideoX
   X = Xmin + J*Xscal:Y = A*X*(1-X):Vy = VideoY - 1/Yscal * (Y-Ymin)
   IF J=0 THEN PSET (10,Vy+10) ELSE LINE -(J+10, Vy+10)
NEXT J

REM GRAPHISCHE ITERATION
N=0
J = A*I*(1-I)
VxI = 1/Xscal * (I-Xmin): VyJ = VideoY - 1/Yscal * (J-Ymin)
VxJ = 1/Xscal * (J-Xmin)
LINE (VxI+10,Vy0+10)-(VxI+10,VyJ+10)
WHILE N<20
   IF N=0 THEN 1
   I=J: J = A*I*(1-I)
   VxI = 1/Xscal * (I-Xmin): VyI = VideoY - 1/Yscal * (I-Ymin)
   VxJ = 1/Xscal * (J-Xmin): VyJ = VideoY - 1/Yscal * (J-Ymin)
   LINE -(VxI+10,VyJ+10)
1  LINE (VxI+10,VyJ+10)-(VxJ+10,VyJ+10)
   N=N+1
   WHILE INKEY$="" :WEND
WEND
END
```

ARBEITSBLATT 1.11A: Sensitivität

```
REM EINGABE DER DATEN
CLS:INPUT "A = "; A: INPUT "X = "; X: INPUT "DEZ. STELLEN =";F
PRINT

REM ITERATION
N=0
WHILE N<7
   X=A*X-A*X*X
   X= FIX(10^F*X)/10^F
   N=N+1
   PRINT "N = ";N,"X = ";X
```

```
   WHILE INKEY$="":WEND
WEND
END
```

ARBEITSBLATT 1.12C: Iteration von $f(x) = x^2 + c$

```
REM EINGABE DER DATEN
INPUT "MAX. WERT = "; R: INPUT "I = ";I: INPUT "C = ";C

REM INITIALISIERUNG DER VARIABLEN
Xmin = -R: Xmax = R: Xscal = 0:Ymin = -R: Ymax = R: Yscal = 0
VideoX = 310: VideoY = 310
Xscal = (Xmax - Xmin) / VideoX: Yscal = (Ymax - Ymin) / VideoY

REM AUSGABE DER PARABEL
CLS: Vx0 = 1/Xscal * (-Xmin): Vy0= VideoY - 1/Yscal * (-Ymin)
LINE (10, Vy0+10)-(VideoX+10, Vy0+10):   REM x Koordinatenachse
LINE (Vx0+10, 10)-(Vx0+10, VideoY+10):   REM y Koordinatenachse
LINE (10, VideoY+10)-(VideoX+10, 10):    REM Diagonale
FOR J = 0 TO VideoX
   X = Xmin + J*Xscal
   Y = X*X+C
   Vy = VideoY - 1/Yscal * (Y-Ymin)
   IF J=0 THEN PSET (10,Vy+10) ELSE LINE -(J+10, Vy+10)
NEXT J

REM GRAPHISCHE ITERATION
N=0
J = I*I+C
VxI = 1/Xscal * (I-Xmin)
VyJ = VideoY - 1/Yscal * (J-Ymin)
VxJ = 1/Xscal * (J-Xmin)
LINE (VxI+10,Vy0+10)-(VxI+10,VyJ+10)
WHILE N<20
   IF N=0 THEN 1000
   I=J
   J = I*I+C
   VxI = 1/Xscal * (I-Xmin): VyI = VideoY - 1/Yscal * (I-Ymin)
   VxJ = 1/Xscal * (J-Xmin): VyJ = VideoY - 1/Yscal * (J-Ymin)
   LINE - (VxI+10,VyJ+10)
1000  LINE - (VxJ+10,VyJ+10)
   N=N+1
   WHILE INKEY$="" :WEND
WEND
END
```

ARBEITSBLATT 2.8B: Populationsdynamik

```
REM EINGABE DER DATEN
CLS: INPUT "R = "; R: INPUT "P = "; P
PRINT

REM ITERATION
N=0: F=3
```

```
WHILE N<12
   P=(1+R)*P-R*P*P
   P= FIX(10^F*P)/10^F
   N=N+1
   PRINT "N = ";N,"P = ";P
   WHILE INKEY$="": WEND
WEND
END
```

ARBEITSBLATT 2.10A: Parabel und Chaos

```
REM EINGABE DER DATEN
INPUT "A = ";A: INPUT "I = ";I:

REM INITIALISIERUNG DER VARIABLEN
Xmin = 0: Xmax = 1: Xscal = 0: Ymin = 0: Ymax = 1: Yscal = 0
VideoX = 310: VideoY = 310
Xscal = (Xmax - Xmin) / VideoX: Yscal = (Ymax - Ymin) / VideoY

REM AUSGABE DER PARABEL
CLS: Vx0 = 1/Xscal * (-Xmin): Vy0= VideoY - 1/Yscal * (-Ymin)
LINE (Vx0+10, 10)-(Vx0 +10, VideoY+10): REM y Koordinatenachse
LINE (10, Vy0+10)-(VideoX+10, Vy0+10):  REM x Koordinatenachse
LINE (Vx0+10, Vy0+10)-(VideoX+10, 10):  REM Diagonale
FOR J = 0 TO VideoX
   X = Xmin + J*Xscal: Y = A*X-A*X*X: Vy = VideoY - 1/Yscal * (Y-Ymin)
   IF J=0 THEN PSET (10,Vy+10) ELSE LINE -(J+10, Vy+10)
NEXT J

REM GRAPHISCHE ITERATION
R=0
J = A*I-A*I*I
VxI = 1/Xscal * (I-Xmin): VyJ = VideoY - 1/Yscal * (J-Ymin)
VxJ = 1/Xscal * (J-Xmin)
LINE (VxI+10,Vy0+10)-(VxI+10,VyJ+10)
WHILE R<8
   IF R=0 THEN 1
   I=J: J = A*I-A*I*I
   VxI = 1/Xscal * (I-Xmin): VyI = VideoY - 1/Yscal * (I-Ymin)
   VxJ = 1/Xscal * (J-Xmin): VyJ = VideoY - 1/Yscal * (J-Ymin)
   LINE -(VxI+10,VyJ+10)
1  LINE -(VxJ+10,VyJ+10)
   R = R + 1
   WHILE INKEY$="": WEND
WEND
END
```

ARBEITSBLATT 2.12B: Langzeitverhalten und Zeitreihen

```
REM EINGABE DER DATEN
INPUT "A = ";A: INPUT "Anfangspkt. = ";I

REM INITIALISIERUNG DER VARIABLEN
Xmin = 0: Xmax = 50: Xscal = 0: Ymin = 0: Ymax = 1: Yscal = 0
```

```
VideoX = 310: VideoY = 190: Xscal = (Xmax - Xmin) / VideoX
Yscal = (Ymax - Ymin) / VideoY

REM ITERATION
CLS: Vx0 = 1/Xscal * (-Xmin): Vy0= VideoY - 1/Yscal * (-Ymin)
LINE (10, Vy0+10)-(VideoX+10, Vy0+10):  REM x Koordinatenachse
LINE (Vx0+10, 10)-(Vx0 +10, VideoY+10): REM y Koordinatenachse
C = 0
WHILE C<50
   J = A*I - A*I*I
   VxC = 1/Xscal * (C-Xmin): VxC1 = 1/Xscal * (C+1-Xmin)
   VyI = VideoY - 1/Yscal * (I-Ymin): VyJ = VideoY - 1/Yscal * (J-Ymin)
   LINE (VxC+10,VyI+10)-(VxC1+10,VyJ+10)
   C = C + 1
   I = J
WEND
WHILE INKEY$="": WEND
END
```

ARBEITSBLATT 2.13B: Langzeitverhalten und Feigenbaum-Diagramm

```
REM EINGABE DER DATEN
CLS:INPUT "A = "; A
C = 0: X = .2

REM ITERATION
PRINT
WHILE C<100
   X = A*X - A*X*X
   C = C + 1
WEND
WHILE C<115
   PRINT "C = ";C,"X = ";FIX(1000*X+.5)/1000
   X = A*X - A*X*X
   C = C + 1
   WHILE INKEY$="": WEND
WEND
END
```

ARBEITSBLATT 3.6B: Iteration und invariante Intervalle

```
REM EINGABE DER DATEN
CLS:INPUT "C = "; C
R = 0: X = 0

REM ITERATION
PRINT
WHILE R<8
   PRINT "R = ";R,"X = ";X
   X = X*X + C
   R = R + 1
   WHILE INKEY$="": WEND
WEND
END
```

ARBEITSBLATT 3.8A: Fluchtziffer

```
REM EINGABE DER DATEN
CLS: C = 0: N = 0: X = 0
WHILE C>=-2: INPUT "EINGABE C<-2: "; C:WEND

REM ITERATION
PRINT
WHILE X<1000
   X = X*X + C
   N = N + 1
WEND
PRINT "N = ";N
WHILE INKEY$="": WEND
END
```

ARBEITSBLATT 3.10B: Komplexe Orbits

```
REM EINGABE DER DATEN
CLS: INPUT "A in C = A+BI"; A:INPUT "B in C = A+BI"; B
PRINT
INPUT "X in (X,Y)"; X: INPUT "Y in (X,Y)"; Y
N = 0

REM ITERATION
PRINT
WHILE N<7
   P = X: Q = Y
   X = P*P - Q*Q + A
   Y = 2*P*Q + B
   PRINT "X = ";X,"Y = ";Y
   N = N + 1
   WHILE INKEY$="": WEND
WEND
END
```

ARBEITSBLATT 3.12B: Komplexe Iteration und Gefangenenmengen

```
REM EINGABE DER DATEN
CLS
INPUT "A in C = A+BI"; A:INPUT "B in C = A+BI"; B
N = 1: P = 0: Q = 0

REM ITERATION
WHILE (N<20) AND (R*R + Q*Q < 10000)
   R = P*P - Q*Q + A
   Q = 2*P*Q + B
   PRINT "R = ";R,"Q = ";Q
   P = R
   N = N + 1
   WHILE INKEY$="": WEND
WEND
IF N<20 THEN PRINT "ZAEHLER  N = ";N ELSE PRINT "GEFANGEN"
WHILE INKEY$="": WEND
END
```

ARBEITSBLATT 3.13D: Mandelbrotmenge

```
REM EINGABE DER DATEN
INPUT "MAX. WERT = "; N

REM INITIALISIERUNG DER VARIABLEN
VideoX = 310: VideoY = 190
Xmin = -2.6: Xmax = 1!: Ymin = -1.2: Ymax = 1.2
Xscal = (Xmax - Xmin) / VideoX: Yscal = (Ymax - Ymin) / VideoY

REM GRAPHISCHE ITERATION
CLS: Vx0 = 1/Xscal * (-Xmin): Vy0= VideoY - 1/Yscal * (-Ymin)
LINE (10, Vy0+10)-(VideoX+10, Vy0+10):  REM x Koordinatenachse
LINE (Vx0+10, 10)-(Vx0 +10, VideoY+10): REM y Koordinatenachse
J = 0
WHILE J<VideoY/2
   B = Ymin + J * Yscal
   I = 0
   WHILE I<VideoX/2
      A = Xmin + I * Xscal: X = A: Y = B: K = 1: U = 0: V = 0
      I = I + 1
      WHILE (K < N) AND (U + V <= 100)
         U = X*X
         V = Y*Y
         Y = 2*X*Y + B
         X = U - V + A
         K = K + 1
      WEND
      IF U + V > 100 THEN 1
      VxA = 1/Xscal * (A-Xmin): VyB = VideoY - 1/Yscal * (B-Ymin)
      PSET (VxA+10, VyB+10)
      VyB = VideoY - 1/Yscal * (-B-Ymin)
      PSET (VxA+10, VyB+10)
1  WEND
   J = J + 1
WEND
END
```